U0339340

计算机应用基础任务驱动教程
——WINDOWS 7+OFFICE 2010

主　编　吴俊君　　龙怡瑄
副主编　涂锐伟　　朱克武　　刘庆威
　　　　黄蕙霖　　戴欣华

北京理工大学出版社

BEIJING INSTITUTE OF TECHNOLOGY PRESS

图书在版编目（CIP）数据

计算机应用基础任务驱动教程：WINDOWS 7+OFFICE 2010 / 吴俊君，龙怡瑄主编. 一北京：北京理工大学出版社，2018.9（2021.3 重印）

ISBN 978-7-5682-6028-2

Ⅰ. ①计…　Ⅱ. ①吴…②龙…　Ⅲ. ①Windows 操作系统－教材②办公自动化－应用软件－教材　Ⅳ. ①TP316.7②TP317.1

中国版本图书馆 CIP 数据核字（2018）第 178263 号

出版发行 / 北京理工大学出版社有限责任公司
社　　址 / 北京市海淀区中关村南大街 5 号
邮　　编 / 100081
电　　话 / （010）68914775（总编室）
　　　　　（010）82562903（教材售后服务热线）
　　　　　（010）68948351（其他图书服务热线）
网　　址 / http://www.bitpress.com.cn
经　　销 / 全国各地新华书店
印　　刷 / 三河市天利华印刷装订有限公司
开　　本 / 787 毫米×1092 毫米　1/16
印　　张 / 23
字　　数 / 540 千字
版　　次 / 2018 年 9 月第 1 版　2021 年 3 月第 8 次印刷
定　　价 / 59.00 元

责任编辑 / 王晓莉
文案编辑 / 王晓莉
责任校对 / 周瑞红
责任印制 / 施胜娟

前　言

随着信息时代的发展，计算机正在全面深刻地影响和改变人类的生活和社会，掌握和使用计算机已经成为人们必不可少的技能。当今社会，大学生不仅要具备信息处理与计算机应用方面的基本知识，还应当掌握一定的计算机应用能力。对大学生进行计算机相关文化知识的教育，是顺应时代教育的需要，更是符合我国倡导的科技强国战略的重要一环。

本书采用任务方式开展教学，将知识点融入任务中，以若干个任务为载体，构建一个完整的教学设计布局，突出注重任务的实用性和完整性。本书遵循高等职业教育"工学结合""任务驱动教学法"等先进的人才培养模式，定位准确，基础知识内容适中，通俗易懂，便于理解和掌握，方便教师组织教学，也有利于学生自主学习。

本书一共分为 6 个模块，包括计算机基础知识、Windows 7 操作系统、计算机网络与 Internet 基本应用、Word 2010 文字处理、电子表格软件 Excel 2010、演示文稿处理软件 PowerPoint 2010。每一个模块都配有习题，有助于学生学习巩固。

本书由吴俊君、龙怡瑄担任主编，涂锐伟、朱克武、刘庆威、黄蕙霖、戴欣华担任副主编。

由于编者水平有限，书中难免存在疏漏和不足之处，恳请读者批评指正。

编　者

2018.6.1

目　　录

模块 1

计算机基础知识

● **本模块知识目标**

- 了解计算机的发展历史、特点、分类、应用领域及发展趋势。
- 认识计算机系统的组成及硬件指标。
- 认识键盘和鼠标的基本构成和功能。
- 掌握数制的基本概念及转换方法。
- 掌握计算机信息编码的基础知识。
- 了解多媒体技术的概念与应用领域。

● **本模块技能目标**

- 能够识别微型计算机的各种配件，能够辨别各种软件的类型。
- 能够熟练操作键盘和鼠标，并进行中英文字符的输入。
- 能够识别计算机常用的数制并进行相互转换。
- 能够认识常见的多媒体硬件与软件。
- 能够识别常用的多媒体文件格式。

计算机的产生和发展是当代科学技术最伟大的成就之一，对人类的生产和社会产生了极大的影响，极大地推动了人类社会的进步。掌握和使用计算机已成为人们必不可少的技能。本模块主要包括介绍计算机的发展历程及发展趋势，计算机系统的组成，计算机的信息存储以及现代多媒体技术的相关知识。

任务 1　了解计算机

任务介绍

计算机已经成为人们工作、学习和日常生活中不可缺少的重要工具，成为人们学习和工作的得力助手。为了学好计算机的基本知识，本任务主要介绍了计算机的发展史、特点、分类、应用及未来的发展。

任务分析

为了顺利地完成本次任务，需要对计算机有一些基本的认识和了解，为以后的学习打下基础。本任务路线如图 1-1-1 所示。

图 1-1-1　任务路线

完成本任务的相关知识点：

（1）计算机的发展历史。

（2）计算机的特点和分类。

（3）计算机的应用领域与发展趋势。

 任务实现

【任务 1-1】了解计算机的发展历史

目前人们公认的第一台通用电子计算机是在 1946 年由宾夕法尼亚大学研制成功的 ENIAC（Electronic Numerical Integrator and Calculator），如图 1-1-2 所示。ENIAC 占地面积约 170 平方米，大约 10 个房间大小。它是第一台全部采用电子装置的计算机，它的诞生标志着电子计算机的问世，直接宣告现代计算机时代的到来。

图 1-1-2　第一台计算机 ENIAC

根据计算机采用的主要元器件的不同，一般把计算机的发展划分为以下四代：

第一代：电子管计算机（1946—1958 年）

第一代计算机以电子管为基本逻辑电路器件，外存储器采用磁鼓、磁带，内存储器采用水银延迟线、磁芯，如图 1-1-3 所示。它主要用于军事和科学研究。其代表机型有：IBM 650、IBM 709 等。

第二代：晶体管计算机（1959—1964 年）

第二代计算机以晶体管为基本逻辑电路器件，电子线路的结构得到很大的改观。外存储器开始使用更先进的磁盘，内存储器采用磁芯，如图 1-1-4 所示。开始出现 FORTRAN、ALGOL 60、COBOL 等一系列高级程序设计语言；其代表机型有 IBM 7094、CDC 7600 等。

第三代：中小规模集成电路计算机（1965—1970 年）

第三代计算机采用半导体存储器代替磁芯存储器，集成电路取代分立元件。集成电路是一个做在晶片上的完整电子电路，这个晶片比手指甲还小，却包含了几千个晶体管元件。其杰出代表有 IBM 公司的 IBM 360。

图 1-1-3　第一代电子管计算机　　　　　　图 1-1-4　第二代晶体管计算机

第四代：大规模和超大规模集成电路计算机（1971 年至今）

进入 20 世纪 70 年代，计算机主要逻辑部件采用大规模和超大规模集成电路技术。外存储器使用磁盘等大容量存储器，内存储器采用集成度高的半导体存储器，如图 1-1-5 所示。软件方面不断发展，出现了网络操作系统。1975 年美国 IBM 公司推出个人计算机 PC（Personal Computer），且在 20 世纪 80 年代得到迅速推广，从此计算机开始深入人们生活的各个方面。

图 1-1-5　第四代大规模和超大规模集成电路计算机

【任务 1-2】认识计算机的特点和分类

1. 计算机的特点

计算机在人类发展中扮演着重要的角色，这与它的强大功能是分不开的。与以往的计算工具相比，它具有以下特点：

（1）运算速度快。

运算速度是衡量计算机性能的一项重要指标。当今计算机的运算速度非常快，极大地提高了人们的工作效率。中国"神威·太湖之光"每秒可计算 12.54 亿亿次，这是全球首个突破 10 亿亿次的超级计算机，如图 1-1-6 所示。

图 1-1-6 "神威·太湖之光"计算机

（2）计算精度高。

计算精度高是计算机的又一特点。计算机计算精度的主要技术指标是计算机的字长，字长即在同一时间中所处理二进制数的位数。二进制的位数越多，计算机处理数据的精度就越高。

（3）存储（记忆）能力强大。

存储器是计算机系统中的记忆设备，存储器能够存储各种数据和程序，并在计算机运行过程中完成数据和程序的存取。目前一台计算机的硬盘容量能够达到上百甚至上千 GB。

（4）逻辑判断能力强。

计算机逻辑判断是指应用于计算机科学和人工智能的逻辑。计算机不仅可以进行数值计算，还可以进行逻辑计算。例如，机器人就是智能模拟的结果。

（5）自动化程度高。

计算机的工作原理是"存储程序控制"，人们通过输入设备将程序和数据输入并保存到计算机，计算机按照事先编好的程序进行控制，实现操作自动化。这种执行程序的过程无须人工干预，完全由计算机自动执行。

2. 计算机的分类

计算机按性能指标可以分为巨型机、大型机、小型机、微型机。

（1）巨型机。

巨型机也称超级计算机。通常由数百、数千甚至更多的处理器组成，多用于承担重大的科学研究、国防尖端技术和国民经济领域的大型计算课题及数据处理任务。例如，"天河一号"为我国首台千万亿次超级计算机，"神威"为亿亿次超级计算机。巨型机大多使用在军事、科研、气象、石油勘探等领域。

（2）大型机。

大型机具有极强的综合处理能力和极大的性能覆盖面，主要应用在公司、政府部门、社会管理机构和制造厂家等。通常人们称大型机为"企业级"计算机。

（3）小型机。

小型机规模小、结构简单、设计周期短、成本较低、工艺先进、使用维护简单。小型机应用范围广泛，如用在工业自动控制、大型分析仪器、测量仪器、医疗设备中的数据采集、分析计算等，并广泛运用于企业管理及大学和研究所的科学计算等。

（4）微型机。

微型机简称微机，是应用最普及、产量最大的机型，其体积小、功耗低、成本少、灵活性大、性能价格比较高。微型机按结构和性能划分为单片机、单板机、个人计算机、工作站和服务器等。

【任务 1-3】认识计算机的应用领域

计算机的应用技术已渗透到社会生活的各个领域，正在改变人们的学习、工作和生活，有力地推动着社会的发展。计算机的应用领域主要有以下几个方面：

1. 科学计算（数值计算）

我们把利用计算机来完成科学研究和工程技术中提出的数学问题的计算，称为科学计算。早期的计算机主要就是用于科学计算。从基础学科到高能物理、工程设计、地震预测、航天技术等领域，都需要计算机进行复杂而庞大的计算。

2. 数据处理

数据处理是计算机的一个重要应用，主要是指对大量信息进行收集、存储、整理、统计、加工、利用等一系列过程。因此计算机的数据处理广泛用于公路铁路、航空航天、财务管理等领域。

3. 实时控制

所谓实时控制（过程控制），就是利用计算机及时采集检测数据，对控制对象进行自动调节或自动控制。计算机的过程控制主要应用于石油化工、火箭发射、雷达跟踪、交通运输等各个方面。

4. 生产自动化

生产自动化是指计算机辅助设计、辅助制造及计算机集成制造系统等内容，主要指利用计算机自动或半自动地完成相关工作。包括计算机辅助设计（CAD）、计算机辅助制造（CAM）、计算机辅助测试（CAT）、计算机辅助工程（CAE）。

5. 人工智能

人工智能（Artificial Intelligence）简称 AI，是研究、开发用于模拟、延伸和扩展人的智能的理论、方法、技术及应用系统的一门新的技术科学，被认为是 21 世纪的三大尖端技术之一。

6. 网络应用

计算机技术与现代通信的结合造就了计算机网络。计算机网络大大促进了全球间文字、声音、信息等各类数据的传输和处理，实现各种资源的共享，使人与人之间的关系变得更加紧密。

7. 多媒体技术

多媒体技术是专指电脑程序中处理图形、图像、影音、声讯、动画等的电脑应用技术。多媒体技术涉及应用范围广，影响深远。

【任务 1-4】认识计算机的发展趋势

随着计算机技术不断发展，当今计算机技术正朝着巨型化、微型化、网络化和智能化及多媒体化的方向发展。

1. 巨型化

巨型化是指为了适应尖端科学技术的需要，发展高速度、大存储容量和功能强大的超级计算机。人们对计算机的依赖性越来越强，特别是在军事和科研教育方面，人们对计算机的存储空间与运行速度等要求会越来越高。

2. 微型化

计算机的体积不断缩小，台式电脑、笔记本电脑、掌上电脑、平板电脑体积逐步微型化，为人们提供了便捷的服务。因此，未来计算机仍会不断趋于微型化，体积将越来越小。

3. 网络化

互联网将世界各地的计算机连接在一起，从此进入了互联网时代。计算机网络化彻底改变了人类世界，人们通过互联网进行沟通、交流（QQ、微博等），进行教育资源共享（文献查阅、远程教育等）、信息查阅共享（百度、谷歌）等，而无线网络的出现，更是极大地提高了人们使用网络的便捷性，未来计算机将会进一步向网络化方面发展。

4. 智能化

计算机人工智能化是未来发展的必然趋势。现代计算机具有强大的功能和运行速度，但与人脑相比，其智能化和逻辑能力仍有待提高。人类在不断地探索如何让计算机能够更好地反映人类思维，使计算机能够具有人类的逻辑思维判断能力，可以通过思考与人类沟通交流。这样的话，人类就可以抛弃以往依靠通过编码程序来运行计算机的方法，而变成直接对计算机发出指令。

5. 多媒体化

传统的计算机处理的信息主要是字符和数字。而多媒体计算机可以集图形、图像、音频、视频、文字为一体，使信息处理的对象和内容更加接近真实世界。

 任务拓展

任务简述：了解目前 IT 新技术前沿

1. 人工智能

目前 AI 已经在世界范围内广泛应用，如我们所了解的机器人、人像识别、图像识别技术、语音识别、用户画像、专家系统等。

2. 大数据

大数据（Big Data）的战略意义不在于掌握庞大的数据信息，而在于对这些含有意义的数据进行专业化处理。大数据的特点是数据量庞大且复杂，处理难度极大，但是利用价值很高。

如大数据告诉你每天有 10 000 个人，固定从 A 点移动到 B 点。这条信息对你可能没有任何价值。但如果共享单车开发商掌握了这一信息，它可以选择在 A 点和 B 点分别投放不同数量的车，获得用户增长。如果换作广告商，它可以在 A 点和 B 点搭建 N 个广告展示窗口，获得广告费，而广告商背后的广告主也能因此得利。

3. 物联网

物联网（Internet of Things）可理解为物物相连的互联网，正是得益于大数据和云计算的支持，互联网才正在向物联网扩展，并进一步升级至体验更佳、解放生产力的人工智能时代。

物联网的实现主要通过各种设备（如传感器，二维码等）的接口将现实世界的物体连接到互联网上，或者使它们互相连接，以实现信息的传递和处理。物联网可连接大量不同的设备及装置，例如智能家用电器和穿戴式设备。

4. 云计算

云是网络、互联网的一种比喻说法，是基于互联网的相关服务的增加、使用和交付模式，通常涉及通过互联网来提供动态易扩展且经常是虚拟化的资源。云计算（Cloud Computing）支持用户在任意位置、使用各种终端获取应用服务。只需要一台笔记本或者一个手机，就可以通过网络服务来实现我们需要的一切，甚至包括超级计算这样的任务。

人们使用的应用软件如淘宝、京东、微信、微博等，都离不开"云计算"。越来越多的企业机构乃至政务部门，开始使用基于云的平台服务，"云计算"正一步步改变人们的生活。

总的来说，人工智能的基石是大数据。目前人们的深度学习主要是建立在大数据的基础上，即对大数据进行训练，并从中归纳出可以被计算机运用在类似数据上的知识或规律。而大数据的获得主要是通过物联网和互联网来实现的，并通过云计算来集中储存和处理。

 任务小结

在本任务中，我们首先了解了计算机的四个发展阶段，认识了计算机的主要特点；其次根据不同的标准划分不同种类，了解到计算机的应用领域与未来的发展趋势。

任务2　认识计算机的系统组成

 任务介绍

计算机的发展及其应用已渗透到社会的各个领域，有力地推动了社会信息化的发展。为了更好地选购和使用计算机，使用者必须对计算机系统有一个整体的认识。本任务主要介绍计算机系统的构成和工作原理、计算机的硬件系统和软件系统等相关知识。

 任务分析

为了顺利地完成本次任务，需要了解计算机的硬件组成与计算机软件的分类，为应用微型计算机打下一定的基础。本任务路线如图 1-2-1 所示。

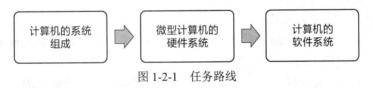

图 1-2-1　任务路线

完成本任务的相关知识点：

（1）计算机的系统组成、基本工作原理和工作过程。

（2）微型计算机的硬件组成及性能指标。

（3）计算机软件系统及分类。

 任务实现

【任务 2-1】认识计算机的系统组成

一般来说，一个完整的计算机系统包括硬件系统和软件系统两大部分，如图 1-2-2 所示。

硬件系统是组成计算机系统的各种物理设备的总称，是看得见、摸得着的；软件系统是为了运行、管理和维护计算机所编写的各种程序、数据和相关文档的总称，通常不带有任何软件的计算机称为"裸机"，裸机是无法正常工作的。

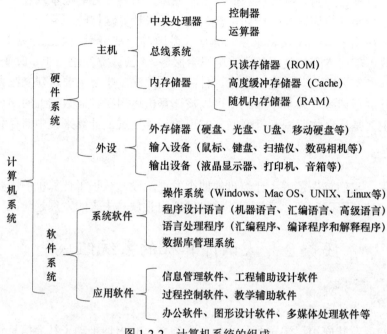

图 1-2-2　计算机系统的组成

　　计算机的硬件和软件系统相辅相成，二者缺一不可。硬件性能的提高，可以为软件创造出更好的开发环境，在此基础上也可以开发出功能更强的软件。软件的发展也对硬件提出更高的要求，促使硬件性能不断地提高，甚至诞生新的硬件。

1. 计算机的工作原理

　　计算机的基本工作原理基于冯·诺依曼提出的存储程序控制原理，又称冯·诺依曼原理。该原理的内容可概括为以下三个方面：

　　（1）冯·诺依曼计算机结构。

　　计算机硬件系统包括 5 个基本部件：运算器、控制器、存储器、输入设备和输出设备。

　　（2）采用二进制形式表示数据和指令。

　　指令是计算机完成特定操作的命令，一条指令由操作码和地址码组成。操作码用来表征指令操作的性质，地址码指示参与操作的数据在内存中的位置。

　　（3）存取程序。

　　指令和数据存放在存储器，计算机在工作中能够自动高速地从存储器中逐条取出指令和执行任务。

2. 计算机的工作过程

　　计算机在工作时，按照以下几个步骤执行指令：

　　（1）取指令：指令由输入设备进入内存储器，控制器发出取指令的信号，控制器控制运算器进行计算。

　　（2）分析指令：运算过程中控制器译出该指令的微操作。

（3）执行指令：运算后的结果送回内存储器，根据指令需求，由控制器决定送到输出设备进行显示或者外存储器进行长期保存，如图 1-2-3 所示。

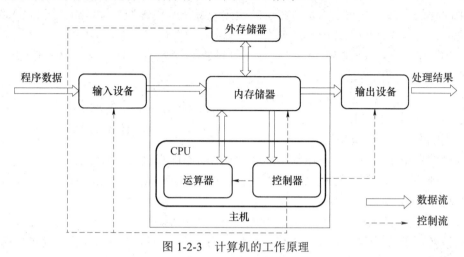

图 1-2-3　计算机的工作原理

计算机在工作时，数据流和控制流两种信息流在执行指令的过程中流动。

① 数据流：指原始数据、中间结果、源程序、最终结果等。

② 控制流：指由控制器对指令进行分析后向各部件发出的控制命令，指挥各部件协调一致地工作。

3. 计算机的基本结构

计算机的硬件系统是由控制器、运算器、存储器和输入输出设备构成的。

（1）控制器。

控制器是微型计算机的指挥中心，主要部件有指令寄存器、状态寄存器、控制电路等，控制器发出的指令，指挥着计算机各个部位对数据进行合理的读取、传输、接收、处理，使整个计算机有条不紊地自动执行程序。

（2）运算器。

运算器主要部件有算术逻辑单位、累加器和通用寄存器等，主要功能是完成各种算术和逻辑运算。

（3）存储器。

存储器用来存放程序和数据，是计算机系统中的记忆设备。存储器是具有"记忆"功能的设备，能在计算机运行过程中高速、自动地完成程序或数据的存取。按用途不同，存储器可分为内部存储器和外部存储器。

内部存储器简称内存，是 CPU 能够直接访问的存储器，用于存储正在运行的程序和数据。内存一般采用半导体存储单元，包括随机存储器、只读存储器和高速缓冲存储器。

随机存储器（Random Access Memory，RAM）。随机存储器存取数据快，容量大，既可以读取数据，也可以写入数据，但关机断电后无法继续保存数据。RAM 分为静态 SRAM（存取速度快，用作高速缓冲存储器）和动态 DRAM（速度慢，用作主存）。

只读存储器（Read Only Memory，ROM）。与 RAM 相比，ROM 的数据只能被读取而不能被写入，但 ROM 存储的数据是永久性的，即使关机断电也不会丢失。因此，ROM 主要用于存储计算机的启动程序。ROM 一般含有一个称为 BIOS 的程序，提供最基本的和初步的操作系统服务。

存储器中能够存放的最大信息数量为存储器容量，其基本单位是字节（Byte，简称 B）。存储器中的存储数据由 0 和 1 这两个二进制代码（每一个代码为一位，bit，简称 b）组成。1字节包含 8 位，即 1 Byte = 8 bit。

高速缓冲存储器（Cache）。Cache 是可以进行高速数据交换的存储器。Cache 的作用是提前预读内存上的内容，这样 CPU 就不用直接访问内存，而是直接从 Cache 上读取信息。其主要是为了解决 CPU 运算速度与内存读写速度不匹配的矛盾，如图 1-2-4 所示。

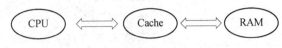

图 1-2-4　Cache 的作用

外部存储器用来存放暂时不用的程序和数据，它不能直接与 CPU 交换信息，只能和内存交换数据。外部存储器具有容量大、数据保存方便、便携性好的优点，属于外部设备。

（4）输入/输出设备。

输入/输出设备，也称 I/O 设备，起着人机交流的作用。

输入设备用于接受用户输入的命令、程序、图像和视频等信息，负责将现实中的信息转换成计算机能够识别的二进制代码，并放入内存。

输出设备可以将计算机处理后的二进制结果转换为人们能识别的形式，如数字、字符、图形、视频、声音等，并表现出来。

【任务 2-2】认识微型计算机硬件系统

微型计算机，又称为 PC，个人计算机。微机的主要配件有中央处理器、主板、硬盘、内存、显示器、键盘和鼠标等，采用总线结构把这些部件有机地连接起来。

1. 主板

主板又叫主机板或系统板，是组成微机系统的主要电路系统。微机系统通过总线（总线分为数据总线、控制总线和地址总线）作为信息传输的工具连接其他部件和外部设备。主板上集成有 CPU 接口插座、内存条插槽、控制芯片组、各种外部设备的插座插槽等部件，为这些部件之间的控制信号与数据信号的传递提供支持，如图 1-2-5 所示。它是计算机内最大的一块集成电路板。市场上主要的主板生产厂家有华硕、微星、技嘉、升技公司等。

图 1-2-5　主板

2. 中央处理器

中央处理器（Central Processing Unit，CPU）又称微处理器，是微型计算机的核心部件，主要包括运算器、控制器、寄存器等其他部件。它主要负责协调处理计算机内部的所有工作，同时控制着数据的交换，因此被人们称为"电脑的心脏"。

目前生产 CPU 的主要有 Intel 公司和 AMD 公司。图 1-2-6 所示为 Intel 和 AMD 处理器。不同类型主板上的 CPU 插槽都各不相同，因此 CPU 要与主板兼容。

图 1-2-6　Intel 和 AMD 处理器

中央处理器的主要性能指标有：

（1）CPU 内部工作频率（主频）：主频即 CPU 的时钟频率，单位是 MHz（或 GHz），用来表示 CPU 运算、处理数据的速度。一般来说，主频越高，CPU 的速度也就越快。但由于内部制造结构不同，并非所有的时钟频率相同的 CPU 的性能都一样。

（2）CPU 字长：字长表示 CPU 处理二进制数据的能力，通常情况下所说的 CPU 位数即 CPU 的字长，常见的字长有 16 位、32 位、64 位等。

（3）QPI 总线频率（CSI）：是 CPU 与计算机系统沟通的桥梁，用来实现芯片互联，使得多个核心之间传输数据不需经过主板芯片组，解决了 FSB 速度较慢的问题，提升了 CPU 的多核效率。

（4）工作电压：指 CPU 正常工作所需的电压。早期的 CPU 受制于工艺限制采用了很高的电压，随着技术的进步，CPU 的电压在逐渐下降，解决了发热过高的问题。

（5）制作工艺：制作工艺反映了 CPU 的精细程度，工艺越精细，CPU 就能集成越多的元器件，性能也就更容易提升。

知识点

计算机的信息表示方式

● 位：计算机存储设备最小单位，由数字 0 和 1 组成。

● 字：CPU 处理信息一般是以一组二进制数码作为一个整体来参加运算，一次存取、加工和传送的数据长度称为字（Word）。一个字通常由一个或多个（一般是字节的整数倍）字节构成。

● 字长：一个字中所包含的二进制数的位数称为字长。不同的计算机系统内部的字长不同，常用的字长有 8 位、16 位、32 位、64 位等。字长是衡量计算机性能的一个重要因素。

● 字节：字节是计算机信息技术用于计量存储容量和传输容量的一种计量单位，1 个字节等于 8 位二进制。通常，1 个字节可以存入一个 ASCII 码，2 个字节可以存放一个汉字国标码。

其中：1 KB（千字节）＝1 024 B＝2^{10}B；1 MB（兆字节）＝1 024 KB＝2^{20}B；

1 GB（吉字节）＝1 024 MB＝2^{30}B；1 TB（太字节）＝1 024 GB＝2^{40}B；

1 个汉字字符存储需要 2 个字节，1 个英文字符存储需要 1 个字节。

3. 内存

内存又称主存，是与 CPU 进行沟通的桥梁，是电脑必不可少的组成部分，其作用是暂时存放 CPU 中的运算数据以及与硬盘等外部存储器交换的数据，是影响计算机整体性能的重要部分。

在国内市场中，内存的品牌较多，如金士顿、现代、镁光、威刚等。

内存的主要性能参数如下：

① 传输类型：指内存所采用的内存类型，即内存的规格。不同类型的内存传输类型各有差异，在传输率、工作频率、工作方式、工作电压等方面都有不同。目前市场中主要的内存类型有 DDR3、DDR4 这两种，老一代的 SDRAM 和 RDAM 等早已被淘汰。图 1-2-7 所示为科勒 DDR4。

图 1-2-7　科勒 DDR4

② 内存容量：指内存条的存储容量。常见的内存容量有：4 GB、8 GB、16 GB 等。

③ 内存的工作速度：一般反映了用于存取一次数据所需时间的长短，时间越短，速度越快，只有当内存速度与主板速度、CPU 速度匹配时，才能发挥电脑最大的效率。通常用内存所能达到的最高工作频率来表示内存的速度，以 MHz 为单位来计量，代表内存所能稳定运行的最大频率。

④ 内存工作电压：指内存正常工作所需要的电压值。DDR4 的内存优点是低电压、高频率，DDR4 内存的工作电压从 DDR3 的 1.5 V 降低到了 1.2 V，这有助于提升 DDR4 内存的效率，降低电力消耗，同时有利于计算机的散热。

4. 外部存储器

外部存储器包括硬盘、软盘、光盘、U 盘与移动硬盘等。

（1）硬盘。

硬盘是一种磁介质的外部存储设备，由一个或者多个铝制或者玻璃制的碟片组成，如图 1-2-8 所示。硬盘具有存取速度快、容量大的特点。由于硬盘内部是物理结构器件，有磁盘、磁头、集成电路、电机等器件，所以硬盘内洁净度要求非常高，且防震性能较差。

硬盘主要有固态硬盘（SSD）（图 1-2-9）、机械硬盘（HDD）、混合硬盘（HHD）三种。固态硬盘采用固态电子存储芯片阵列而制成，写入和读取的速度快，具有防震抗摔性好、低耗等优点，但价格较高。最常见的固态硬盘存储容量为 256 GB、512 GB 等，但由于 SSD 价格较高，目前 120 GB 最有性价比，适应于多数用户。

（2）软盘。

软盘是个人计算机中最早使用的可移介质。软盘的读写是通过软盘驱动器完成的。软盘存取速度慢，容量小，已经被淘汰了。

图 1-2-8　硬盘

图 1-2-9　固态硬盘

（3）光盘。

光盘存储器是 20 世纪 70 年代的重大科技发明，具有容量大、价格低、体积小、便于携带和数据保存长久的优点。硬盘使用磁信号保存数据，光盘使用光信号保存数据。常见光盘的类型如表 1-2-1 所示。

表 1-2-1　常见光盘的类型

名称	说明	存储容量
CD 光盘	CD 光盘通过光盘上的细小坑点来存储信息，这些不同时间长度的坑点之间的平面组成了一个由里向外的螺旋轨迹。主要分为只读型 CD-ROM、可重复擦写 CD-RW	标准容量 700 MB
DVD 光盘	DVD 分别采用 MPEG-2 技术和 AC-3 标准对视频和音频信号进行压缩编码，通常用来播放标准电视机清晰度的电影。 按照存放方式可分类为单面存储、双面存储	单面单层（DVD-5）为 4.7 GB 单面双层（DVD-9）为 8.5 GB 双面单层（DVD-10）为 9.4 GB 双面双层（DVD-18）为 17 GB
蓝光光盘（简称 BD）	存储高品质的影音和高容量的数据，采用波长 405nm 的蓝光激光束进行读写操作	单面单层 25 GB 单面双层 50 GB
VCD 光盘（Video-CD）	一种全动态、全屏播放的视频标准，没有区码限制，意味着它可以在任何兼容机器上观看	容量 650～700 MB

光盘驱动器（简称光驱）是计算机读取光盘信息的设备。现在计算机的光驱不仅可以读取光盘信息，还可以将计算机的信息写入光盘，即我们常说的刻录机。图 1-2-10 所示为蓝光光盘和光盘驱动器。

图 1-2-10　蓝光光盘和光盘驱动器

（4）U 盘。

U 盘全称 USB 闪存驱动器，采用的存储介质为闪存存储介质（Flash Memory），是一种通过 USB 接口与计算机连接，实现即插即用的存储器，如图 1-2-11（a）所示。

（5）移动硬盘。

移动硬盘以硬盘为存储介质，方便计算机之间快速交换大容量数据，便携性强。其具有容量大、传输速度高、使用方便、可靠性高等优点，在很大程度上满足了用户对大容量数据的存储、转移和交换的需求，如图 1-2-11（b）所示。

（a）U 盘 　　　　　　　　　　　　（b）移动硬盘

图 1-2-11　U 盘和移动硬盘

5. 显卡

显卡是电脑主机里的一个重要组成部分，是电脑进行数模信号转换的设备，承担输出显示图形的任务。显卡接在电脑主板上，它将电脑的数字信号转换成模拟信号让显示器显示出来。其主要有独立显卡、集成显卡、核芯显卡三种。三种显卡如图 1-2-12 所示。

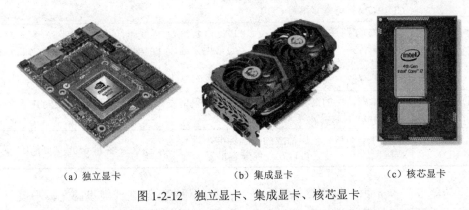

（a）独立显卡 　　　　　　（b）集成显卡 　　　　　　（c）核芯显卡

图 1-2-12　独立显卡、集成显卡、核芯显卡

（1）独立显卡：以独立板卡形式存在，可在具备显卡接口的主板上自由插拔，不占用系统内存，技术较先进，处理速度较快。

（2）集成显卡：是显示芯片、显存及其相关电路固化在主板上的元件，且本身无法更换，性能较低。但功耗低、发热量小。

（3）核芯显卡：将图形核心与处理核心整合在同一块基板上，构成一个完整的处理器。低功耗是它的主要优势，但配置核芯显卡的 CPU 价格不高，且低端核显难以胜任大型游戏。

6. 机箱与电源

机箱是计算机的外壳，它一般包括外壳，用于固定软盘、硬盘、光盘驱动器的支架，面板上的开关和指示灯，等等。在机箱的背面配有电源插座，电源是为计算机系统提供动力的部件，将 220 V 交流电转换为低压直流电，如图 1-2-13 所示。

图 1-2-13　机箱与电源

7. 输入设备

输入设备是计算机输入程序、命令、信息、文字、图像等信息的设备，主要功能是将信息转换成计算机能识别的二进制编码输入计算机。常见的输入设备有鼠标、键盘、扫描仪、数码相机等，有关键盘和鼠标的相关内容，见任务 3。

（1）扫描仪。

扫描仪能够将其捕获的图形信息转换成计算机可以编辑、处理、显示的数字化数据。除了图像信息外，扫描仪还可以将文本页面、照相底片等三维对象，转换成可以编辑及加工的数据传送到计算机，如图 1-2-14（a）所示。

（2）数码相机。

数码相机是一种利用电子传感器把光学影像转换成电子数据的照相机，如图 1-2-14（b）所示。拍摄的照片通过数码相机成像元件转化为数字信号储存到存储设备中，然后输入计算机中。

（a）扫描仪　　　　　　　　　　（b）数码相机

图 1-2-14　扫描仪和数码相机

8. 输出设备

输出设备（Output Device）是计算机硬件系统的终端设备，用于接收计算机数据的输出显示、打印、声音、控制外围设备操作等。输出设备种类很多，常用的输出设备有各种打印机、显示设备、音箱等。

（1）液晶显示器。

从液晶显示器的结构来看，无论是笔记本电脑还是桌面系统，采用的 LCD 显示屏都是由不同部分组成的分层结构。LCD 由两块玻璃板构成，因为液晶材料本身并不发光，所以在

图1-2-15　液晶显示器

显示屏两边都设有作为光源的灯管，而在液晶显示屏背面有一块背光板（或称匀光板）和反光膜，背光板是由荧光物质组成的，可以发射光线，其作用主要是提供均匀的背景光源。图1-2-15所示为液晶显示器。

液晶的物理特性是：当通电时导通，排列变得有秩序，使光线容易通过；不通电时排列混乱，阻止光线通过。让液晶如闸门般地阻隔或让光线穿透。

显示器的主要指标有分辨率、彩色数目及屏幕尺寸等。分辨率是指整屏可显示的像素的数目，通常用列点数乘以行点数来表示。屏幕尺寸是指显示屏幕对角线的尺寸，一般用英寸来表示。分辨率与屏幕尺寸和点矩密切相关。点距一般是指显示屏相邻两个像素点之间的距离。我们看到的画面是由许多的点所形成的，而画质的细腻度就是由点距来决定的：点距越小，图像就越细腻、越清晰。

（2）打印机。

打印机是计算机最常见的输出设备之一。现在的打印机种类和型号很多，打印的幅面一般分为A4、A3和B5几种。目前常用的打印机有针式打印机、喷墨打印机和激光打印机，如图1-2-16所示。

图1-2-16　打印机

① 针式打印机。针式打印机按照字符的点阵打印出文字和图形效果。针式打印机打印速度慢，噪声大，打印质量不佳，但是价格便宜，使用方便，被银行和超市等广泛使用，主要用于票据打印。

② 喷墨打印机。喷墨打印机直接将墨水喷到纸上来实现打印。喷墨打印机具有体积小、价格低廉、打印精确度高等特点，较受用户欢迎。但喷墨打印机打印成本较高，适用于小批量和高质量打印。

③ 激光打印机。激光打印机利用电子成像技术来打印，由于激光光束能聚焦成很细的光点，所以激光打印机的分辨率很高，打印质量更高。

（3）音箱。

音箱是计算机音频数据的主要输出设备（图1-2-17）。它配合声卡将计算机中的数字化音频数据转换为用户听觉系统能够识别的声音信号，即空气振动信号。

图1-2-17　音箱

【任务 2-3】认识计算机的软件系统

软件是照特定顺序组织开发的计算机数据和指令的集合，是用户与硬件之间的接口界面，着重解决如何管理、如何使用计算机的问题。计算机软件按用途可分为系统软件和应用软件。

1. 系统软件

系统软件由一组控制计算机系统并管理其资源的程序组成，是软件系统的核心，任何程序软件都需要在系统软件的支持下运行。系统软件通常包括操作系统、程序设计语言、语言处理程序和数据库管理系统等。

（1）操作系统。

系统软件的核心是操作系统，操作系统是管理计算机软、硬件资源的计算机程序，其他软件都必须在操作系统的支持下才能运行。操作系统的功能主要有以下几个：

① 作业管理：每个用户请求计算机系统完成的一个独立的操作称为作业。作业管理主要是负责包括任务、界面管理、人机交互、图形界面、语音控制和虚拟现实等任务的管理。

② 文件管理：这部分功能涉及文件的逻辑组织和物理组织，目录结构和管理等。从操作系统的角度来看，文件管理是系统对文件存储器的存储空间进行分配、维护和回收，同时负责文件的索引、共享和权限保护。而从用户的角度来说，文件管理是按照文件目录和文件名来进行存取的。

③ 存储管理：实质是对存储"空间"的管理，主要是指针对内部存储器的管理。

④ 设备管理：主要是负责内核与外围设备的数据交互，实质是对硬件设备的管理，其中包括对输入、输出设备的分配、启动、完成和回收。

⑤ 进程管理：实质上是对处理器执行"时间"的管理，即如何将 CPU 真正合理地分配给每个任务。

其中最常见的操作系统有 Windows、Mac OS、UNIX、Linux 等。

（2）程序设计语言。

程序设计语言是用户用来编写程序的语言，一般包括机器语言、汇编语言和高级语言。

机器语言（二进制语言）和汇编语言（符号语言）属于低级语言，都是面向机器的语言，和具体机器的指令系统密切相关。

高级语言是相对于汇编语言而言的，并非特指某种具体语言，它与人类的语言接近，有更强的表达能力，可方便地表示数据的运算和程序的控制结构，能更好地描述各种算法，如常见的 C 语言、C++、Java、Visual Basic、python 等。高级语言所编写的程序（称为高级语言源程序），也不能直接被计算机识别并执行，必须经过"翻译"才能被执行。翻译的方式有两种：一是编译方式，二是解释方式。它们所采用的翻译程序分别称为编译程序和解释程序。

编译方式是将整个高级语言源程序全部转换成机器指令，并生成目标程序，再将目标程序和所需的功能库等连接成一个可执行程序。这个可执行程序可以独立于源程序和编译程序而直接运行。

解释方式是将高级语言源程序逐句地翻译、解释，逐条执行，执行后不保存解释后的机器代码，下次运行此源程序时还要重新解释。

（3）语言处理程序。

如果要在计算机上进行工作，必须采用机器语言和计算机进行交流。故语言处理程序是将用程序设计语言编写的源程序转换成机器语言，以便计算机能够运行的翻译程序，包括汇编程序、编译程序和解释程序。

（4）数据库管理系统。

数据库管理系统是一个在操作系统支持下进行工作的庞大软件系统，能够科学地组织和存储数据，并且高效地运行数据。目前最常见的数据库管理系统有 FoxPro、SQL、Access、Oracle 等。

2. 应用软件

应用软件包括用户可以使用的各种程序设计语言和各种程序设计语言编制的应用程序。应用软件具有无限丰富和美好的开发前景。表 1-2-2 列举了部分应用领域及其相关软件。

表 1-2-2　部分应用领域及其相关软件

应用领域	相关软件
办公应用	Microsoft Office、WPS、Open Office、Adobe Acrobat
平面设计	Adobe Photoshop、Adobe Illustrator、Adobe InDesign
网页设计	Adobe Dreamweaver、Fireworks
数字多媒体	Adobe Premiere、Adobe Audition、After Effects
建筑工程	Auto CAD、Sketch Up、Revit
程序设计	Visual C++、Visual Studio、Delphi
杀毒安全	Kaspersky、Avira
通信工具	MSN、QQ、微信、飞信

 任务小结

在本任务中，介绍了计算机的基本工作原理及工作过程，计算机系统的组成及其功能，包括硬件、软件系统的分类及其特点。通过本任务的学习，应对计算机的整体有进一步的认识。

任务 3　认识鼠标和键盘

 任务介绍

鼠标和键盘是计算机的主要输入设备。使用鼠标和键盘可以完成计算机的大部分操作。大学生必须学习正确的鼠标和键盘使用方法，养成良好的使用习惯。

 任务分析

为了顺利完成本任务，需要了解鼠标和键盘的相关知识，熟悉鼠标和键盘的使用方法。本任务路线如图 1-3-1 所示。

图 1-3-1 任务路线

完成本任务的相关知识点：

（1）鼠标的基本操作方法。

（2）鼠标光标的基本含义。

（3）键盘的指法分工。

（4）常见汉字输入法。

 任务实现

【任务 3-1】认识鼠标

1. 鼠标的类型

鼠标是微机上一种常用的输入设备，是控制显示屏上光标移动位置的一种指点式设备。常用的鼠标有：机械鼠标、光电鼠标及无线鼠标，如图 1-3-2 所示。

图 1-3-2 机械鼠标、光电鼠标和无线鼠标

机械鼠标一般内部装有一个直径为 35 mm 的橡胶球，通过橡胶球和平面进行摩擦转动，把它在平面上变换的位置变成计算机可以理解的信号，完成光标的同步移动。

光电鼠标通过特殊的光感应器材，在鼠标移动时收集外部光的变化，通过这些变化判断鼠标方向的移动。

无线鼠标利用数字无线电频率技术，将按键按下或抬起的信息转换成无线信号并发送出去，无线接收器收到信号后经过解码传递到主机。

2. 鼠标的操作方法

（1）正确把握鼠标的姿势。

正确把握鼠标不仅能提高操作时的灵活性，还能减少手指及手腕的疲劳。食指和中指分别置于鼠标的左键和右键，拇指横向放在鼠标左侧，无名指和小指放在鼠标的右侧，拇指与无名指及小指轻轻握住鼠标，手掌心轻轻贴住鼠标后部，手腕自然垂放在桌面上，如图 1-3-3 所示。

图 1-3-3 正确把握鼠标的姿势

（2）鼠标的基本操作。

鼠标的操作包括单击、双击、右击、拖动等，具体操作方法及功能如表 1-3-1 所示，鼠

标光标的基本含义如表 1-3-2 所示。

表 1-3-1　鼠标的操作方法及功能

鼠标操作	操作方法及功能
指向	指移动鼠标，将鼠标光标指向所需位置的过程。有时被指向的对象还会出现提示信息。例如：将鼠标光标指向桌面的"开始"按钮时，将显示"单击这里开始"
单击	指将鼠标光标指向目标对象后，用食指按下鼠标左键后快速松开按键的过程。该操作常用于选择对象、打开菜单或单击按钮。例如：单击"我的电脑"图标，将选中"我的电脑"图标
双击	指将鼠标光标指向目标对象后，用食指快速、连续地按鼠标左键两次的过程。该操作常用于启动某个程序，执行任务以及打开某个窗口、文件或文件夹。例如：双击"我的电脑"图标，将打开"我的电脑"窗口
右击	指将鼠标光标指向目标对象后，按下鼠标右键后快速松开按键的过程。该操作常用于打开目标对象的快捷菜单。例如：在"我的电脑"图标上单击鼠标右键，将弹出其快捷菜单，不同的对象快捷菜单的内容有所不同
拖动	指将鼠标光标指向目标对象后，按住鼠标左键不放，然后移动鼠标光标到指定位置后再松开左键的过程。该操作常用于移动对象。例如：在"我的电脑"图标上按住鼠标左键不放，同时移动鼠标光标，可将"我的电脑"图标移动到其他位置
滚动	指在浏览网页或长文档时，滚动三键鼠标的滚轮，此时可滚动显示网页或文档，从而浏览未显示的部分

表 1-3-2　鼠标光标的基本含义

光标形态	光标含义
▯	表示程序准备接受用户输入命令
I	此光标一般出现在文本编辑区，用于定位从什么地方开始输入文本或开始选定文本
⧗	表示系统处于忙碌状态，正在处理较大的任务，用户需要等待
▯⧗	表示系统正处于忙碌状态
↕ ↔	鼠标光标处于窗口的边缘时出现该状态，拖动鼠标可沿水平或垂直方向改变窗口大小
↖ ↗	鼠标光标处于窗口的四角时出现该状态，拖动鼠标可沿对角线方向改变窗口的高度和宽度
✛	该光标在移动对象时出现，表示拖动鼠标可移动该对象
☝	表示鼠标光标所在的位置是一个超级链接
＋	表示鼠标此时可以进行精确定位，常出现在制图软件中
▯?	鼠标光标变为此形态时，单击某个对象可以得到与之相关的帮助信息

【任务 3-2】认识键盘

1. 键盘

键盘是计算机的标准输入设备，也是最重要和最常见的输入设备。随着无线技术的发展，现在市场上采用无线传输的键盘设备也越来越普遍与丰富。

市面上的键盘大同小异，主要区别就是按键数目不同，主要有 101 键、104 键和 107 键三种，如图 1-3-4 所示。

（a）101 键　　　　　　　（b）104 键　　　　　　　（c）107 键

图 1-3-4　键盘

　　现在微机使用的标准 107 键盘主要分为 5 个区：分别是主键盘区、数字键盘区、功能键区、编辑控制键区和状态指示区，如图 1-3-5 所示。

图 1-3-5　标准 107 键盘及其按键布局图

　　主键盘区左边的"A、S、D、F"键和右边的"J、K、L、；"键，被称为基本键。准备输入信息时，分别将双手食指的指尖放置在"F"和"J"键上方，中指、无名指和小指依次自然平放在键盘水平相邻的按键上；而两个大拇指就自然地搭放在空格键上。

2. 键盘的使用方法

　　（1）指法分工。每个手指除负责基本键外，还要分工负责其他的键。各手指分工如图 1-3-6 所示。

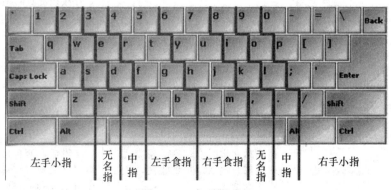

图 1-3-6　各手指分工

　　（2）掌握基本键盘按键功能。在键盘上的每个按键都有其特定的符号和作用，掌握这些按键的常规功能是我们操作计算机的基础。在表 1-3-3 中列出了常用按键及其功能，以备参考和加强记忆。

表 1-3-3　常用按键及其功能

按键符号	按键名称	按键功能	操作方法
Shift	上档键（或转换键）	控制输入双字符键的上位字符；控制临时输入英文字母的切换大小写字符	按下 Shift 不放，按下双字符键；按下 Shift 不放，同时按下字母键
CapsLock	大小写开关键	字母大小写输入的开关键	按下，对应指示灯亮，输入大写字母；指示灯灭则输入小写字母
Num Lock	数字开关键	数字小键盘区、数字输入和编辑控制状态之间的开关键	按下，对应指示灯亮，输入数字；指示灯灭则输入剪辑键
A～Z	字母键	对应大小写英文字母	同 Shift，Caps Lock 组合输入大小写字母
0～9	数字键	对应十进制数字符号	通过主键盘上排或小键盘在数字输入模式输入
其他符号	符号键	对应除字母、数字外的各种符号	下档键直接输入，上档键配合 Shift 键输入
Ctrl	控制键	与其他键组合使用，能够完成一些特定的控制功能	按下 Ctrl 键不放，再按下其他键
Alt	转换键	与其他键合用时产生一种转换状态；Alt 与数字小键盘组合输入	按下 Alt 不放，再按下其他键；按下 Alt 不放，在数字小键盘数字状态下输入
空白键	空格键	输入空格	直接按键
Enter	回车键	启动执行命令或产生换行	在主键盘或小键盘处直接按键
Backspace	退格键	光标向左退回一个字符位，同时删掉位置上原有字符	直接按键
Tab	制表键	控制光标右向跳格或左向跳格	直接按键右向跳格；按下 Shift 后，按键左向跳格
⊞	Windows 键	快速打开 Windows 的开始菜单或同其他键组合成 Windows 系统的快捷键	直接按键或者按下 Windows 键不放开，再按下组合键
🗔	应用程序键	快速启动操作系统或应用程序中的快捷菜单或其他菜单（相当于鼠标右键）	直接按键，弹出快捷菜单
Insert	插入/改写键	在编辑文本时，切换编辑模式。插入模式时输入追加到正文，改写模式输入替换正文	按键后在两种模式间切换，在编辑区或数字小键盘处于编辑键模式下按 Insert 键
Delete	删除键	删除光标位置上的一个字符，右边的所有字符各左移一格	

续表

按键符号	按键名称	按键功能	操作方法
Home	行首键	控制光标回到行首位置	直接按键，在编辑区或数字小键盘中编辑键模式下按键
End	行尾键	控制光标回到行尾位置	
PgUp	前翻页键	屏幕显示内容上翻一页	
PgDn	后翻页键	屏幕显示内容下翻一页	
↑	光标上移键	光标上移一行	
↓	光标下移键	光标下移一行	
←	光标左移键	光标左移一字符	
→	光标右移键	光标右移一字符	
F1～F12	功能键	用于同应用软件的功能相挂接	直接按键
Esc	取消键	退出或放弃操作	直接按键
Print Screen	屏幕硬拷贝键（全屏截图）	整个屏幕的显示作为图形存入剪贴板；同 Alt 组合，拷贝当前窗口显示作为图形存入剪贴板	直接按键，按下 Alt 不放，再按下 Print Screen 键
Scroll Lock	滚动锁定键	现在基本已经不用，在 Excel 中可以是滚动键	
Pause/Break	暂停键	用于暂停程序执行或暂停屏幕输出	直接按键
Wake up	唤醒键	使 Windows 从睡眠状态启动起来	
Z^Z Sleep	睡眠键	使 Windows 进入睡眠状态	
Power	关机键	向 Windows 发出关机命令	

（3）组合键。也称为快捷键，组合键表示使用键盘上 2～3 个键的组合完成一条功能命令，从而达到提高操作速度的目的。常用的组合键如表 1-3-4 所示。

表 1-3-4　常用的组合键

按键	功能
Win+F1	打开 Windows 的帮助文件
Win+M	最小化所有打开的 Windows 的窗口
Win+D	快速显示/隐藏桌面
Win+Break	打开"系统属性"窗口
Ctrl+C	复制
Ctrl+X	剪切
Ctrl+V	粘贴
Ctrl+Z	撤消

续表

按键	功能
Ctrl+A	全部选择
Alt+F4	关闭当前窗口或者退出当前程序
Alt+TAB	在打开的窗口之间切换

3. 正确的打字姿势

打字之前一定要端正坐姿。如果坐姿不正确，不但会影响打字速度的提高，而且会很容易疲劳，出错。图 1-3-7 所示为正确的打字姿势。

（1）两脚平放，腰部挺直，两臂自然下垂，两肘贴于腋边。

（2）身体可略倾斜，离键盘的距离为 20～30 厘米。

（3）打字文稿放在键盘左边，或使用专用夹，夹在显示器旁边。

图 1-3-7　正确的打字姿势

【任务 3-3】认识汉字输入法

汉字输入法是指为了将汉字输入电脑等电子设备而采用的一种编码方法，是输入信息的一种重要技术。

1. 输入法切换快捷方式

在 Windows 7 操作系统中，任务栏上有一个输入法图标 ，表示当前是英文输入状态，单击 图标，弹出选择输入法选择菜单，如图 1-3-8 所示。用户可单击某一种输入法，例如选择了搜狗拼音输入法后，屏幕出现如图 1-3-9 所示界面。单击相应按钮，可实现相关功能切换，当然也可以通过键盘组合键进行切换选择。

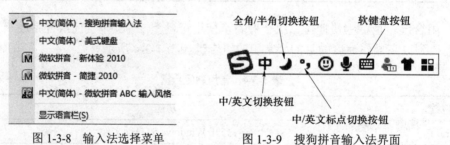

图 1-3-8　输入法选择菜单　　　图 1-3-9　搜狗拼音输入法界面

（1）输入法的切换：Ctrl＋Shift 键，通过它可在已装入的输入法之间进行切换。

（2）打开/关闭输入法：Ctrl＋空格键，通过它可实现英文输入法和中文输入法的切换。

（3）全角/半角切换：Shift＋空格键，通过它可进行全角和半角的切换。

（4）软键盘使用：软键盘是一种用鼠标输入各种符号的工具，打开软键盘后，可以用鼠标单击软键盘上的各键，输入例如希腊字母、日文平假名、西文字母、制表符等各种符号，增加用户输入的灵活性。搜狗拼音输入法软键盘如图 1-3-10 所示。

2. 常见的输入法

（1）拼音输入法。

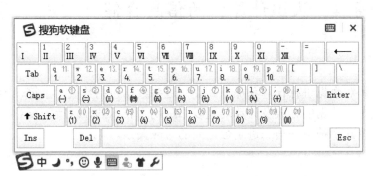

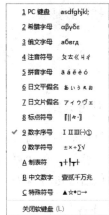

图 1-3-10 搜狗拼音输入法软键盘

① 全拼输入法。全拼输入法是按汉语拼音的顺序输入全部拼音字母，同音字可用数字键或鼠标在词语选择框中选字。使用全拼输入方式，用户可更为简单、方便和快捷地输入文本。

例如：输入"dian nao"时，在词语选择框中只有"电脑"二字，没有其他重码，按空格键可在当前光标处输入该词。

② 智能 ABC 输入法。智能 ABC 输入法是一种灵活、方便的汉字输入法，该输入法基于人们的语文知识和计算机的智能，为各类人员特别是非专业人员提供一种易学的输入方法。它分为"标准"输入法和双打输入法。

③ 搜狗拼音输入法。搜狗拼音输入法是搜狗公司于 2006 年推出的一款基于互联网搜索引擎技术的汉字输入法工具。在传统输入法的基础上，提高了词库的广度和词语的准确度，操作方便快捷，使用户的输入速度得到很大的提高。

（2）五笔输入法。

五笔输入法属于汉字的形码输入法，采用字形分解、拼形输入的编码方案。五笔输入法具有重码率低的特点，有助于快速输入汉字。20 世纪末，智能拼音流行，使用五笔的人数急剧下降。

（3）手写输入法。

手写输入法是一种笔式环境下的手写中文识别输入法，需要配套的硬件手写板，在配套的手写板上用笔，符合中国人用笔写字的习惯。只要在手写板上按平常的习惯写字，电脑就能将其识别显示出来。

（4）语音输入法。

语音输入法是一种以语音输入方式转换成文字的简便、易用的输入方法。它吸取了市场上众多语音输入软件的优点，同时去除和改进了它们的一些缺点，增加了软件的可用性、舒适性。

 任务小结

本次任务首先介绍了鼠标和键盘的基本分类；其次学习了鼠标和键盘的基本操作使用，熟悉了键盘的分区及各种按键的功能；了解了常见的汉字输入法，并学习了输入法的切换方式等。鼠标和键盘的熟练使用，是计算机操作技能中最基本的要求。在学习中要循序渐进，加强练习，可配合一些打字软件（例如金山打字通），熟悉键盘，提升打字速度，最终实现"盲打"的要求。

任务4 认识计算机的信息存储

 任务介绍

计算机最基本的功能是对数据进行计算和加工处理,这些数据包括数值、字符、图形、图像和声音等。在计算机中,数据的存放及计算均是以二进制来表示的,这就需要对字符信息和数值信息进行编码,建立字符数据与二进制数之间的对应关系。

 任务分析

本任务主要学习常用数制及其相互转换、各种类型的数据在计算机中的表示和常见的信息编码。

本任务路线如图 1-4-1 所示。

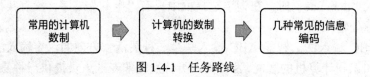

图 1-4-1 任务路线

完成本任务的相关知识点:
(1)计算机的常用数制。
(2)计算机各种数制之间的相互转换方法。
(3)ASCII 码和汉字编码。

 任务实现

【任务 4-1】了解计算机的常用数制及其转换

在计算机内部,各种信息都必须经过数字化编码后才能被传达、存储和处理。无论什么类型的信息,在计算机内都是采用由 0 和 1 组成的二进制来表示与处理。

1. 计算机的数制

(1)基本概念。

数制是用一组固定的数字和一套统一的规则来表示数目的方法。按照进位方式计数的数制叫作进位计数制。例如,逢十进一即十进制。进位计数制的表示主要有三个基本要素:数码、基数和位权。

数码:数制中表示基本数值大小的不同数字符号。例如,十进制有 10 个数码,分别为 0、1、2、3、4、5、6、7、8、9。

基数:一种进位计数制中允许使用的基本数字符号的个数称为基数。常用"R"表示,称 R 进制。例如:二进制的数码是 0、1,则基数为 2。

位权:表示一个数码所在的位。数码所在的位不同,代表数的大小也不同。例如,在十进制数 537.5 中,5 表示的是 500(5×10^2),位权为 10^2;3 表示的是 30(3×10^1),位权为

10^1；7 表示的是 7（7×10^0），位权为 10^0；5 表示的是 0.5（5×10^{-1}），位权为 10^{-1}。

（2）常见的几种计数制。

常用的进位计数制有二进制、八进制、十进制和十六进制。计算机中不同计数制的基数、数码、进位关系和表示方法如表 1-4-1 所示。

表 1-4-1　计算机中不同计数制的基数、数码、进位关系和表示方法

计数制	数码	基数	进位关系	位权	表示方法
二进制	0、1	2	逢二进一	2^i	1011B 或（1011）$_2$
八进制	0、1、2、3、4、5、6、7	8	逢八进一	8^i	247O 或（247）$_8$
十进制	0、1、2、3、4、5、6、7、8、9	10	逢十进一	10^i	123D 或（123）$_{10}$
十六进制	0、1、…、9、A、B、C、D、E、F（其中 A、B、C、D、E、F 分别表示数码 10、11、12、13、14、15）	16	逢十六进一	16^i	72FH 或（72F）$_{16}$

在数字后面加写相应的英文字母作为标识。如：B（Binary）表示二进制数；O（Octonary）表示八进制数；D（Decimal）表示十进制数，通常其后缀可以省略；H（Hexadecimal）表示十六进制数。

应当指出，二进制和十六进制都是计算机中常用的数制，在一定数值范围内直接写出它们之间的对应表示，也是经常遇到的。表 1-4-2 列出了 0～15 这 16 个十进制数与其他 3 种数制的对应表示关系。

表 1-4-2　各进制之间的对应关系

十进制	二进制	八进制	十六进制	十进制	二进制	八进制	十六进制
0	0000	00	0	8	1000	10	8
1	0001	01	1	9	1001	11	9
2	0010	02	2	10	1010	12	A
3	0011	03	3	11	1011	13	B
4	0100	04	4	12	1100	14	C
5	0101	05	5	13	1101	15	D
6	0110	06	6	14	1110	16	E
7	0111	07	7	15	1111	17	F

2. 各种数制间的转换

（1）非十进制数转换成十进制。

利用按权展开的方法，可以把任意数制的一个数转换成十进制，下面是将二进制、八进制和十六进制转换为十进制的例子。

例 1：将二进制数 111 010.101 1 转换成十进制数。

$(111\ 010.101\ 1)_2 = 1*2^5 + 1*2^4 + 1*2^3 + 0*2^2 + 1*2^1 + 0*2^0 + 1*2^{-1} + 0*2^{-2} + 1*2^{-3} + 1*2^{-4}$

$$= 32 + 16 + 8 + 2 + 0.5 + 0.125 + 0.062\ 5 = (58.687\ 5)_{10}$$

例2：将八进制数 12345 转换成十进制数。

$$(12\ 345)_8 = 1*8^4 + 2*8^3 + 3*8^2 + 4*8^1 + 5*8^0 = 4\ 096 + 2*512 + 3*64 + 4*8 + 5 = (5\ 349)_{10}$$

例3：将十六进制数 16FC 转换成十进制数。

$$(16FC)_{16} = 1*16^3 + 6*16^2 + 15*16^1 + 12*16^0 = 4\ 096 + 1\ 536 + 240 + 12 = (5\ 884)_{10}$$

由上述例子可见，只要掌握了数制的概念，那么将任意一个进制的数转换成十进制数的方法是一样的。

（2）十进制数转换成二进制、八进制、十六进制。

通常一个十进制数包含整数和小数两部分。

整数部分的转换：采用除 R 取余法，直到商为 0 为止，最先得到的余数为最低位，最后得到的余数为最高位。

小数部分的转换：乘 R 取整法，直到积为 0 或达到有效精度为止，最先得到的整数为最高位，最后得到的整数为最低位。

例4：将十进制整数 17 转换成二进制整数。

使用"除 2 取余法"，每次都除以 2，直到商为 0，所得的余数就是二进制整数各位上的数字。最后一次得到的余数是最高位，第一次得到的余数是最低位。

转换过程如图 1-4-2（a）所示，结果为：$(17)_{10} = (10001)_2$

用类似于将十进制数转换成二进制数的方法可将十进制整数转换成八、十六进制整数，只是所使用的除数分别以 8、16 替代 2 而已。

例5：将十进制整数 5436 转换成八进制整数。

转换过程如图 1-4-2（b）所示，结果为：$(5436)_{10} = (12474)_8$

例6：将十进制整数 80 591 转换成十六进制整数。

转换过程如图 1-4-2（c）所示，结果为：$(80591)_{10} = (13ACF)_{16}$

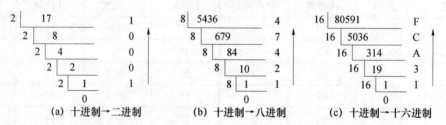

图 1-4-2 十进制与二进制、八进制及十六进制转换

【任务 4-2】了解计算机中的信息编码

计算机只能识别二进制数码，因此要对其他信息（如语音、符号、声音等）进行识别和处理时，就必须先把信息编成二进制数码，才能被计算机接受。这种把信息编成二进制数码的方法，称为计算机编码。下面介绍几种常见编码。

1. ASCII 码

ASCII 码是目前国际上使用最广泛的编码，它是美国标准信息交换码，被国际标准化组织（ISO）指定为国际标准。基本 ASCII 字符如表 1-4-3 所示。

标准 ASCII 码使用 7 位二进制，任何一个元素由 7 位二进制数 $D_6D_5D_4D_3D_2D_1D_0$ 表示，其编码范围从 0000000B～1111111B，共有 $2^7 = 128$ 个不同的编码值，相应可以表示 128 个不同字符的编码。扩展的 ASCII 码使用 8 位二进制位表示一个字符的编码，可表示 $2^8 = 256$ 个不同字符的编码。

要确定某一个字符的 ASCII 码，先在表中查到相应的位置，根据列确定高位码（$D_6D_5D_4$），根据行确定低位码（$D_3D_2D_1D_0$），联合高位码和低位码就是该字符的 ASCII 码。如字母"B"的码值为 1000010 B，数字"8"的 ASCII 码值为 0111000 B 等。

表 1-4-3　基本 ASCII 字符

$D_3D_2D_1D_0$ ＼ $D_6D_5D_4$	000	001	010	011	100	101	110	111
0000	NUL	DLE	SP	0	@	P	`	p
0001	SOH	DC1	!	1	A	Q	a	q
0010	STX	DC2	"	2	B	R	b	r
0011	ETX	DC3	#	3	C	S	c	s
0100	EOT	DC4	$	4	D	T	d	t
0101	ENQ	NAK	%	5	E	U	e	u
0110	ACK	SYN	&	6	F	V	f	v
0111	BEL	ETB	'	7	G	W	g	w
1000	BS	CAN	(	8	H	X	h	x
1001	HT	EM	)	9	I	Y	i	y
1010	LF	SUB	*	:	J	Z	j	z
1011	VT	ESC	+	;	K	[	k	{
1100	FF	FS	,	<	L	\	l		
1101	CR	GS	-	=	M	]	m	}
1110	SO	RS	.	>	N	↑	n	~
1111	SI	US	/	?	O	↓	o	DEL

2. 汉字的编码

ASCII 码只对英文字母、数字和标点符号作编码。为了用计算机处理汉字，同样也需要对汉字进行编码。通常汉字的编码有四种类型：汉字输入码、汉字信息交换码、汉字的机内码及汉字字形码。

计算机处理汉字的过程如图 1-4-3 所示，首先用输入码将汉字输入计算机，然后计算机系统自动将汉字输入码转换为内码进行储存、处理。最后在汉字的显示和打印输出过程中，根据汉字内码从字库中取出汉字字形码，实现汉字的显示和打印输出。

图 1-4-3　计算机处理汉字的过程

（1）汉字输入码。

汉字输入码（机外码）是在输入汉字时对汉字进行的一种编码，通常都是由键盘上的字符或数字组合而成。目前汉字输入编码方法有四种：数字码、音码（全拼、智能全拼、双拼、简拼）、形码（五笔字型汉字输入法）、音形码。如用搜狗输入法输入"啊"字，就要在键盘上输入"a"，再选字。虽然每种输入编码方案对同一个汉字的输入不相同，但经过转换后存入计算机的机内码都是相同的。

（2）汉字信息交换码。

GB 2312 汉字国际码全称是 GB 2312-80《信息交换用汉字编码字符集——基本集》，1980年颁布，也称汉字交换码。

国际码规定每个汉字由两个字节代码组成，每个字节的高位置为 0。在国际码的字符集中共收录了 6 763 个常用汉字和 682 个非汉字字符。所有的国际码汉字和字符分为 94 个区，每区 94 个位。一个汉字所在的区号和位号的组合就构成了该汉字的"区位码"。例如"啊"字，位于 16 区、01 位，它的区位码是 1601。国标码为了与 ASCII 码相对应，给区号和位号分别加上 20H，即国标码与区位码的关系是：国标码＝区位码＋2020H。

（3）汉字机内码。

汉字机内码是计算机系统对汉字进行存储、加工处理和传输而统一使用的代码。为了区别是汉字编码还是 ASCII 码，将国际码的每个字节的最高二进制位置由 0 变为 1，变换后的国际码称为汉字机内码。

机内码一般是将国际码的高位字节、低位字节各自加上 128（十进制）或 80（十六进制）。所以，汉字的国标码与其机内码有下列关系：汉字机内码＝汉字的国标码＋8080H。

例如，已知"啊"字的区位码为 1601（1001H），则根据上述公式得：

"啊"字的国标码＝1001H＋2020H＝3021H；

"啊"字的机内码＝3021H＋8080H＝B6A1H。

（4）汉字字形码。

屏幕输出或者打印字符，是汉字字形的数字化信息。为了在输出时看到汉字，就应输出汉字的字形。汉字的字形码是表示汉字字形的字模数据，通常用点阵、矢量字形表示。

所谓点阵字形就是用一个排列成方阵的点的黑白来描述汉字。有字形笔画的点用黑色，反之用白色。在计算机中用一组二进制表示点阵，1 表示黑点，0 表示白点，这样汉字字形经过点阵数字化后就能得到该汉字的字形码，点阵结构如图 1-4-4 所示。

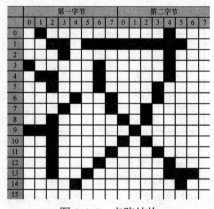

图 1-4-4　点阵结构

例如：对于 16*16 的矩阵来说，需要的位数是 16*16＝256 个位，每个字节为 8 位，因此，每个汉字都需要用 256/8＝32 个字节来表示。即每两个字节代表一行的 16 个点，共需要 16 行，显示汉字时，只需一次性读取 32 个字节，并将每两个字节为一行打印出来，即可形成一个汉字。

矢量字形比点阵字形复杂，一个汉字笔画的轮廓采用曲线来勾画，曲线字形用曲线的起点和终点坐标以及相应的 3 次多项式系统来表示，字可无限放大缩小。矢量字形打印质量很高。

任务小结

在本任务中，主要介绍了几种常用数制并能在各数制之间相互转换。同时也学习了计算机中对英文字母、数字、标点符号和汉字的信息编码。

任务5　认识多媒体技术

任务介绍

多媒体技术是一门迅速发展的综合性信息技术，它把电视的声音和图像功能、印刷业的出版功能、计算机的人机交互功能、因特网的通信技术有机地融于一体，对信息进行加工处理后，再综合表达出来。多媒体技术的发展改变了计算机的使用领域，使计算机由办公室、实验室中的专用品变成了信息社会的普通工具，广泛应用于工业生产、学校教育、公共信息咨询、商业广告，甚至家庭生活与娱乐等领域。

任务分析

本任务路线如图 1-5-1 所示。

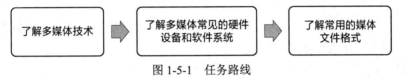

图 1-5-1　任务路线

完成本任务的相关知识点：

（1）多媒体计算机的基本概念、信息类型和特征。

（2）多媒体技术在现代生活中的应用。

（3）多媒体计算机硬件设备和软件系统。

（4）各种媒体类型的文件格式。

任务实现

【任务 5-1】了解多媒体技术

1. 多媒体技术的基本概念和特征

从字面上理解"多媒体"就是"多种媒体的综合"，相关的技术就是"怎样进行多种媒体综合的技术"。但多媒体技术不是各种信息媒体简单的复合，它是一种把文本、图形、图像、动画、视频和声音等形式的信息结合在一起，并通过计算机进行综合处理和控制，支持一系列交互式操作的信息技术。与其他媒体相比，多媒体具有以下特性：

（1）多样性。

多样性一方面指信息媒体类型的多样性，另一方面指媒体输入、传播、再现和展示手段的多样性。

（2）集成性。

集成性一方面指多种媒体信息的集成，另一方面指处理各种媒体信息所需要设备和系统的集成。多媒体信息的集成指将不同的媒体信息合理、协调地结合在一起，形成一个整体，也强调将多媒体信息有机地进行同步。

（3）交互性。

用户通过人机界面能够与计算机进行信息交流，以便更有效地控制和使用多媒体信息。

（4）实时性。

实时性是指多媒体系统中音频和视频与时间密切相关，必须同步进行，任何一方滞后都会影响到信息的准确表达。这决定了多媒体技术必须支持实时处理。

2. 多媒体信息的类型

（1）文本。

文本是以文字、数字和各种符号表达的信息方式，是人与计算机之间进行信息交换的主要媒体。文本是计算机文字处理的基础，在计算机中，文字和数值都是用二进制编码表示的。文字信息和数值信息统称为文本信息。

（2）图形。

图形一般是指用计算机绘制的画面，由点、线、面等几何元素所构成的各种二维、三维的图形。矢量图形又称为向量图形，可以任意地放大、缩小、旋转，都不会影响画面质量。

（3）图像。

图像是指通过输入设备（例如扫描仪、数码相机）捕捉的实际画面，或以数字化形式存储的画面，主要由一系列像素点构成。

（4）音频。

音频是指人类能够听到的所有声音。数字音频是通过采样和量化，把模拟量表示的音频信号转换成由许多二进制数 1 和 0 组成的数字音频信号。

（5）动画。

动画是采用计算机动画制作软件创作并生成的一系列的连续画面，通过播放形成的一种动态图像。动画之所以具有动态的视觉效果，是因为人类的眼睛具有一种"视觉暂留"的生物特点。

（6）视频。

视频也是一种动态图像，与动画不同的是，视频信号是来自摄像机、电视机等设备输出的连续图像信号。由于视频需要伴音，所以视频与音频经常需要配合进行。

3. 多媒体关键技术

多媒体关键技术是处理文字、声音、图形、图像等媒体的综合技术。在多媒体技术领域内主要涉及以下几种关键技术：

（1）多媒体数据压缩和编码技术。

由于数字化的图像、声音等多媒体数据量非常庞大，给多媒体信息的存储、传输和处理带来了极大的压力，因此多媒体数据压缩和编码技术成为多媒体技术中的核心技术。所谓数据的压缩和编码，就是用最少的数码表示各种媒体信号，同时保持一定的信号质量。先进的压缩编码算法，对数字化的视频和音频信息进行压缩，既能节省存储空间，又能提高通信介质的传输效率，同时也使计算机实时处理和播放视频及音频信息成为可能。

（2）多媒体网络和通信技术。

多媒体通信技术包含语音压缩、图像压缩及多媒体的混合传输技术。在网络中同时传输语音、图像、文件等信号，必须用复杂的多路混合传输技术，而且要采用特殊的约定来完成。要充分发挥多媒体技术对多媒体信息的处理能力，还必须与网络技术相结合。特别是在电视会议、医疗会诊等某些特殊情况下，要求多人共同对多媒体数据进行操作时，如果不借助网络则无法实施。

（3）超文本和超媒体技术。

处理大量多媒体信息主要有两种途径：一是利用多媒体数据库系统，来存储和检索多媒体信息，二是使用超文本和超媒体。超文本和超媒体技术是一种表示、组织和管理信息的计算机技术，通过把各种分散的多媒体信息进行有效的组织，使用户使用更加方便。目前所使用的电子地图、信息检索系统、字典系统等都使用了超文本和超媒体技术。

（4）流媒体技术。

流媒体技术又称流式媒体技术。采用流式传输的方式在网络上播放多媒体文件，而流媒体技术就是把连续的影像和声音信息经过压缩处理后放在服务器上，让用户一边下载一边观看、收听，而不需要等整个压缩文件下载到自己的机器后才可以观看的网络传输技术。

（5）虚拟现实技术。

简单地说，虚拟现实技术（VR）就是借助计算机技术及相关硬件设备，实现一种人们可以通过视听嗅触等多种手段所感受到的实时的、三维的虚拟环境，使用户完全沉浸在该环境中。虚拟现实技术目前广泛应用在娱乐方面，另外在医学、军事航天、室内设计等领域也有着十分重要的现实意义。

4. 多媒体应用领域

近年来，多媒体技术发展迅速，已成为信息社会的主导技术之一。多媒体系统的应用更以极强的渗透力进入人类生活的各个领域。

（1）教育培训：例如多媒体教学课件、多媒体教学平台。

（2）商业展示、信息咨询应用：例如旅游信息查询、导购信息查询、多媒体广告等。

（3）电子出版：例如电子杂志、电子报纸、电子图书等。

（4）多媒体通信：例如视频会议、视频聊天、电子商务等。

（5）多媒体娱乐和游戏：例如在线音乐、在线影院、联网游戏等。

（6）影视制作：例如影片中的特技、动画、特效等。

（7）虚拟现实技术：例如虚拟驾驶训练、虚拟人体解剖系统等。

【任务 5-2】认识常用的多媒体硬件设备和软件系统

1. 多媒体计算机

多媒体计算机是指能够对声音、图像、视频等多媒体信息进行综合处理的计算机，即具有多媒体功能的计算机系统，简称 MPC。一个完整的多媒体计算机系统由多媒体计算机硬件设备和软件系统两部分组成。

2. 多媒体计算机的硬件设备

具体来说，多媒体计算机的硬件设备除主机外，还包括一些扩充配置，如音频卡、视频卡及多媒体的 I/O 设备。

（1）音频卡。

处理音频信号的 PC 插卡是音频卡，又称声卡，如图 1-5-2 所示。声卡将计算机中存储的音频数据转化为声音信号，通过连接在声卡上的音响或耳机发出所需的声音。

图 1-5-2　声卡

（2）视频卡。

视频卡用来支持视频信号的输入和输出，其功能是将视频信号采集到电脑中，以数据文件的形式保存在硬盘上，经过后期对数字化的视频信号编辑处理，将编辑完成的视频信号加以输出。常见的视频卡有三种：视频采集卡、视频播放卡、电视转换卡。

（3）多媒体的 I/O 设备。

多媒体的输入与输出设备有很多，常见的设备有以下几种：

① 触摸屏。触摸屏又称"触控屏""触控面板"，如图 1-5-3（a）所示。它是一种可接收触头等输入信号的感应式液晶显示装置，是目前最简单、方便的一种人机交互方式，是一种全新多媒体交互设备。触摸屏主要应用于公共信息的查询、军事指挥、点歌点菜、多媒体教学等。

② 摄像头。摄像头又称电脑相机，是一种视频输入设备，如图 1-5-3（b）所示。它广泛运用于视频会议、远程医疗及实时监控等方面，也可以作为图像采集设备。

③ 投影仪。投影仪又称投影机，是一种可以将图像或视频投射到幕布上的设备，可以通过不同的接口同计算机、VCD、DVD、BD、游戏机、DV 等相连接播放相应的视频信号，如图 1-5-3（c）所示。

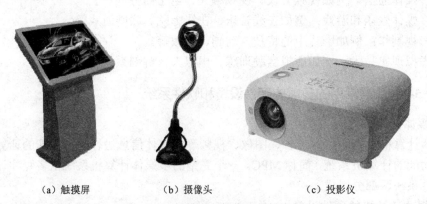

　　（a）触摸屏　　　　　　　（b）摄像头　　　　　　　（c）投影仪

图 1-5-3　触摸屏、摄像头和投影仪

3. 多媒体计算机软件系统

多媒体计算机的软件系统主要包括三个部分：

（1）多媒体操作系统。多媒体操作系统除具有一般操作系统的功能外，还具备多媒体底层扩充模块，支持高层多媒体信息的采集、编辑、播放和传输等处理功能。Windows 是目前应用和开发多媒体系统最好的环境。

（2）多媒体应用软件的开发工具。多媒体开发工具是基于多媒体操作系统基础上的多媒体软件开发平台，可以帮助开发人员组织编排各种多媒体数据及创作多媒体应用软件。例如基于页面的多媒体课件制作软件 ToolBook，基于时间的多媒体创作工具 Director、Action 等。

（3）多媒体应用软件。多媒体应用软件用来支持多媒体计算机的使用要求，例如各种多媒体教学软件、压缩解压软件、多媒体播放软件，如 Windows 系统自带的 Windows Media Player、苹果公司的 QuickTime Player 等，

【任务 5-3】了解常用媒体文件格式

不同类型的多媒体素材，一般都是以文件的形式保存。多媒体技术中常见的文件主要包括音频文件、图像文件、视频文件。

1. 音频文件

在多媒体技术中，目前数字音频信息的主要文件格式有 WAV、MP3、MIDI 等，常见的音频文件如表 1-5-1 所示。

表 1-5-1　常见的音频文件

文件格式	文件扩展名	说　　明
WAV 格式	wav	称为波形文件，利用该格式记录的声音文件和原声基本一致，质量非常高，但文件数据量大，几乎所有的音频编辑软件都支持 WAV 格式
MP3 格式	mp3	属于波形文件，是一种有损压缩格式，MP3 格式是目前比较流行的声音文件格式，因其压缩率大，在网络上被广泛地应用，一首 50 MB 的 WAV 格式歌曲用 MP3 格式压缩后，只需 4 MB 左右的存储空间
AAC 格式	aac	是高级音频编码的缩写，是 MPEG-2 规范的一部分。AAC 的音频算法在压缩能力上远远超过 MP3，且同时支持多达 48 个音轨、15 个低频音轨，被称为"21 世纪数据压缩方式"
MIDI 格式	mid/rmi	是目前比较成熟的音乐格式，记录的不是一段录制的声音，而是记录声音的信息，现已经成为一种产业标准

2. 图像文件

图像文件格式是记录和存储影像信息的格式。对数字图像进行存储、处理、传播，必须采用一定的图像格式，也就是把图像的像素按照一定的方式进行组织和存储，把图像数据存储成文件就得到图像文件。常见的图像文件如表 1-5-2 所示。

表 1-5-2　常见的图像文件

文件格式	文件扩展名	说　　明
BMP 格式	bmp	是 Windows 操作系统最常用的图像文件格式。BMP 文件结构简单，形成的图像文件较大，支持从黑白图像到 24 位真彩色图像
GIF 格式	gif	主要用于保存网页中需要高速传输的图像文件，支持 256 种色彩，压缩比高，容量小，适合网络传输，可以作为透明背景与网页背景融合在一起。GIF 文件格式还允许在一个文件中存储多个图像，实现动画功能

续表

文件格式	文件扩展名	说　　明
JPEG 格式	jpg	是一种高效的压缩图像文件格式。它将不易被人眼察觉的图像颜色删除，从而达到较大的压缩比。兼容性大，跨平台性好，是因特网上的主流图像格式，但不适合印刷
PNG 格式	png	是一种新的网络图像格式。PNG 格式能够提供长度比 GIF 格式小 30%的无损压缩图像文件
PSD 格式	psd	是 Photoshop 的专用图形文件格式。这种文件格式包含了图形中的色层、遮罩、色频、选区等 Photoshop 可以处理的属性
TIFF 格式	tif	最初用于扫描仪和平面出版业，是工业标准格式。兼容性极佳，支持所有图像类型。TIFF 的图像质量非常高，但占用的存储空间非常大，主要应用于美术设计和出版行业

上面所述只是几种流行的通用的图像文件格式。另外还有图像文件格式，例如 EPS 格式、TGA 格式、矢量图形 CDR 格式、AI 格式等。

3. 视频文件

视频文件也叫作动态图像，主要分为两种类型：由人工绘制的图像或计算机产生的图形以图像的形式表现的，被称为"动画"；而当图像是实时获取的景物时，被称为"视频信号"。常见的视频文件如表 1-5-3 所示。

表 1-5-3　常见的视频文件

文件格式	文件扩展名	说　　明
AVI 格式	avi	音视频交叉纪录文件格式，是 Microsoft 公司于 1992 年推出的，这种视频格式的优点是可以跨多个平台使用，其缺点是体积过于庞大。AVI 格式对视频文件采用了一种有损压缩方式，但压缩比较高，因此尽管画面质量不是太好，但其应用范围仍然非常广泛
MOV 格式	mov	MOV 是由 Apple 公司开发的音频、视频文件格式，同时也是 QuickTime 影片格式。MOV 格式文件是以轨道的形式组织起来的，一个文件结构中可以包含很多轨道。图像质量优于 AVI
MPG 格式	mpg	MPG（MPEG）格式文件是统称，其中细分为 MPEG-1、MPEG-2、MPEG-3、MPEG-4、MPEG-5 等视频格式。MPEG-1 被广泛应用在 VCD 的制作和视频片段下载方面；MPEG-4 是一种新的压缩算法，使用这种算法的 ASF 格式可以把一部 120 分钟长的电影压缩成 300 MB 左右的视频流，采用基于对象的识别编码模式，图像高清晰度较高
SWF 格式	swf	SWF 格式是一种支持矢量和点阵图形的动画文件格式，广泛应用于网页设计、动画制作等领域，通常也被称为 Flash 文件

 任务小结

随着计算机多媒体技术的突飞猛进，多媒体凭借着自身的优势越来越受到广泛关注和应用，影响到我们生活的很多方面。随着多媒体技术在日常生活中的逐渐渗透，配备多媒体的硬件设备和软件系统的个人计算机应运而生，使计算机能够集声、文、图、像处理于一体。本任务简要介绍了计算机多媒体技术的相关概念及其常见的信息类型，使读者对何为多媒体有一个概括性认识。接下来通过对多媒体常见的几种媒体格式和特点的详细介绍，让读者在繁多的文件格式中辨别以及选择所需要的格式种类来准确完整地传达信息。

模 块 总 结

本模块主要介绍了计算机的基础知识，包括计算机的基本概念，计算机的发展史，计算机的分类、用途等；系统地讨论了计算机的硬件系统和软件系统，计算机的基本结构与工作原理，以及计算机的系统组成；还学习了数据在计算机内部的表示形式及数制间的转换方法；另外，为适应时代的需求，还简单介绍了有关多媒体及多媒体技术方面的知识。学习了本模块，可以为进一步学习本书及后续课程打下基础。

习　　题

习题在线测试

一、单选题

1. 美国宾夕法尼亚大学 1946 年研制成功了一台大型通用数字电子计算机_____。

 A. ENIAC   B. IBM PC

 C. Pentium   D. POS

2. I/O 设备的含义是_____。

 A. 输入输出设备   B. 通信设备   C. 网络设备   D. 控制设备

3. 能够直接与 CPU 进行数据交换的存储器称为_____。

 A. 外存   B. 内存   C. 缓存   D. 闪存

4. 十进制数 55 转换成二进制数等于_____。

 A. 111111   B. 110111   C. 111001   D. 111011

5. 计算机指令由两部分组成，它们是_____。

 A. 运算符和运算数   B. 操作数和结果

 C. 操作码和操作数   D. 数据和字符

6. 一个完整计算机系统的组成部分有_____。

 A. 主机、键盘和显示器   B. 系统软件和应用软件

 C. 主机和它的外部设备   D. 硬件系统和软件系统

7. 在计算机中采用二进制是因为_____。

 A. 电子元件只有两个状态   B. 易控制、易实现

 C. 二进制的运算规则简单   D. 上述三个原因

8. 对于微型计算机来说，_____的工作速度基本上决定了计算机的运算速度。

 A. 控制器   B. 运算器   C. CPU   D. 存储器

9. 英文缩写 CAD 的中文意思是_____。

 A. 计算机辅助设计   B. 计算机辅助制造

 C. 计算机辅助教学   D. 计算机辅助管理

10. 下列各项中，不属于多媒体硬件的是_____。

A. 光盘驱动器　　　　B. 视频卡　　　　C. 音频卡　　　　D. 加密卡

11. 五笔字型汉字输入法的编码属于_____。

A. 音码　　　　　　　B. 形声码　　　　C. 区位码　　　　D. 形码

12. 冯·诺依曼型体系结构的计算机包含的五大部件是_____。

A. 输入设备、运算器、控制器、存储器、输出设备

B. 输入/输出设备、运算器、控制器、内/外存储器、电源设备

C. 输入设备、中央处理器、只读存储器、随机存储器、输出设备

D. 键盘、主机、显示器、磁盘机、打印机

13. ROM 中的信息是_____。

A. 由计算机制造厂预先写入的

B. 在系统安装时写入

C. 根据用户的需求，由用户随时写入的

D. 由程序临时存入的

14. 许多企事业单位现在都使用计算机计算、管理职工工资,这属于计算机的_____应用领域。

A. 科学计算　　　　　B. 数据处理　　　　C. 过程控制　　　　D. 辅助工程

15. 属于显示器性能指标的是_____。

A. 可靠性　　　　　　B. 分辨率　　　　C. 速度　　　　　D. 精度

16. 制造第三代计算机所使用的主要元器件是_____。

A. 晶体管　　　　　　　　　　　　B. 集成电路

C. 大规模集成电路　　　　　　　　D. 超大规模集成电路

17. 下面列出的四种存储器中，易失性存储器是_____。

A. RAM　　　　　　　B. ROM　　　　　C. PROM　　　　D. CD-ROM

18. 扫描仪是一种_____。

A. 主板的型号　　　　B. 输入设备　　　C. 显示器的型号　　D. 输出设备

19. 汉字的机内码前后两个字节的最高位二进制值依次分别是_____。

A. 1、1　　　　　　　B. 1、0　　　　　C. 0、1　　　　　D. 0、0

20. 在计算机硬件技术指标中，度量存储器空间大小的基本单位是_____。

A. 字节　　　　　　　B. 二进位　　　　C. 字　　　　　　D. 半字

二、操作题

1. 英文录入练习：启动 Microsoft Word，输入下列英文，保存文件名为 A1.DOC。（15min 内完成）

　　We all stood there under the awning and just inside the door of the Wal-Mart. We waited, some patiently, others irritated because nature messed up their hurried day. I am always mesmerized by rainfall. I get lost in the sound and sight of the heavens washing away the dirt and dust of the world. Memories of running, splashing so carefree as a child come pouring in as a welcome reprieve from the worries of my day.

2. 特殊符号录入练习：在文件 A1.DOC 中输入下列特殊字符。（15min 内完成）

①　标点符号：　　。　　，　　、　　：　　…　　～　　〔　　【　　《　　『

②　数学符号：　≈　　≠　　≤　　≮　　∷　　±　　÷　　∫　　∑　　∏

③　特殊符号：　§　　№　　☆　　★　　○　　●　　◎　　◇　　◆　　※

④　Webdings：　Ⓟ　　‖　　▶▶　　☎　　🖨　　☔　　☂　　♫　　📰　　①

⑤　Wingdings：　✐　　🖎　　📖　　✉　　💻　　🖉　　💾　　❹　　🕐　　☑

⑥特殊字符：　　©　　　®　　　™　　　§

提示：①～③通过软键盘输入，④～⑥通过"插入"菜单中的"符号"命令输入。

3. 利用打字练习软件"金山打字通"进行汉字输入法练习。（每天练习 15～20min）

模块 2

Windows 7 操作系统

● **本模块知识目标**

- 了解 Windows 7 操作系统的基本概念及其功能。
- 掌握 Windows 7 的窗口与库的基本组成。
- 掌握 Windows 7 文件和文件夹的基本操作与步骤。
- 掌握 Windows 7 用户账户的基本概念。
- 掌握 Windows 7 控制面板的基本操作与步骤。
- 掌握 Windows 7 常用附件程序的基本操作与步骤。

● **本模块技能目标**

- 能够熟练使用 Windows 7 窗口和库的基本操作。
- 能够熟练操作 Windows 7 的文件夹和文件。
- 能够熟练创建和管理用户账户。
- 能够熟练操作 Windows 7 控制面板的各项设置。
- 能够熟练操作 Windows 7 常用的附件程序。

目前，个人计算机上安装最多的操作系统是微软公司的 Windows 操作系统，Windows 7 操作系统在硬件性能、系统性能、易用性、可靠性等方面，较以往的 Windows 操作系统有了明显的提高。

任务 1 认识 Windows 7 操作系统

任务介绍

旺旺食品公司为员工小张配发了一台工作用计算机，用来存放、管理公司销售运营方面的各类资料。小张对 Windows 7 不是很熟悉，需要了解 Windows 7 系统的桌面、图标、菜单、任务栏、对话框等基本知识，学会开关机，启动应用程序，打开菜单、对话框等各种操作。

任务分析

为了完成本次任务，小张首先需要了解 Windows 7 操作系统的基本知识，学会启动电脑、关闭电脑；认识 Windows 7 桌面、图标、任务栏、窗口的各组成部分。

本任务路线如图 2-1-1 所示。

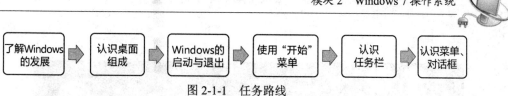

图 2-1-1　任务路线

完成本任务的相关知识点

（1）Windows 的发展历程、运行环境。

（2）Windows 7 的启动与退出与桌面组成。

（3）窗口、菜单、任务栏及对话框的基本知识及基本操作。

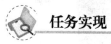 **任务实现**

【任务 1-1】认识 Windows 7 操作系统

1. Windows 系列的版本

微软自 1985 年推出 Windows1.0 以来，Windows 系统不断发展完善，从最初运行在 DOS 下的 Windows3.0，发展到现在，有了 Windows 7、Windows 8 和 Windows 10。

（1）微软在 1995 年推出了 Windows 95，这是不要求 MS-DOS 的第一个 Windows 版本，用户界面相当友好，包含了一个集成 TCP/IP 协议、拨号网络和长文件名支持的操作系统。

（2）微软在 2001 年推出了 Windows XP，这是一款最为易用的操作系统。

（3）微软在 2009 年推出了 Windows 7，Windows 7 有五个主要特点：针对笔记本电脑的特有设计、基于应用服务的设计、用户的个性化、视听娱乐的优化、用户易用性的新引擎。Windows 7 是继 Windows XP 后第二个经典的 Windows 系统。

（4）微软在 2012 年推出了 Windows 8，支持来自 Intel、AMD 和 ARM 的芯片构架，被应用于个人电脑和平板电脑上，尤其是移动触控电子设备，如手机、平板电脑等。

（5）微软在 2015 年推出了 Windows 10，这是微软最新发布的 Windows 版本，有家庭版、专业版、企业版、教育版、移动版、移动企业版和物联网核心版共七个版本。Windows 10 功能更强大，硬件配置要求高，可以实现更多的功能，包括语音识别、人脸识别、双重身份验证等。

2. Windows 7 的运行环境

Windows 7 的硬件配置要求：采用 32 位处理器或 64 位处理器，处理器至少需要 1.8 GHz 或以上的频率；32 位处理器至少需要内存 1 GB，25 GB 可用磁盘空间；64 位处理器至少需要内存 2 GB，50 GB 可用磁盘空间；带有 WDDM1.0 或更高版本的驱动程序支持的 DirectX 9 且 256 MB 显存以上的独立显卡或集成显卡；使用 DVD R/RW 驱动器或 U 盘等其他存储介质安装操作系统，还需要机箱、电源、键盘、鼠标、集成网卡、显示器等其他硬件设备。

3. Windows 7 桌面

Windows 启动后，看到的整个屏幕区域，就是 Windows 的桌面，它是用户工作的界面，Windows 桌面如图 2-1-2 所示。桌面的底部是任务栏，任务栏的左边是"开始"按钮。

（1）图标。图标分为系统图标和快捷方式图标两种类型，系统图标包括计算机、网络、回收站等；快捷方式图标包括 QQ、千千静听等，快捷方式图标左下角有一个箭头标记。通过双击桌面图标，可以启动相应的程序或文件。

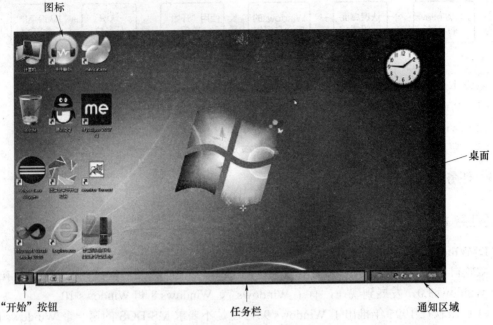

图标

桌面

"开始"按钮　　　　　任务栏　　　　通知区域

图 2-1-2　Windows 桌面

（2）"开始"按钮。单击"开始"按钮会弹出"开始"菜单，"开始"菜单将显示 Windows 7 中各种程序选项，单击其中的任意选项可启动对应的系统程序或应用程序，如图 2-1-3 所示。

（3）任务栏。任务栏位于桌面的底部，从左至右分别为"开始"按钮、中间部分、通知区域。

（4）背景。用户可以根据自己的喜好将图片或颜色设为桌面背景，美化工作环境。

4. Windows 7 的启动与退出

（1）Windows 7 的启动。

打开计算机电源开关后，计算机会自动运行 Windows 7，如果没有设置用户名和密码，会自动登录系统。如果用户设置了用户名和密码，则弹出登录提示，密码输入正确，才可以进入 Windows 界面；如果密码不正确，则无法进入 Windows 界面。

图 2-1-3　"开始"菜单

（2）Windows 7 的退出。

电脑使用完成后，需要关闭 Windows 系统，关闭 Windows 系统的步骤如下：

① 关闭正在运行的所有应用程序。

② 单击"开始"按钮，在弹出的"开始"菜单中，单击"关机"按钮，系统会自动退出并关闭电源。

③ 单击"关机"按钮右侧的箭头，如图 2-1-4 所示。在打开的快捷菜单中，有"切换用户""注销""锁定""重新启动""睡眠""休眠"6 个菜单项，用户根据需要，选择其中的某一个选项。

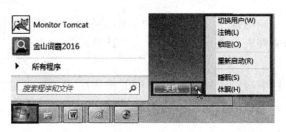

图 2-1-4　"关机"按钮及快捷菜单

▶ **操作技巧**

如果计算机出现故障或死机等现象，需要重新启动，可以尝试按 Ctrl + Alt + Delete 键，在出现的界面右下角的按钮中选择"重新启动"，以解决出现的问题。

【任务 1-2】认识 Windows 7 的窗口

当运行程序或打开文档时，Windows 系统会在桌面上开辟一块称为"窗口"的矩形区域，供用户使用。用户的绝大部分操作都是在各种各样的窗口中完成的，如窗口的打开/关闭、最大化/最小化/还原，窗口的移动等。

1. Windows 7 窗口的组成

Windows 7 窗口主要由标题栏、地址栏、菜单栏、工具栏、搜索框、窗口工作区和窗格等部分组成，如图 2-1-5 所示。

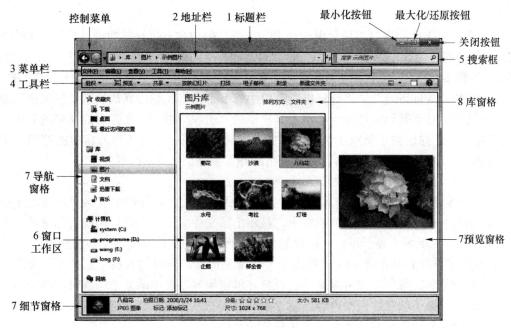

图 2-1-5　Windows 7 窗口

（1）标题栏：标题栏用来标识窗口，通常位于窗口的顶部。标题栏从左到右分别是"控制菜单"的图标、窗口的标题、"最小化"按钮、"最大化/还原"按钮和"关闭"按钮，单击这些按钮可对窗口执行相应的操作。

（2）地址栏：地址栏是"计算机"窗口中重要的组成部分，通过它可以清楚地知道当前打开的文件夹的路径。当知道某个文件或程序的保存路径时，可以直接在地址栏中输入路径来打开该文件或程序的文件夹。在地址栏上输入"计算机"或"桌面""库""视频"等关键字，可以直接访问。

Windows 7 的地址栏中每一个路径都由不同的按钮组成，单击这些按钮，就可以在相应的文件夹之间进行切换。单击这些按钮右侧的箭头按钮，将会弹出一个子菜单，显示该按钮对应文件夹内的所有子文件夹。

（3）菜单栏：菜单栏主要由"文件""编辑""查看""工具""帮助"5 个菜单项组成。Windows 7 窗口默认的情况下，菜单栏是隐藏的。显示菜单栏的方法是：单击工具栏上的"组织"按钮，从弹出的下拉菜单中，选择"布局"→"菜单栏"，即可显示菜单栏。反之，则隐藏菜单栏。也可以按 Alt 键，将菜单栏快速调出或隐藏。

（4）工具栏：工具栏上的按钮对应菜单栏中的菜单项，用于显示针对当前窗口或窗口内容的一些常用的工具按钮，单击这些按钮，可以对当前的窗口和其中的内容进行调整或设置。打开不同的窗口或在窗口中选择不同的对象，工具栏中显示的工具按钮是不一样的。

（5）搜索框：窗口右上角的搜索框与"开始"菜单中"搜索程序和文件"搜索框的使用方法和作用相同，都具有在电脑中搜索各类文件和程序的功能。在搜索框中输入关键字，搜索就开始进行了，随着输入的关键字越来越完整，在窗口的工作区上，显示符合条件的内容也将越来越少，直到搜索出完全符合条件的内容为止。这种在输入关键字的同时就进行搜索的方式称为"动态搜索功能"。使用搜索框时应注意，如在"计算机"窗口中打开某个文件夹窗口，并在搜索框中输入内容，表示只在该文件夹窗口中搜索，而不是对整个计算机资源进行搜索。

（6）窗口工作区：窗口工作区用于显示当前窗口的内容或执行某项操作后显示的内容。如打开"计算机"，窗口工作区显示"硬盘""可移动存储的设备""其他"等内容。如果窗口工作区的内容较多，将在其右侧和下方出现滚动条，通过拖动滚动条可查看其他未显示出的部分。

（7）窗格：Windows 7 的"计算机"窗口中有多个窗格类型，默认显示导航窗格和细节窗格。如果需要显示其他窗格，可单击工具栏中的"组织"按钮，在弹出的菜单列表中选择"布局"命令，在弹出的子菜单中选择所需的窗格选项即可。打开所有窗格后的窗口效果如图 2-1-5 所示，其中包括细节窗格、导航窗格和预览窗格。

窗口中各个窗格的作用介绍如下。

① 细节窗格：在窗口的工作区，选中某个文件夹或文件，在细节窗格显示该对象的属性信息。如选中一个文件，在细节窗格中，显示出该文件大小、创建日期等目标文件的详细信息。如图 2-1-5 所示，显示图片、图片的文件名、图片的文件类型、文件的状态。

② 导航窗格：以树形图的方式列出了一些常见位置，同时该窗格中根据不同位置的类型，显示多个节点，每个节点可以展开或折叠。单击导航窗格中的某个位置时，在窗口的工作区，显示该位置下的文件夹的内容。图 2-1-5 所示的左边的导航窗格，包含库和计算机两个节点，库节点和计算机节点下面又包含多个子节点。

③ 预览窗格：用于显示当前选择的文件内容，从而可预览该文件的大致效果。如图 2-1-5 所示，文件是图片，则显示图片。如果是 Word、文本文件等文件类型，在预览窗格可以预览文件的内容。

（8）库窗格：库是 Windows 7 中新增的功能，库窗格提供了与库相关的操作，并且可以更改排列方式。

2. 窗口的基本操作

窗口是用户进行工作的重要区域，必须熟练窗口的各项操作。

（1）打开与关闭窗口。

① 打开窗口的方法如下：

方法 1：双击程序、文件或文件夹图标打开对应的窗口。

方法 2：右击选中的程序、文件或文件夹图标，在弹出的快捷菜单中，选择"打开"，即可打开对应的窗口。

方法 3：单击"开始"菜单，在"开始"菜单中，找到应用程序对应的子菜单项，单击该菜单项，打开该程序对应的窗口。

② 关闭窗口的方法如下：

方法 1：单击窗口的"关闭"按钮。

方法 2：双击窗口的"控制菜单"。

方法 3：单击窗口的"控制菜单"，如图 2-1-6 所示，在弹出的菜单中，选择"关闭"命令。

方法 4：按 Alt＋F4 组合键。提示：组合键的使用为先按下 Alt 键不要放，再按下 F4 键。

方法 5：打开的窗口都会在任务栏上分组显示，如果要关闭任务栏上的单个窗口，在任务栏上右击要关闭的窗口，在弹出的快捷菜单中，选择"关闭窗口"命令。

方法 6：如果多个窗口以组的方式显示在任务栏上，要关闭所有这些窗口，在任务栏上右击这个组，在弹出的快捷菜单中，选择"关闭所有窗口"命令。如图 2-1-7 所示，打开多个 Word 窗口，右击任务栏上的"Word"图标上，在弹出的快捷菜单中，选择"关闭所有窗口"命令，则关闭所有打开的 Word 窗口。如果处于编辑状态，会以对话框的形式，提示用户是否保存该文档。

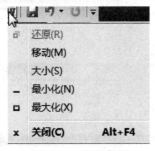

图 2-1-6 控制菜单

图 2-1-7 选择"关闭所有窗口"命令

（2）最小化、最大化和还原窗口。

最小化窗口是窗口缩小为按钮，停留在任务栏上，按钮的名称与任务栏的名称相同。最小化窗口后，对应的应用程序转入后台继续运行。

最大化窗口是已打开的窗口铺满整个桌面。窗口的还原是指窗口最小化或最大化后，恢复为原来的大小。

操作方法如下：

方法 1：单击"控制菜单"的图标，在弹出的"控制菜单"中，有"还原""移动""大小""最小化""最大化""关闭" 6 个菜单项，单击相应的菜单项，可以完成对窗口的操作，如图 2-1-6 所示。

方法2：单击标题栏上的"最小化""最大化""还原"按钮。

方法3：双击标题栏，窗口在最大化和还原之间切换。

（3）移动与改变窗口的大小。

① 窗口的移动是指窗口不是最大化的状态下，可以移动窗口。移动窗口的方法如下：

方法1：单击标题上的"控制菜单"图标，在弹出的快捷菜单中，选择"移动"命令。

方法2：按住鼠标左键拖动窗口的标题栏，到达预期的位置，松开鼠标。

② 改变窗口的大小是指在窗口不是最大化的状态下，改变窗口的大小。改变窗口的大小方法如下：

方法1：将鼠标放在窗口的四个边上或四个角上，此时鼠标指针将变成双向箭头，按住鼠标左键向相应的方向拖动，即可改变窗口的大小。

方法2：单击标题栏上的"控制菜单"图标，在弹出的快捷菜单中，选择"大小"命令。

（4）窗口的排列。

Windows 7 提供了层叠窗口、堆叠显示窗口、并排显示窗口三种排列窗口的方式，如图 2-1-8 所示。当打开多个窗口时，右击任务栏，在弹出的快捷菜单中，选择"层叠窗口""堆叠显示窗口"或"并排显示窗口"命令之一，便可更改窗口的排列方式，图 2-1-9 所示为"堆叠窗口"。取消窗口的堆叠排列，操作方式与设置"堆叠显示窗口"方式相同，如图 2-1-8 所示，在弹出的快捷菜单中，选择"撤消堆叠显示"命令即可。

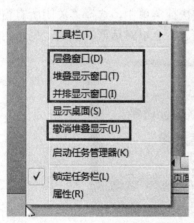
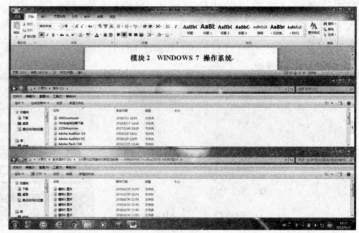

图 2-1-8 "窗口"排列快捷菜单　　　　　　图 2-1-9 "堆叠窗口"

（5）窗口的切换。

如果在桌面上打开多个窗口，用户并不能同时对这些窗口进行操作，只能对其中的一个窗口进行操作，这个窗口就是当前窗口。用户要想使用某个窗口，需要将那个窗口转换为当前窗口。

Windows 7 的窗口预览切换功能是非常强大和快捷的，并且提供的方式也很多。下面介绍切换窗口的几种方法：

① 通过窗口可见区域切换窗口。

如果非当前窗口的部分区域可见，将鼠标光标移动至该窗口的可见区域处，单击可切换到该窗口。

② 使用任务栏切换窗口。

打开的窗口都会以图标的方式显示在任务栏上，用户只需单击任务栏上的某个窗口的图标，就可以将那个窗口切换为当前窗口。

③ 通过 Alt＋Tab 键预览切换窗口。

通过 Alt＋Tab 键预览切换窗口时，将显示桌面所有窗口的缩略图。其方法是，按住 Alt 键不放的同时按 Tab 键，可以预览所有打开窗口的缩略图，当选中某张缩略图时，窗口会以原始大小显示在桌面上，释放 Alt 键便可切换到该窗口，如图 2-1-10 所示。

图 2-1-10　使用 Alt+Tab 预览切换窗口

④ 通过 Win＋Tab 键预览切换窗口。

使用 Win＋Tab 键预览切换窗口时，桌面将显示所有打开的窗口，包括空白的桌面，并且采用了 Flip 3D 效果。其方法是，按住键盘上的 Win 键不放，按 Tab 键即可在打开的窗口之间切换，当所需的窗口位于第一个时，释放 Win 键，该窗口即显示为当前活动窗口，如图 2-1-11 所示。

图 2-1-11　使用 Win+Tab 切换窗口

▶▶ **操作技巧**

Win 键位于键盘最下行，Ctrl 键与 Alt 键之间的没有字母只有图形的按键。

【任务 1-3】认识 Windows 7 中的菜单

菜单是 Windows 7 操作系统中命令的集合。几乎每个应用程序都有菜单。常见的菜单有下拉菜单、控制菜单、快捷菜单等多种形式。菜单栏中的菜单由子菜单组成。每个菜单项对应一个命令，单击某个菜单项，会完成相应的功能。

1. 下拉菜单

在窗口中单击某个菜单，即可打开相应的下拉菜单。图 2-1-12 所示为"计算机"窗口的下拉菜单。图 2-1-13 所示为 IE 浏览器窗口的下拉菜单。从这两幅图中可以看到，不同的窗口，包含的菜单可能是不同的。相同的菜单名称，里面包含的菜单项也可能是不同的。例如："计算机"窗口的"编辑"菜单与 IE 浏览器窗口"编辑"菜单里面的菜单项就不同。

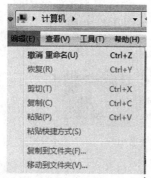
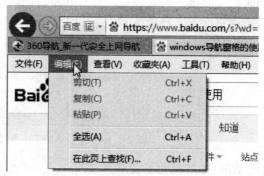

图 2-1-12 "计算机"窗口的下拉菜单　　　　图 2-1-13　IE 浏览器窗口的下拉菜单

所有的菜单，都有相同的约定。约定如下：

● 菜单项的右边有一个"三角形"的箭头，表示该菜单项下面有一个子菜单，鼠标移到带"三角形"箭头的菜单项上面，就会自动打开它的子菜单。

● 菜单项右边有省略号标记，表示该命令会打开一个对话框，图 2-1-12 的"复制到文件夹"菜单项，右边有一个省略号，表示打开"复制到文件夹"对话框。

● 菜单项的文字呈现灰色，图 2-1-12 的"恢复"菜单项，表示该菜单项在当前情况下是不能使用的。

● 菜单的左侧有选中标记"√"，表示该命令当前处于选中状态。

● 菜单的左侧有选中标记"●"，表示一组选项中只有一个被选中。

● 菜单的右边（）里面有字母，表示快捷键，打开菜单后，按下某个菜单项（）里面的字母，与单击菜单项的作用是一样的，都执行相同的命令。图 2-1-13 所示的"编辑"菜单里面的"全选"菜单项，有一个字母"A"，在"编辑"菜单里面，按下字母"A"，会将窗口的工作区里面的所有内容都选中，与"编辑"菜单里面的"全选"菜单项的命令执行的效果是相同的。

● 快捷键：如图 2-1-13 所示，"全选"菜单项后面有"Ctrl+A"，不用打开"编辑"菜单，直接按住 Ctrl 键，再按下 A 键，选中当前窗口工作区中的所有内容。

2. 控制菜单

"控制菜单"位于标题栏的左侧，单击"控制菜单"，可以打开。

3. 快捷菜单

右击操作对象，可以在窗口或桌面上，弹出与该对象相关的快捷菜单，不同的操作对象，弹出的快捷菜单是不同的。如图 2-1-14 所示，是在桌面的空白处右击，打开桌面的快捷菜单。

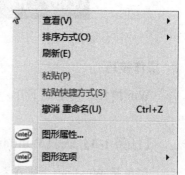

图 2-1-14　桌面的快捷菜单

4. 关闭菜单

不论是打开菜单栏上的菜单，还是快捷菜单，单击菜单外的任意位置，即可关闭菜单。按 Alt 键或 F10 键，也可以关闭菜单。按 Esc 键，可以逐级关闭菜单。

【任务 1-4】认识 Windows 7 的任务栏

1. 任务栏的组成

任务栏位于桌面的底部，是 Windows 7 的重要组件。任务栏主要由"开始"按钮、中间部分和通知区域组成，如图 2-1-15 所示。中间部分通常包含快速启动栏、应用程序栏。通知区域通常包含语言栏、网络、音量、时钟等系统图标。

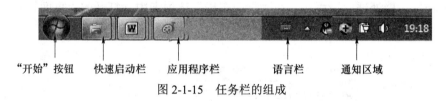

图 2-1-15 任务栏的组成

2. 快速启动栏

- 快速启动栏位于"开始"按钮的右侧，当鼠标指针停在某个按钮上时，将会显示相应的提示信息。
- 如果需要添加程序的图标到快速启动栏，只需将要添加的程序的图标拖动到快速启动栏即可完成添加。
- 要删除某个快速启动程序图标，只要右击该程序的快捷图标，在弹出的快捷菜单中选择"将此程序从任务栏解锁"命令即可。
- 单击快速启动栏中的任一图标，即可打开相应的程序。

3. 应用程序栏

- 快速启动栏的右边是应用程序栏，每打开一个应用程序，就会有一个对应的按钮图标显示在任务栏上，一个按钮对应一个应用程序。如图 2-1-15 所示，当前打开了 Word 应用程序和"画图"程序，任务栏上有 Word 程序图标和画图程序图标。
- 在任务栏上显示的图标颜色较深的按钮，表示其对应的程序处于前台运行（活动窗口）。
- 图标颜色较淡的按钮，表示其对应的程序处于后台运行（非活动窗口）。用鼠标单击执行状态按钮，就可以将相应的程序调到前台运行。

4. 通知区域

- 通知区域位于任务栏的最右侧，在该区域中主要显示输入法、音量、时间指示器及后台运行的程序图标。
- 在相应的图标上单击，打开该应用程序；右击，可以打开该应用程序的快捷菜单。

5. 任务栏的操作

- 单击"任务栏"的空白处，按住鼠标左键，将任务栏拖动到桌面的上/下/左/右位置，实现任务栏的移动。该操作必须在"任务栏"没有锁定的情况下，才可以实现。
- 右击"任务栏"的空白处，选择"属性"命令，打开"任务栏和开始菜单属性"对话框。在任务栏选项卡中，选择"自动隐藏任务栏"复选项。
- 右击"任务栏"的空白处，选择"锁定任务栏"命令，可以锁定/解锁任务栏。

【任务 1-5】认识 Windows 7 的对话框

Windows 7 的对话框提供了更多的相应信息和操作提示，使操作更准确。

1. 打开对话框

在应用程序里面，选择某些命令、菜单后，需要进一步设置，才能打开对应的对话框，其中包含了不同类型的元素，且不同的元素可实现不同的功能。

2. 对话框的组成

（1）选项卡：对话框中一般有多个选项卡，通过选择相应的选项卡可切换到不同的设置页。例如：右击任务栏，在快捷菜单中，选择"属性"菜单项，打开"任务栏属性"对话框。打开"Word"文档处理应用程序，在"页面布局"选项卡中，打开的"页面设置"对话框，如图 2-1-16 所示，有"页边距""纸张""版式""文档网格" 4 个选项卡。

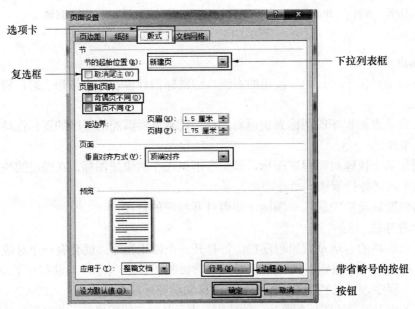

图 2-1-16　Word "页面设置"对话框

（2）列表框：列表框在对话框中以矩形框形式显示，其中分别列出了多个选项。

（3）单选钮：选中单选按钮，可以完成某项操作或功能的设置，选中后单选按钮前面的标记变为●。单选钮的功能是多个选项中，只有一个选项起作用。如图 2-1-17 所示，该对话框是 Word 的"页面设置"对话框的"文档网格"选项卡，对话框中有单选钮、数值框、复选框、按钮等控件。在"文字排列"方向上，选中了"水平"，就不能选择"垂直"，两个选项只能选择其中的一个。

（4）数值框：可以直接在数值框中输入数值，也可以通过后面的按钮设置数值。

（5）复选框：其作用与单选按钮类似，只是有多个选项，各个选项之间没有联系，因此，可以多选，当选中复选框后，复选框前面的标记变为☑。

（6）下拉列表框：与列表框类似，只是将选项折叠起来，单击对应的按钮，将显示出所有的选项。

图 2-1-17　页面设置的"文档网络"选项卡

（7）按钮：按钮标题的后面有省略号的，表示单击该按钮，可以打开一个新的对话框，进行进一步设置，如图 2-1-16 所示的按钮；按钮上面只有标题，单击按钮则执行对应的功能，如单击"确定"按钮，执行对话框中的各种选项的操作；单击"取消"按钮，取消本次操作。

 任务小结

本次任务主要了解了 Windows 的基础知识，包括 Windows 的发展，Windows 7 系统的启动和关闭，Windows 的桌面、窗口、任务栏、菜单、对话框等组成元素及相应操作，为熟练操作 Windows 7 打下基础。

任务 2　Windows 7 文件管理

 任务介绍

旺旺食品公司员工小张需要使用计算机来存放、管理公司销售运营方面的各类资料，例如原材料的厂家信息、材料类型；生产的产品；产品销售等与公司生产运营相关的各类资料。需要在磁盘创建文件夹，用来保存文件、规范和管理资料。

 任务分析

为了完成本次任务，需要了解文件夹和文件的基本知识，包括磁盘、文件夹和文件的显示；文件或文件夹的剪切、复制、粘贴、搜索、属性、快捷方式等。本任务是 Windows 操作的重点。在掌握这些基本的知识后，才能够实现本次任务。

本任务路线如图 2-2-1 所示。

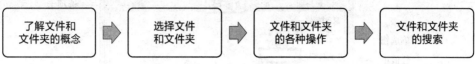

图 2-2-1　任务路线

完成本任务的相关知识点：

（1）文件和文件夹的基本概念。

（2）文件和文件夹的基本操作，包括选择、复制、移动、删除、重命名、查找、设置属性、查看、创建快捷方式等。

（3）库的操作，包括库的创建、复制、重命名、删除，将文件夹包含到库中等。

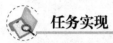　**任务实现**

【任务 2-1】了解文件和文件夹的基本概念

1. 文件和文件名的基本概念

文件是存储在外存储器（如磁盘）上的相关信息集合。这些信息最初是在内存中建立的，然后以用户给定的名称转存在磁盘上，以便长期保存。

文件名用来标识每一个文件，实现"按名字存取"。文件名一般由文件名和扩展名两部分组成。它们之间用小圆点"."隔开。

文件格式为：

<主文件名>[.<扩展名>]

主文件名必须有扩展名，扩展名是可选的，扩展名代表文件的类型。

2. 文件和文件夹的命名规则

文件名可以由最长不超过 255 个合法的可见字符组成，而扩展名由 1～4 个合法字符组成。非法字符：\、/:、*、?、"、<、>、|。文件名英文字符不区分大小写。同一文件夹内不能有相同的文件名，不同文件夹中可以同名。文件取名时最好能做到见名知义。

3. 文件类型

根据文件存储类型的不同来划分，文件类型有：应用程序文件（.exe、.com）、文本文件（.txt）、Word 文档文件（.doc）、图像文件（.bmp、.jpg）、压缩文件（.zip、.rar）等。

4. 文件夹和文件名的通配符

? ——代替所在位置上的任一字符，如：P? a.doc。

* ——代替所在位置起的任意一串字符，如*.exe。

利用这两个特殊字符，可以组成多义文件名。

5. 文件夹和文件位置（路径）

文件和文件夹处于磁盘上的具体位置可以如下所示。例如：在 C 盘上有个文件夹 Temp，在 Temp 文件夹下有个 ABC 文件夹，在 ABC 文件夹下有个文件 Readme.txt，路径表示如下：

C:\Temp\ABC\Readme.txt，其中，C：是 C 盘的盘符，"\"是盘符与文件夹之间的分隔符。

6. 文件夹

文件组织结构是分层次的，即树形结构（倒置的树），如图 2-2-2 所示。文件夹是文件和子文件夹的集合，即相关的文件和子文件夹存放在同一个文件夹中，以便更好地查找和管理这些文件与子文件夹。文件夹有广泛的含义（桌面、"我的电脑"、"磁盘驱动器"等也是文件夹）。当前文件夹又称缺省文件夹，即当前所在的文件夹。

文件夹的树形结构如图 2-2-2 所示，"计算机"是根目录，有"本地磁盘（C）""本地磁盘（D）""本地磁盘（E）""本地磁盘（F）""KINGSTON（Q）"多个磁盘驱动器。而"本地磁盘（C）""本地磁盘（D）"等又分别由文件和多级子文件夹组成。右边窗口工作区是"本地磁盘（C）"下的所有文件和子文件夹。

7. 回收站

回收站是硬盘上的特殊文件夹，用来存放用户删除的文件。通过"回收站"的"文件"菜单，可以将删除到回收站的文件恢复到原位置，也可以永久删除。

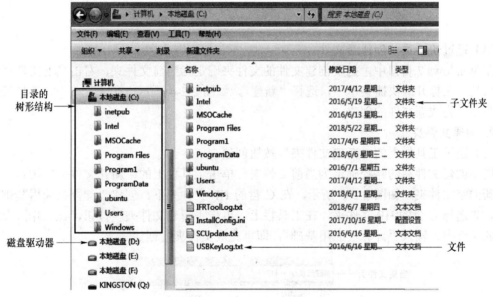

图 2-2-2　文件夹的树形结构

【任务 2-2】管理文件和文件夹

1. 创建文件

（1）使用应用程序创建新文件。

应用程序多种多样，不同的应用程序，它的文件也是各不相同的。例如：画图软件使用 bmp、jpg 等图像文件；使用 IE 浏览器或其他浏览器上网浏览网页，网页文件一般是 html、php 等类型。

创建应用程序的文件，需要打开这个应用程序，一般使用"文件"菜单里面的"新建"菜单项来创建新文件，这个新文件一般是一个没有命名的文件，需要使用"保存"菜单项，给这个新文件命名，完成文件的创建。

（2）通过菜单创建新文件。

在 Windows 7 窗口中，把要创建文件的文件夹确定为当前文件夹，通过菜单栏上的"文件""新建"，在子菜单中，选择某一类文件类型，来建立新文件。图 2-2-3 所示为菜单栏上的"文件""新建"菜单项；图 2-2-4 所示为"新建"菜单的子菜单项，对应的是一些常用的文件类型，如"BMP 图像、文本文档"等。

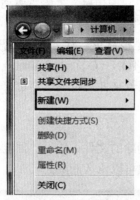

图 2-2-3　新建文件 1　　　　　　　图 2-2-4　新建文件 2

（3）通过快捷菜单创建新文件。

在 Windows 7 窗口中，把要创建文件的文件夹确定为当前文件夹，右击当前文件夹窗口的空白处，在打开的快捷菜单中，选择"新建"，如图 2-2-4 所示，在子菜单中，选择某一类文件类型，完成新文件的创建。

2. 创建文件夹

（1）通过工具栏上的"新建文件夹"按钮创建。

把要创建文件夹的路径确定为当前文件夹。单击工具栏上的"新建文件夹"按钮，创建一个新的空文件夹。如图 2-2-5 所示，在 C 盘的 HP 文件夹下，创建"计算机应用基础"文件夹。先选择 C 盘的 HP 文件夹，在工具栏上，单击"新建文件夹"按钮，在工作区会出现新建的文件夹，输入"计算机应用基础"，即可完成文件夹的创建。

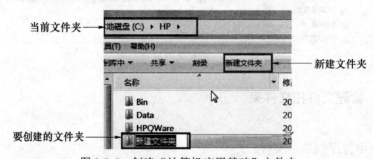

图 2-2-5　创建"计算机应用基础"文件夹

（2）通过菜单创建文件夹。

首先，选择当前文件夹，其次，在打开的文件夹窗口的菜单栏中，打开"文件""新建"菜单项，选择"文件夹"命令来建立新文件夹。

（3）通过快捷菜单创建文件夹。

右击当前文件夹窗口的空白处，在打开的快捷菜单中，选择"新建"，在子菜单中，选择"文件夹"，即可创建一个新文件夹。如图 2-2-4 所示，最上方的那个选项，就是要创建的文件夹，在文件夹中，输入要创建的文件夹的名称。

3. 选定文件和文件夹

Windows 对文件夹和文件操作的基本原则是先选定后操作。即一定要先选中要操作的文件夹或文件，然后再进行打开、复制、粘贴、删除等各种操作。

（1）选定一个文件或文件夹：单击该文件或文件夹。

（2）选定多个连续的文件或文件夹：单击要选定的第一个文件或文件夹，再按住"Shift"，单击最后一个要选定的文件或文件夹，即可选定多个连续的文件或文件夹。

（3）选定所有的文件或文件夹：Ctrl+A 组合键，按住 Ctrl 键不放，再按下 A 键，即可选定。

（4）选定多个不连续的文件和文件夹：先选第一个，再按住"Ctrl"键不放，单击下一个，直到所有需要选定的文件和文件夹都被选中为止。

（5）取消选定的内容：单击窗口工作区的空白处。

4. 复制文件和文件夹

复制文件或文件夹就是将文件或文件夹复制一份，放在其他地方，执行复制命令后，原位置和目标位置均有该文件或文件夹。复制文件和文件夹有下列几种方法：

（1）使用菜单复制：选定文件或文件夹，菜单"编辑"→"复制"（Ctrl+C）→移至目标位置→菜单"编辑"→"粘贴"（Ctrl+V）。

（2）使用快捷菜单复制：右击选定的文件或文件夹，在弹出的菜单中选"复制"，移至目标位置，在目标文件夹中的空白处右击，在弹出的菜单中选"粘贴"。

（3）举例：将文件"C:\windows\temp\ibA60E.tmp"复制到"C:\HP"文件夹中，如图 2-2-6 和图 2-2-7 所示。图 2-2-6 所示为选定要复制的文件，使用方法（1）或方法（2）复制文件。图 2-2-7 是打开目标文件夹所在的位置，粘贴文件。文件夹的复制和文件的复制是相同的操作。

图 2-2-6　复制文件

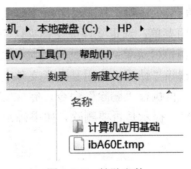

图 2-2-7　粘贴文件

5. 移动文件和文件夹

移动也叫剪切，经过移动操作后，原位置不再保留原有内容，其操作方法与复制操作相似。剪切文件和文件夹有下列几种方法：

（1）使用菜单复制：选定文件或文件夹，菜单"编辑"→"剪切"（Ctrl+X）→移至目标位置→"粘贴"（Ctrl+V）。

（2）使用快捷菜单复制：右击选定的文件或文件夹，在弹出的菜单中选"剪切"，移至目标位置，在目标文件夹中的空白处右击，在弹出的菜单中选"粘贴"。

（3）举例：将文件"C:\windows\temp\ ibA60F.tmp"剪切到"C:\HP"中，如图 2-2-8 和

图 2-2-9 所示。图 2-2-8 所示为选中要剪切的文件，使用"剪切"命令。图 2-2-9，在目标文件夹中，使用"粘贴"命令，实现文件的剪切操作。文件夹的剪切和文件的剪切操作是相同的。

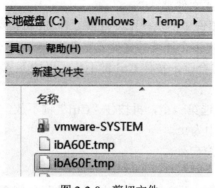
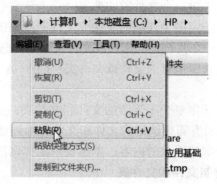

图 2-2-8　剪切文件　　　　　　　　　图 2-2-9　粘贴文件

6. 重命名文件和文件夹

（1）使用菜单：选定文件或文件夹，菜单"文件"→"重命名"菜单项，给文件或文件夹重命名。

（2）使用快捷菜单：右击选定的文件或文件夹，在弹出的快捷菜单中，选择"重命名"。

（3）使用快捷键：选定文件或文件夹，按下 F2。

（4）单击文件夹或文件，再单击该文件夹或文件，此时，文件夹或文件处于选中状态，可以进行编辑，编辑完成后，按回车键或单击空白处，完成文件夹或文件的重命名。

7. 删除文件夹和文件

删除文件夹或文件，首先要选定文件夹或文件，再执行删除操作。

（1）使用 delete 键：选定文件或文件夹，按 Delete 键。

（2）使用菜单：选定文件或文件夹，菜单"文件"→"删除"。

（3）使用快捷菜单：右击选定的文件或文件夹，在弹出的快捷菜单中，选择"删除"。

例如：删除"计算机应用基础"文件夹和 ibA60E.tmp 文件，如图 2-2-10 所示，先选定这两个对象，再执行"删除"命令，完成文件夹和文件的删除，在执行删除之前，会出现一个删除对话框，提示是否要删除，如果确定删除，单击"是"按钮；如果不删除，单击"否"按钮。

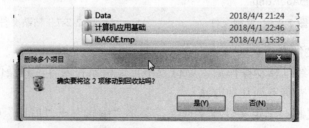

图 2-2-10　删除"计算机应用基础"文件夹和 ibA60E.tmp 文件

（4）还原回收站中删除的文件或文件夹：前面的三种删除方法，并没有真正将文件或文件夹删除，而是将删除的文件或文件夹放到了回收站，在回收站里面的文件或文件夹是可以还原的，如图 2-2-11 所示。

图 2-2-11　还原删除的文件夹或文件

● 还原所有文件和文件夹：在工具栏上面，单击"还原所有项目"，即可将回收站里面的所有文件和文件夹还原到原先删除的位置。

● 还原多个文件和文件夹：在回收站中，选定要恢复的多个文件和文件夹，在工具栏上面，单击"还原选定的项目"，即可将它们还原到原先删除的位置。

● 还原单个文件或文件夹：在回收站里面，选定要恢复的文件或文件夹，在工具栏上面，单击"还原此项目"，即可将它还原到原先删除的位置；在回收站里面，选定要恢复的文件或文件夹，打开菜单"文件"，选择"还原"。

（5）删除回收站里面的文件或文件夹：打开回收站，使用下列几种方法处理。在回收站里面，删除的文件或文件夹就是真正的删除，无法还原。

● 删除所有的文件或文件夹：使用工具栏上面的"清空回收站"命令，如图 2-2-11 所示。

● 使用菜单删除：单击要删除的文件或文件夹，打开菜单"文件"，选择"删除"。

● 使用快捷菜单删除：右击要删除的文件或文件夹，在快捷菜单中，选择"删除"。

（6）永久删除文件或文件夹：选定要删除的文件或文件夹，使用"Shift"＋"Delete"删除，即先按住"Shift"不放，再按下"Delete"。

8. 查看文件或文件夹属性

文件或文件夹属性信息包括：名称、类型、位置、大小、占用空间、创建时间和属性。

文件属性有：系统、只读、隐藏、存档四种类型，一般只有系统文件才有系统属性，其他文件则没有。

查看文件属性的方法是：

（1）使用 Alt 键：按住 Alt 键，双击选定文件或文件夹。

（2）使用菜单：选定文件或文件夹，菜单"文件"→"属性"。

（3）使用快捷菜单：右击选定文件或文件夹，在快捷菜单中，选择"属性"。

在弹出的"属性"对话框中，如图 2-2-12 所示，只有"只读""隐藏"两个属性值。"存档"属性值可以通过"高级"属性进行设置，单击"高级"按钮，打开"高级属性"对话框，设置文件或文件夹的"存档"属性。如图 2-2-13 所示，勾选"可以存档文件夹"复选框，即设置文件或文件夹的存档属性。

9. 文件夹选项

计算机使用一段时间后，会安装各种各样的应用程序，如 360 杀毒软件、office 办公软件等；用户办公需要，也会有自己的文件夹和文件。因此，随着计算机的不断使用，计算机中的文件和文件夹会越来越多。在浏览文件或文件夹的时候，用户可以使用不同的视图来进行。

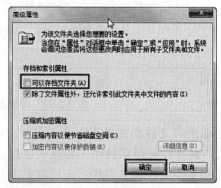

图 2-2-12 "属性"对话框   图 2-2-13 "高级属性"对话框

（1）文件夹或文件的显示方式。

Windows 7 系统提供了"超大图标""大图标"等八种文件夹或文件的显示方式。要改变文件夹或文件的显示方式，可以在窗口的工具栏中，单击"视图"按钮右侧的三角按钮，从弹出的快捷菜单中，选择所需的命令即可，如图 2-2-14 所示的显示方式。文件和文件夹的显示与库的显示是相同的。图 2-2-15 所示为图片库中所有文件的中等图标显示。当文件比较多的时候，常使用"列表"方式显示；如果想看文件夹和文件的大小、创建的时间等信息，可以使用"详细信息"显示方式。

图 2-2-14 显示方式   图 2-2-15 中等图标显示

（2）打开"文件夹选项"对话框的方式。

通过设置"文件夹选项"对话框，可以更改文件夹或文件的执行方式以及在计算机上的显示方式。打开"文件夹选项"对话框的方式如下：

● 在"计算机"窗口中，选择"工具"菜单中的"文件夹选项"命令，单击打开。

● 在"控制面板"窗口中，切换到"小图标"查看方式，找到"文件夹选项"，双击打开。

● 在"开始"菜单的搜索框中，输入"文件夹选项"，单击搜索结果中的"文件夹选项"。

（3）"文件夹选项"的常规属性。

"常规"选项卡主要用于设置文件夹的"常规"属性，"文件夹选项"的"常规"选项卡如图 2-2-16 所示。"浏览文件夹"区域用来设置文件夹的浏览方式，设置在打开多个文件夹时，是"在同一个窗口打开"还是"在不同的窗口打开"。"在同一窗口中打开每个文件夹"表示在"计算机"窗口中，每打开一个文件夹，只会出现一个窗口来显示当前打开的文件夹。"在不同的窗口中打开不同的文件夹"表示每打开一个文件夹，就会有一个窗口出现，打开多个文件夹，就会出现多个窗口。

（4）"文件夹选项"的查看属性。

"文件夹选项"的"查看"选项卡用于设置文件夹的显示方式。在"文件夹视图"区域有两个按钮，分别是"应用到文件夹""重置文件夹"。单击"应用到文件夹"按钮，将当前文件夹正在使用的视图应用到所有相同类型的文件夹中。单击"重置文件夹"按钮，将文件夹还原为默认视图设置。

"查看"的"高级设置"列表框显示了文件夹和文件的多项高级设置选项，可根据实际需要进行设置。选中"显示隐藏的文件、文件夹或驱动器"单选钮，则会显示属性为隐藏的文件、文件夹或驱动器，如图 2-2-17 所示。

图 2-2-16　"文件夹选项"的"常规"选项卡

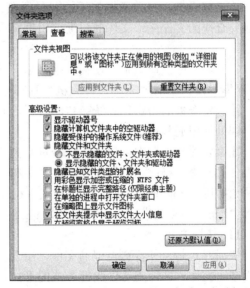

图 2-2-17　"文件夹选项"的"查看"选项卡

10. 搜索文件夹和文件

Windows 7 提供了文件夹和文件的搜索功能，可以使用多种方式查找文件夹和文件。

（1）使用"开始"菜单的搜索框。

打开"开始"菜单，如图 2-2-18 所示。在搜索框中，输入要查找的文件夹或文件的名称，系统会自动搜索磁盘上与搜索框中匹配的内容，包括文件夹、文件以及包含该搜索内容的文件。搜索结果如图 2-2-19 所示，搜索结果显示在搜索框的上方。

（2）在"计算机"窗口，使用"搜索框"搜索。

打开"计算机"窗口，在"搜索框"中，输入要查找的文件夹或文件，系统会自动搜索。使用"搜索框"搜索如图 2-2-20 所示，搜索的结果自动显示在窗口的工作区。

計算机应用基础任务驱动教程——WINDOWS 7＋OFFICE 2010

图 2-2-18　使用"开始"菜单的"搜索框"

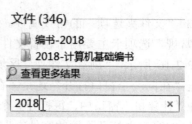

图 2-2-19　搜索结果

图 2-2-20　使用"搜索框"搜索

单击搜索框，在搜索框的下面，显示有"修改日期""大小"。选择"修改日期"，可以设置要查找的文件夹或文件的日期或日期范围。选择"大小"，可以设置要查找的文件的大小范围。

（3）在"库"窗口中，使用"搜索框"搜索。

"库"窗口中的搜索与"计算机"窗口中的搜索相同。打开"库"窗口，在"搜索框"中，输入要搜索的内容，系统会自动搜索，并将搜索的结果显示在工作区。

（4）使用通配符搜索。

在上述的搜索框中，使用通配符进行搜索。有两种通配符："？"和"＊"。其中："？"代表任意一个字符；"＊"代表任意多个字符。例如：输入"a？.jpg"，则搜索以 a 或 A 开头的两个字符的 jpg 文件。在实际的搜索过程中，会把所有以 a 或 A 开头的 jpg 文件找出来。输入"＊.jpg"，则搜索出所有扩展名为 jpg 的文件。

11. 快捷方式

快捷方式是一种特殊类型的文件，用于实现对计算机资源的链接。可以将某些经常使用的程序、文件、文件夹等以快捷方式的形式，放在桌面上或某个文件夹中。

（1）创建快捷方式。

● 右击选中的程序、文件或文件夹，在弹出的快捷菜单中，选择"发送到"命令，在子菜单中，选择"桌面快捷方式"，在桌面出现该对象的快捷方式。

● 右击选中的程序、文件或文件夹，在弹出的快捷菜单中，选择"创建快捷方式"命令，在当前文件或文件夹所在的位置，创建一个快捷方式。

● 选中程序、文件或文件夹，按住鼠标右键不要放，将它拖到目标位置后，松开鼠标，从弹出的快捷菜单中，选择"在当前位置创建快捷方式"命令。

（2）删除快捷方式。

快捷方式的删除与文件夹或文件的删除相同，选中该快捷方式，按"delete"键删除；也可以右击该快捷方式，从弹出的快捷菜单中，选择"删除"命令。

快捷方式是一个扩展名为 lnk 的链接文件，它指向链接的程序、文件或文件夹，双击快捷方式可以打开它链接的对象。删除快捷方式并不影响它链接的对象。

12. 库

　　库是 Windows 7 系统新增的一项功能。默认的库有视频库、图片库、文档库、音乐库，分别用于管理计算机中相应类型的文件，可以使用与文件夹相同的方式浏览文件。

　　（1）新建库。

　　创建库的方法如下：

　　● 在"计算机"窗口，选中"库"，在工具栏上，单击"新建库"按钮，创建一个新库，如图 2-2-21 所示。

　　● 右击"库"窗口的工作区，在打开的快捷菜单中，选择"新建"菜单项，在"子菜单"中选中"库"，完成库的创建。

　　● 输入新建库的名称，例如，输入"Java 程序"，单击窗口的空白区域或按回车键，会新建一个"Java 程序"的库。

　　（2）库的复制、粘贴。

　　● 在"库"窗口的工作区，选中要复制的库，打开"编辑"菜单，选择"复制"，再打开"编辑"菜单，选择"粘贴"，完成库的复制。

　　● 在"库"窗口的工作区，右击要复制的库，在快捷菜单中，选择"复制"，右击"库"窗口工作区的空白处，在快捷菜单中，选择"粘贴"。

　　（3）在库中包含常用文件夹。

　　使用库可以将其他位置的常用文件夹包含过来。操作如下：

　　● 选中要包含到库的文件夹，例如，选中 C 盘的"Java"文件夹。

　　● 单击工具栏中的"包含到库中"按钮，从弹出的快捷菜单中，可以看到菜单项为库中的对象，有"Java 程序"库、"视频"库、"图片"库等 5 个库，选择相应的菜单项，如"Java 程序"库，将 C 盘的"Java"文件夹包含到"Java 程序"库中，如图 2-2-22 所示。

图 2-2-21　新建库

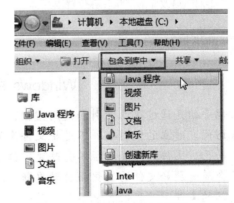

图 2-2-22　将文件夹包含到库

　　（4）库的重命名。

　　● 在"库"窗口的工作区，选中要重命名的库，打开"文件"菜单，选择"重命名"命令，在旧的库名上，输入新的库名。

　　● 在"库"窗口的工作区，右击要重命名的库，在快捷菜单中，选择"重命名"，输入新的库名即可。

（5）库的删除。

● 在"库"窗口的工作区，选中要删除的库，打开"文件"菜单，选择"删除"命令，出现一个对话框，提示是否删除该文件夹，按"是"完成删除，按"否"则取消删除。

● 在"库"窗口的工作区，右击要删除的库，在快捷菜单中，选择"删除"命令，出现一个对话框，提示是否将该文件夹放入回收站，按"是"完成删除，按"否"则取消删除。

（6）更改库的默认保存位置。

将其他位置的文件夹或文件复制到库，会将其复制到库的默认保存位置。可以修改库的默认保存位置，修改的方法如下：

● 在"计算机"窗口，选择"库"，单击"视频"库，如图 2-2-23 所示，单击"包括"右侧的"2 个位置"链接，打开"视频库位置"对话框。

● 在对话框中，右击当前不是默认保存位置的库的位置，从弹出的快捷菜单中，选择"设置为默认保存位置"命令，更改视频库的默认保存位置，如图 2-2-24 所示。

● 单击"确认"按钮，关闭对话框。

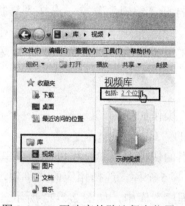
图 2-2-23　更改库的默认保存位置 1

图 2-2-24　更改库的默认保存位置 2

 知识拓展

Windows 文件库

库所倡导的是通过建立索引和使用搜索，快速地访问文件，而不是传统地按文件路径的方式访问。建立的索引也并不是把文件真的复制到库里，而只是给文件建立了一个快捷方式而已，文件的原始路径不会改变，库中的文件也不会额外占用磁盘空间。库里的文件还会随着原始文件的变化而自动更新。这就大大提高了工作效率，管理那些散落在各个角落的文件时，我们再也不必一层一层打开它们的路径了，只需要把它们添加到库中。

 任务小结

本次任务主要是了解 Windows 7 文件管理的方法，其中涉及文件夹和文件的基本操作，包括复制、删除、移动、设置属性、创建快捷方式等，是 Windows 操作非常重要的部分，需要熟练掌握，为后续计算机操作技能的提升打下基础。

　任务拓展

任务简述：文件压缩软件 WinRAR 的使用

WinRAR 是一款功能强大的压缩包管理器，它是档案工具 RAR 在 Windows 环境下的图形界面。该软件可用于备份数据，缩减电子邮件附件的大小。解压缩从 Internet 上下载的 rar、zip 等类型文件，将文件或文件夹压缩为 rar、zip 等格式的文件。

WinRAR 软件用于文件夹和文件的压缩、解压文件。下载 WinRAR 后，直接打开运行，如图 2-2-25 所示。窗口中包括菜单栏、工具栏、地址栏、工作区、状态栏。在工具栏上有"添加""解压到"两个按钮。工作区显示当前文件夹的文件和文件夹列表。从图中可以看出，当前的文件夹是 C:\Users，需要转到要压缩的文件夹，单击地址栏左边的"向上"按钮或在工作区的文件夹列表中第一个父文件夹标记，切换到需要压缩的文件夹。

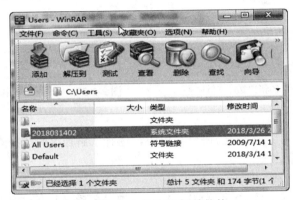

图 2-2-25　WinRAR 压缩软件

（1）压缩文件方式一。

在当前文件夹，选中要压缩的文件夹和文件，单击"添加"按钮，打开"压缩文件名和参数"对话框，如图 2-2-26 所示，进行文件夹和文件的压缩。在"常规"选项卡中，可以进行设置。

● 更改"压缩文件名"：在文本框中，输入压缩文件名。默认的情况下，压缩的文件名在当前文件夹下。通过"浏览"按钮，可以将压缩文件存放在其他文件夹。

● 设置压缩文件格式：常用的文件格式是 RAR 和 ZIP。

● 压缩为一个文件，不分卷。

● 如果要继续添加文件夹和文件，单击"文件"选项卡，在"文件"选项卡，可以继续添加文件夹和文件，这个文件夹和文件可以是其他位置的文件夹和文件。

● 单击"确定"按钮，执行压缩操作。

（2）压缩文件方式二。

压缩文件可以不用打开 WinRAR 软件，同样能够完成文件夹和文件的压缩。右击要压缩的文件夹或文件，在弹出的快捷菜单中，选择"添加到压缩文件""添加到"菜单项，完成压缩。

（3）解压文件方式一。

在 WinRAR 窗口中，找到要解压的文件，单击工具栏上的"解压到"按钮，打开

"解压路径和选项"对话框，如图 2-2-27 所示。此对话框有两个选项卡，分别是"常规""高级"。

在"常规"选项卡中，"目标路径"是要解压的文件。"更新方式""覆盖方式""其他"都使用默认选项。右边的窗口是桌面，通过选择磁盘、文件夹，可以将压缩文件解压到指定的文件夹。单击"确定"按钮，完成压缩文件的解压。

图 2-2-26 "压缩文件名和参数"对话框

图 2-2-27 "解压路径和选项"对话框

（4）解压文件方式二。

右击要解压的文件，在弹出的快捷菜单中，选择"解压文件""解压到当前文件夹"菜单项，完成文件的解压。

任务 3   Windows 7 的系统管理

 任务介绍

旺旺食品公司员工小张想要对电脑的桌面进行一些个性化的设置，以提高工作效率，主要内容包括以下几个方面：设置个性化的桌面；设置屏幕保护；通过用户管理，控制登录到计算机上的用户，使得不同用户之间互不干涉，对计算机的安全起到保护作用。

 任务分析

为了完成本次任务，需要了解图标、主题、桌面背景、屏幕保护程序、设置日期和时间、控制面板中应用程序的使用、用户管理等基本知识，通过对 Windows 7 操作系统的掌握和理解，能够熟练完成本次任务的各项操作。

本任务路线如图 2-3-1 所示。

图 2-3-1   任务路线

完成本任务的相关知识点：

（1）桌面设置：包括桌面图标的添加、修改及删除，桌面背景的更换，设置屏幕保护程序等。

（2）用户账户管理：包括账户的创建、修改、删除等操作。

（3）磁盘管理：包括磁盘属性、磁盘清理、磁盘碎片整理等操作。

（4）安装和删除字体、设备管理。

（5）添加和删除程序。

 任务实现

【任务 3-1】定制工作环境

1. 添加桌面图标

Windows 7 的桌面图标有：计算机、回收站、用户的文件、控制面板、网络。Windows 7 安装完成以后，桌面上默认显示的图标可能只有计算机、回收站、控制面板，其他两个图标不显示，如果需要显示其他两个图标或隐藏某些图标，按照以下步骤操作：

（1）右击桌面空白处，在弹出的菜单中选择"个性化"命令，如图 2-3-2 所示。

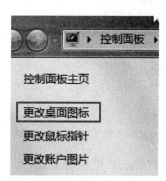

图 2-3-2　选择"个性化"命令

（2）在左边的导航窗格中，单击"更改桌面图标"，在"桌面图标设置"对话框中，选中"控制面板"，单击"应用"按钮，在桌面添加"控制面板"图标，如图 2-3-3 和图 2-3-4 所示。

图 2-3-3　添加"控制面板"图标　　　图 2-3-4　在桌面显示"控制面板"图标

（3）若要删除桌面上的"控制面板"图标，则在"桌面图标设置"对话框中，取消"控制面板"，即将"控制面板"复选框前面的钩去掉，单击"应用"按钮，桌面上"控制面板"图标被删除。

（4）如果更改了"计算机""网络"等 5 个默认的系统图标，想要将其中的某个系统图标还原，先选中这个系统图标，单击"还原默认值"按钮，则选中的这个系统图标会被还原为系统默认的图标。

2. 添加快捷图标

（1）右击桌面的空白处，在弹出的菜单中选"新建"→"快捷方式"，如图 2-3-5 所示。

（2）在打开的"创建快捷方式"对话框中，点击"浏览"按钮，如图 2-3-6 所示，找到要添加的文件或文件夹，单击"确定"按钮，根据屏幕提示，在桌面上，完成该文件或文件夹快捷图标的添加。

图 2-3-5 在桌面添加快捷方式

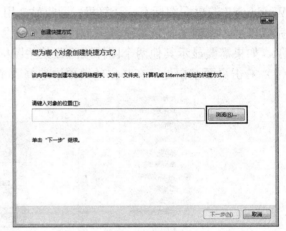

图 2-3-6 "创建快捷方式"对话框

（3）例如，创建"Excel"的快捷方式，可以在"C:\Program Files\Microsoft Office\Office14"文件夹中，找到"Excel.exe"应用程序所在位置，点击"EXCEL"文件，并单击"确定"，如图 2-3-7 所示。

（4）点击"下一步"按钮，给"快捷方式"起一个自己喜欢的名字，默认文件名是"EXCEL"，点击"完成"按钮，在桌面上，出现创建的快捷图标，如图 2-3-8 所示。

图 2-3-7 浏览"Excel"文件

图 2-3-8 创建"Excel"快捷方式

3. 更改桌面的图标

（1）选中要更改的桌面的图标，例如更改图 2-3-8 中桌面上的"Excel"图标。

（2）右击"Excel"图标，在快捷菜单中选择"属性"命令，在打开的"属性"对话框中，单击"更改图标"按钮，如图 2-3-9 所示。

（3）打开"更改图标"对话框，在图标列表中选择一个图标，如图 2-3-10 所示，选择一个"问号"的图标，单击"确定"按钮。

（4）回到"属性"窗口，单击"应用"，在桌面上，看到原先的"Excel"图标已经被替换为"问号"图标。

图 2-3-9　更改"快捷方式"图标

图 2-3-10　"更改图标"对话框

4. 删除桌面的图标

如果要删除桌面上的图标或者"开始"菜单里面的图标，右击该快捷方式图标，在弹出的菜单中选"删除"。

▷ **操作技巧**

按住鼠标左键直接将快捷方式图标拖到"回收站"图标上也可以删除。

5. 启动程序

（1）使用"开始"菜单启动：例如，打开"Word"应用程序，点击"开始"按钮，在弹出菜单中选"所有程序"，移到"Microsoft Office"上单击，找到"Word 2010"图标，单击，打开 Word 文字处理程序。

（2）使用桌面上的快捷图标：双击桌面上的快捷图标，打开该应用程序。

（3）使用应用程序启动：找到应用程序安装的位置，双击打开该应用程序。

6. 更换桌面背景

方法 1：

（1）右击桌面空白处，在弹出的菜单中选"个性化"命令，如图 2-3-11 所示。

（2）单击下面的"桌面背景"，打开"桌面背景"对话框，如图 2-3-12 所示。

（3）在"图片位置"下拉列表框，有"Windows 桌面背景""图片库""纯色"等选项，每个选项里面,有若干个图片,找到你要的图片所在的位置,选中要做背景的图片,即可设置桌面背景。

(4)通过"浏览"按钮,可以选择自定义的图片,选择要设置桌面背景的图片。

图 2-3-11 "个性化"对话框

图 2-3-12 "桌面背景"对话框

方法 2:

(1)打开"控制面板",在"查看方式"右边,选择"小图标",显示控制面板里面的所有设置。

(2)单击"显示"设置,打开图 2-3-13,选择"个性化"。

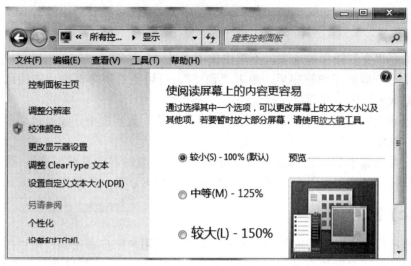

图 2-3-13 "更改桌面背景"

7. 设置屏幕保护程序

屏幕保护程序一方面可以延长显示器的寿命，另一方面可以阻止非法用户使用计算机。屏幕保护程序的设置如下：

（1）右击桌面空白处，在弹出的菜单中选"个性化"命令，如图 2-3-11 所示。

（2）单击下面的"屏幕保护程序"，打开"屏幕保护程序设置"对话框，如图 2-3-14 所示。

图 2-3-14 "屏幕保护程序设置"对话框

（3）在"屏幕保护程序"下拉列表框中，可以选择一个"屏幕保护程序"。

● 如果选择"无"，则没有设置屏幕保护。

● 如果选择"三维文字",通过"设置"按钮,可以设置屏幕保护显示的文本、动态类型、表面样式等内容。

● 如果选择"变幻线"等选项,不需要使用"设置"按钮。

● 选择某一个屏幕保护程序后,单击"预览",可以查看屏幕保护程序的运行效果。移动鼠标或按键盘上的任意键即可返回。

(4)设置启动屏幕保护程序的等待时间,在"等待"数字框中,输入启动屏幕保护程序的等待时间,单位是"分钟"。

(5)设置是否需要启用密码保护,如果选中"在恢复时显示登录屏幕",则在结束屏幕保护返回屏幕时,要输入密码,才能够返回桌面,这样可以限制非法用户使用计算机。

【任务 3-2】管理用户账户

用户管理是计算机安全管理的一项内容,通过设置用户账户和密码,可以控制登录到计算机上的用户,对计算机的安全起到保护作用。Windows 7 用户账户类型主要有"管理员""标准用户""来宾账户"三种账户。

● 在 Windows 7 安装完成后,默认的初始账户是 Administrator,该账户是管理员账户,拥有计算机的完全访问权,可以做任何需要的修改。

● 标准用户使用计算机的大多数软件,能够更改不影响其他用户或计算机安全的系统设置。

● 来宾账户是针对在计算机上没有用户账户的人,他们可以临时使用计算机。

1. 添加用户账户

(1)单击"开始"菜单,"控制面板"→"用户账户",打开"用户账户"对话框,如图 2-3-15 所示。

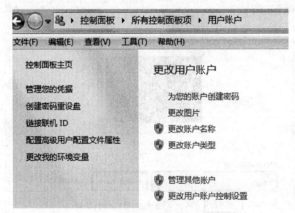

图 2-3-15 "用户账户"对话框

(2)单击"管理其他账户",打开"管理账户"对话框。

(3)单击"创建新账户",如图 2-3-16 所示,输入新账户命名,例如"123",选择账户类型——标准用户或管理员。

(4)单击"创建账户"完成。

2. 更改账户设置

账户创建成功后,可以对该账户进行修改,如更改账户的密码、图片等。

(1)在"管理账户"窗口中,单击要修改的账户。

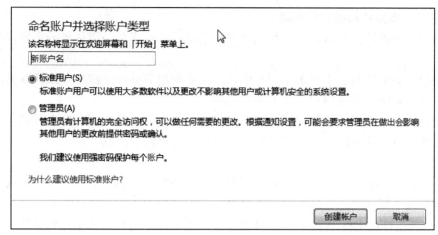

图 2-3-16　"创建新账户"对话框

（2）打开"更改账户"对话框，如图 2-3-17 所示，进行相关的设置。如创建账户密码，在"创建密码"窗口中，输入账户密码，单击"创建密码"按钮，即可给账户设置一个密码。在"删除密码"窗口中，可以删除账户的密码。

图 2-3-17　"更改账户"对话框

3. 删除账户

（1）在"管理账户"窗口中，单击要删除的账户。

（2）打开"更改账户"对话框，如图 2-3-18 所示，单击"删除账户"按钮，即可删除指定的账户。

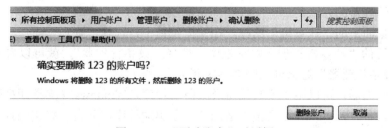

图 2-3-18　"更改账户"对话框

4. 注销、切换用户和锁定计算机

注销用户：是指清除当前登录系统的用户，清除后即可重新使用任何一个用户身份登录系统。

切换用户：如果计算机中有多个用户账户，需要使用另外一个账户登录计算机，不需要注销用户或重启系统，实现用户之间的快速切换。

锁定计算机：在使用电脑的时候，有事情需要离开电脑一段时间，在离开的这段时间，不希望别人使用自己的电脑，又不想关机，这时候，可以锁定电脑。

方法如下：

方法1：单击"开始"菜单，选择"关机"按钮右侧的箭头按钮，在弹出的下拉菜单中，选择"注销"或"切换用户"或"锁定"命令。

方法2：使用键盘上的Windows键，弹出"开始"菜单，与方法1相同的操作。

方法3：按下"Ctrl+Alt+Delete"组合键，在Windows 7安全选项界面中，选择"注销"或"切换用户"或"锁定"命令。

【任务3-3】控制面板其他设置

1. 安装和删除字体

Windows 7系统自带有字体，基本上能够满足用户的需求。但是，在电脑的使用过程中，用户可能需要安装自己的字体。安装和删除字体的步骤如下：

（1）安装字体。

● 首先，准备字体的素材，可以在网上搜集自己满意的字体，下载到电脑上。

● 如果字体文件是压缩文件，需要解压。字体文件的扩展名是TTF格式。

● 右击这个字体文件，在弹出的快捷菜单中，单击"安装"选项。

● 或直接将这个字体文件拖到C:\windows\fonts目录里面，字体会自动安装。

● 或通过控制面板的"字体"来安装，将字体文件拖到"字体"控制面板页来安装。

（2）删除字体。

● 打开控制面板，找到"字体"，在"字体"界面中，找到要删除的"字体"。

● 在工具栏上，单击"删除"。

2. 设备管理器

通过Windows 7设备管理器，用户可以查看计算机中已经安装的硬件设备，如CPU、显示器、显卡、打印机、光驱、鼠标、键盘、网卡等硬件设备。

使用设备管理器可以安装和更新硬件的驱动程序、更改这些设备的硬件设置。通过使用设备管理器来检查硬件的状态以及更新计算机上的设备驱动程序。一般来说，用户不需要使用设备管理器来更改资源设备，因为在硬件安装过程中，系统会自动分配资源。

打开设备管理器的方法是：

（1）右击桌面上的"计算机"图标，在快捷菜单中，选择"管理"。

（2）在打开的"计算机管理"对话框中，选择"设备管理器"，就可以看见计算机上的硬件设备。"设备管理器"对话框如图2-3-19所示。

使用设备管理器，可以用于安装设备及其驱动程序，Windows 7支持即插即用设备，用户在插入硬件设备时，Windows会搜索适当的设备驱动程序，并自动将该硬件配置为在不影响其他设备的情况下运行。

3. 磁盘管理

用户的文件夹和文件都存放在计算机的磁盘上，用户需要安装或卸载程序，会经常移动、复制、删除文件夹和文件，如果长期不对计算机进行处理的话，计算机上会产生很多磁盘碎片或临时文件，可能会导致计算机系统性能的下降。因此需要定期对磁盘进行管理，以保证系统运行状态良好。

磁盘管理操作通过磁盘属性来设置。磁盘属性如图 2-3-20 所示。

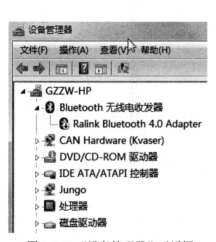

图 2-3-19 "设备管理器"对话框

图 2-3-20　磁盘属性

（1）磁盘属性。

在磁盘属性的"常规"选项卡里面，能够了解磁盘的文件系统类型、磁盘的空间、使用饼图显示磁盘的使用情况。

磁盘属性打开的方法如下：选中要管理的磁盘，右击，在打开的快捷菜单中，选择"属性"。在"属性"对话框中，有"常规""工具""硬件""共享""安全""以前的版本""配额"7 个选项卡，用户根据自己的要求，对各个选项卡进行设置。

（2）磁盘清理。

在"常规"选项卡中，单击"磁盘清理"按钮，启动磁盘清理程序对磁盘进行清理。打开"磁盘清理"对话框，在"要删除的文件"列表框中，列出了可删除的文件类型及其所占用的磁盘空间大小，选中某种文件类型的复选框，单击"确定"按钮，在磁盘清理过程中，会将其删除。

（3）磁盘碎片整理。

磁盘在使用过程中，由于文件夹和文件的变化，空间出现了很多不连续的区域，这造成磁盘存取效率降低。磁盘碎片整理程序对磁盘上的文件和磁盘空间进行重新安排，使文件存储在一片连续的区域，从而提高了系统的效率。

磁盘碎片整理的步骤如下：在"工具"选项卡中，单击"立即进行碎片整理"按钮，在打开的对话框中，如图 2-3-21 所示，单击"分析磁盘"按钮，开始对磁盘的碎片情况进行分析，并显示碎片的百分比。单击"磁盘碎片整理"按钮，系统开始进行碎片整理。

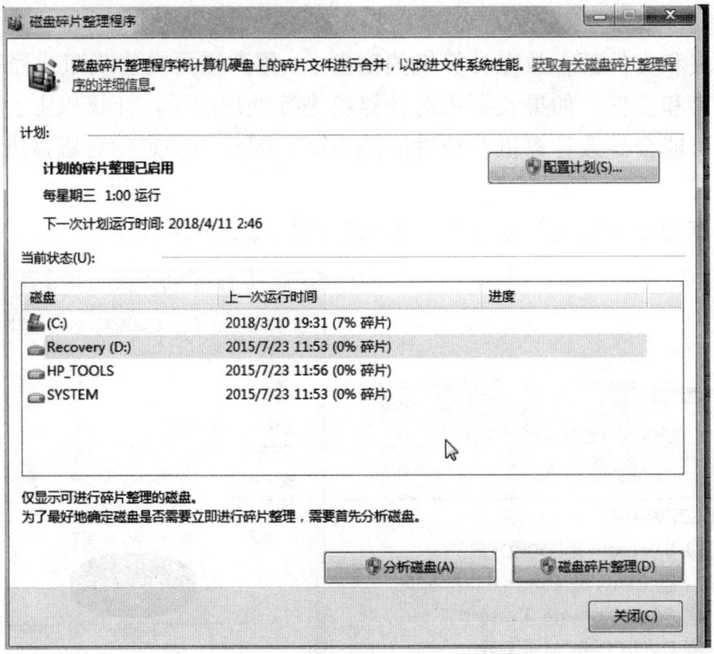

图 2-3-21 "磁盘碎片整理程序"对话框

（4）磁盘检查。

磁盘在使用过程中，非正常关机，文件夹和文件的删除、移动等操作，都会对磁盘造成一定的损坏，有时会产生一些文件错误，影响磁盘的正常使用。使用"磁盘检查"工具，可以检查磁盘的损坏情况，对文件系统的损坏进行修复。

磁盘检查的步骤如下：在"工具"选项卡中，单击"开始检查"按钮，在打开的对话框中，单击"开始"按钮，系统开始磁盘检查。

4. 添加或删除程序

（1）程序的安装。

大多数应用程序都提供安装向导，用户根据安装向导的提示，完成应用程序的安装。应用程序安装完成后，都会在桌面或"开始"菜单中，创建一个快捷方式，单击应用程序的快捷方式，就可以启动这个应用程序。

应用程序安装以后，可以通过多种方式，查看计算机上安装的软件。如"360 软件管家"、控制面板里面的"程序和功能"工具等。在控制面板中，单击"程序和功能"选项，打开"程序和功能"窗口，可以看见所安装的应用程序。

（2）程序的删除。

如果应用程序不再使用，可以将其删除。删除的方式有多种。应用程序一般都有安装向导和卸载向导，可以通过卸载向导，完成程序的卸载。

可以使用控制面板里面的"程序和功能"卸载程序。打开"程序和功能"窗口，如图 2-3-22 所示，选中要卸载的应用程序，单击"卸载/更改"按钮，根据提示，完成程序的卸载。

也可以使用第三方软件"360 软件管家"来卸载要删除的应用程序。

（3）添加或删除 Windows 组件。

在"程序和功能"窗口中，单击"打开或关闭 Windows 功能"超链接，打开"Windows 功能"对话框，用户可以在列表框中添加或删除 Windows 组件，如图 2-3-23 所示。

图 2-3-22 "程序和功能"窗口

图 2-3-23 "Windows 功能"对话框

添加尚未安装的 Windows 组件：在组件列表中选中该组件前面的复选框，单击"确定"按钮，Windows 会自动进行安装。由于 Windows 7 在安装时会自动把安装文件全部复制到磁盘上，在组件的安装过程中，不需要使用 Windows 系统光盘。

删除已经安装的 Windows 组件：在组件列表中，取消该组件前面的复选框，单击"确定"按钮，Windows 会删除该组件。注意，不要轻易删除 Windows 的组件，否则可能会影响用户的正常工作。

 **任务小结**

本次任务主要是了解控制面板的使用方法，例如为用户定制工作环境、管理账户、添加或删除程序、安装字体、添加 Windows 组件等，熟练管理用户自己的 Windows 系统。

任务4 认识常用附件程序

 任务介绍

旺旺食品公司员工小张需要用到计算器，对公司日常的销售数据进行处理，并对处理后的数据进行分析总结，写一份销售报告，以文档的形式交给部门经理；部门经理还需要以图片的形式显示原始数据，因此，小张需要将原始数据做成 bmp 或 jpg 等图片格式。小张需要使用 Windows 7 的附件中的工具程序进行上述任务的处理。

 任务分析

为了完成本次任务，需要掌握 Windows 7 常用的工具程序，能够熟练掌握计算器的操作、记事本的操作、画图的操作、截图工具的操作。

本任务路线如图 2-4-1 所示。

图 2-4-1 任务路线

完成本任务的相关知识点：
（1）"计算器"的使用。
（2）"记事本"的使用。
（3）"画图"的使用。
（4）"截图工具"的使用。

 任务实现

【任务 4-1】认识"计算器"

"计算器"是 Windows 7 提供的一个数值运算的程序，使用"计算器"可以进行加、减、乘、除等简单的运算，还提供了标准型、科学型、程序员和统计信息等高级功能。"计算器"如图 2-4-2 所示。

（1）打开"计算器"的方法：单击"开始"菜单，选择"所有程序"→"附件"→"计算器"菜单命令。

（2）"计算器"的使用：在计算器界面，可以单击计算器按钮来执行计算，也可以使用键盘输入。

● 标准型：基本的加、减、乘、除等简单的运算。

● 科学型：除了基本的简单运算外，还可以进行三角函数、指数等数值运算。

● 程序员：主要进行数制的进制转换、数据的逻辑操作。如

图 2-4-2 "计算器"

将二进制数转换为十进制数，先选择"二进制"，输入"0""1"等数值，然后，单击"十进制"，"计算器"自动将二进制数转换为十进制。单击"十六进制"，"计算器"自动将这个二进制数转换为十六进制。依次类推，先单击需要的进制（二进制、八进制、十进制、十六进制），输入数值，再单击要转换的进制，即可完成进制之间的相互切换。

● 统计信息：数据的平均值、平均平方值、总和、平方值总和、标准偏差、总体标准偏差等数据的统计运算。

【任务 4-2】认识"记事本"

"记事本"是 Windows 7 提供的一个小型的文本编辑程序，用于查看或编辑文本文件。文本文件的扩展名是.txt。"记事本"如图 2-4-3 所示。

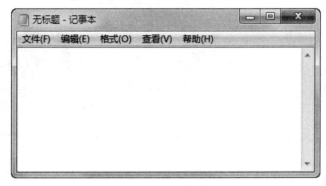

图 2-4-3　"记事本"

（1）打开"记事本"的方法：单击"开始"菜单，选择"所有程序"→"附件"→"记事本"菜单命令。

（2）"记事本"的使用："记事本"只能进行文本处理，可以设置文本的字体，对文本进行剪切、复制、粘贴、删除等编辑操作，可以在文档中插入日期和时间，可以对文档进行页面设置、新建、打开、保存、打印等操作。不能在"记事本"中添加图片、音乐等对象。

【任务 4-3】学习"画图"

"画图"是 Windows 7 提供的一个位图软件，如图 2-4-4 所示，用户可以自己绘制图形，也可以对已保存的图片进行修改和编辑，编辑完成后，位图文件可以保存为"bmp""jpg""png""gif"等格式。

"画图"窗口有两个选项卡，分别是"主页"和"查看"。"主页"选项卡的功能区，包含剪贴板、图像、工具、形状、颜色。"查看"选项卡的功能区包含缩放、显示或隐藏、显示。

（1）打开"画图"的方法：单击"开始"菜单，选择"所有程序"→"附件"→"画图"菜单命令。

（2）"画图"的使用：使用"画图"可以绘制一些简单的图形，还可以进行颜色的设置、文本的处理等操作。

"画图"的功能包括以下几个方面。

● 图片文件的新建、打开、保存、打印。

● 使用铅笔、刷子、直线、曲线工具，结合颜色工具，绘制各种线条。

● 通过绘图工具，绘制矩形、椭圆、箭头等常用的形状，还可以绘制心形、标注等形状，还可以设计自定义形状。

● 通过文本工具，在图片中添加文本或消息。

● 选择和编辑对象：可以对图片或图片的某一部分进行更改，包括图片的大小、移动、复制、旋转、剪裁等操作。

● 颜色处理：使用颜料盒、颜色选取器、颜色填充等工具对图片的前景色、背景色进行处理。

● 查看图片：通过放大镜工具，可以对图片的某一部分进行放大或缩小。通过放大和缩小工具，可以放大或缩小图片。

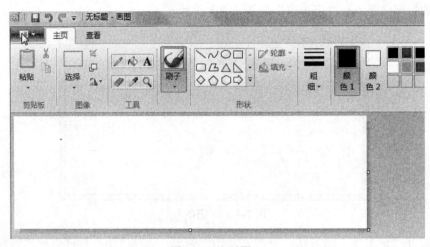

图 2-4-4 "画图"

【任务 4-4】学习"截图工具"

"截图工具"是 Windows 7 提供的一个截取屏幕并将截取的内容转换为图片的程序，如图 2-4-5 所示。

（1）打开"截图"的方法：单击"开始"菜单，选择"所有程序"→"附件"→"截图"菜单命令。

（2）"截图工具"的使用：在"截图工具"的窗口中，单击"新建"按钮右侧的箭头，从弹出的下拉菜单中，选择合适的截图模式，就可以截图了。"截图"有三种模式：全屏截图、窗口截图、任意截图。

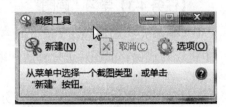

图 2-4-5 "截图工具"

● 全屏截图：截取当前屏幕的全屏图像。

● 窗口截图：单击需要截取的窗口，将整个窗口截取出来。

● 任意截图（矩形截图）：按住鼠标左键，通过拖动鼠标，选取合适的区域，然后，释放鼠标左键，完成截图。

● 屏幕图像截取成功后，使用工具栏上的"笔"和"荧光笔"，可以在图片上添加标记，用"橡皮擦"擦除标记。

● 保存：单击"保存截图"按钮，将截图保存到本地磁盘。单击"发送截图"按钮，可以将截取的图像通过电子邮件发送出去。

任务小结

　　本次任务主要讲解了附件中常用的程序，包括"计算器""记事本""画图""截图工具"。使用"计算器"可以进行简单的数值计算，尤其是进制转换，非常方便。使用"记事本"可以进行简单的文字编辑。使用"画图"可以进行简单的图片处理，能够满足大多数用户的需求。使用"截图工具"可以方便用户对桌面图片的截取，非常实用。

<h1 style="text-align:center">模 块 总 结</h1>

　　本模块主要对 Windows 7 操作系统进行详细的介绍和讲解，主要包括四个方面的内容。

　　（1）认识了 Windows 7 操作系统，包括基本的组成元素窗口、菜单、任务栏、对话框、桌面等，需要熟练相关操作。

　　（2）介绍了 Windows 7 的文件和文件夹的命名规则、存放路径等基本概念，详细介绍了文件管理的基本操作，这是 Windows 操作的基础，需要非常熟练。

　　（3）通过控制面板的学习，让我们对 Windows 系统管理轻松上手，系统设置不再困难。

　　（4）最后了解了 Windows 四大附件，"计算器""记事本""画图""截图工具"，满足工作基本需要。

<h1 style="text-align:center">习 　 题</h1>

一、单选题

1. 在 Windows 7 中，下列选项中_____不是常用的菜单类型。

A. 下拉菜单　　　　　　　　　　　　B. 快捷菜单

C. 列表框　　　　　　　　　　　　　D. 子菜单

2. Windows 7 一般窗口的组成部分中不包含_____。

A. 任务栏　　　　　　　　　　　　　B. 搜索栏、工具栏

C. 导航窗格、窗口工作区　　　　　　D. 标题栏、地址栏、状态栏

3. 下列操作中，选择_____，可以确保打开一个记不清用何种程序建立的文档。

A. 使用"资源管理器"中的"搜索"文本框找到该文档，然后双击

B. "开始"菜单中的"文档"命令

C. "开始"菜单中的"运行"命令

D. 建立该文档的程序

4. Windows 操作系统中，按 Ctrl＋Shift＋Esc 将弹出_____窗口。

A. 控制面板　　　　B. 任务管理器　　　　C. 资源管理器　　　　D. "开始"菜单

5. 下列选项中在 WinRAR 软件工作界面中不存在的是_____。

A. 任务栏　　　　　　　　　　　　　B. 内容窗口、状态栏

C. 地址栏　　　　　　　　　　　　　D. 菜单栏、工具栏

6. 在 Windows 的窗口中，单击最小化按钮后_____。

A. 当前窗口被关闭

B. 打开控制菜单

习题在线测试

C. 当前窗口将缩小为任务栏上的任务按钮

D. 当前窗口缩小为图标

7. 在 Windows 7 的桌面上，任务栏中最左侧的一个按钮是＿＿＿＿＿＿。

　　A.“开始”按钮　　　　　　　　　　　　　B.“还原”按钮

　　C.“打开”按钮　　　　　　　　　　　　　D.“确定”按钮

8. 在 Windows 中已打开多个程序，要找出不在当前屏幕上的应用程序窗口，可以按＿＿＿＿＿＿键。

　　A. Ctrl＋Del　　　　　B. Ctrl＋Break　　　　C. Alt＋F4　　　　D. Alt＋Esc

9. 在 Windows 中，为结束陷入死循环的程序，应首先按的键是＿＿＿＿＿＿。

　　A. Ctr＋Alt＋Del　　　B. Ctrl＋Del　　　　C. Del　　　　　　D. Alt＋Del

10. 打开窗口的控制菜单的操作可以单击控制菜单框，或者＿＿＿＿＿＿。

　　A. 双击标题栏　　　　　　　　　　　　　B. 按 Alt＋Space

　　C. 按 Ctrl＋Space　　　　　　　　　　　D. 按 Shift＋Space

11. 在“格式化磁盘”对话框中，选择“快速”选项，则被格式化的磁盘必须是＿＿＿＿＿＿。

　　A. 曾格式化过的软磁盘　　　　　　　　　B. 无任何坏扇区的磁盘

　　C. 从未格式化的新盘　　　　　　　　　　D. 被选中的硬磁盘

12. 利用 Windows 7“控制面板”的“程序和功能”，＿＿＿＿＿＿。

　　A. 可以删除 Word 文档模板　　　　　　　B. 可以删除 Windows 组件

　　C. 可以删除程序的快捷方式　　　　　　　D. 可以删除 Windows 软件的驱动程序

13. Windows 的“资源管理器”中，选择多个不连续的文件的方法是＿＿＿＿＿＿。

　　A. 逐个单击文件名　　　　　　　　　　　B. Shift＋单击文件名

　　C. Ctrl＋A　　　　　　　　　　　　　　D. Ctrl＋单击文件名

14. 利用 Windows 7“搜索”功能查找文件时，正确的说法是＿＿＿＿＿＿。

　　A. 被用户设置为隐藏的文件，只要符合查找条件，在任何情况下都将被找出来

　　B. 要求被查找的文件必须是文本文件

　　C. 根据日期查找时，必须输入文件的最后修改日期

　　D. 根据文件名查找时，至少需要输入文件名的一部分或通配符

15. 可以使用下面＿＿＿＿＿＿通配符来搜索名字相似的文件。

　　A. %　　　　　　　　B. #　　　　　　　　C. *　　　　　　　D. $

16. 在 Windows 系统中，“回收站”的内容＿＿＿＿＿＿。

　　A. 将被永久保留　　　　　　　　　　B. 不占用磁盘空间

　　C. 可以被永久删除　　　　　　　　　D. 只能在桌面上找到

17. 在 Windows 系统中，“回收站”是用来＿＿＿＿＿＿。

　　A. 存放删除的文件夹及文件　　　　　B. 存放使用的资源

　　C. 接收网络传来的信息　　　　　　　D. 接收输出的信息

18. U 盘与硬盘是目前常见的两种存储媒体，新盘在首次使用时＿＿＿＿＿＿。

　　A. 必须进行格式化　　　　　　　　　B. 只有硬盘才必须进行格式化

　　C. 只有 U 盘才必须进行格式化　　　　D. 可直接使用，不必进行格式化

19. Windows 操作系统中，打开“开始”菜单的常用快捷键是＿＿＿＿＿＿。

　　A. F4　　　　　　　　　　　　　　　B. Ctrl

C. Win 键或 Shift + ESC　　　　　　　　D. Win 键或 Ctrl + ESC

20. 在安装了 Windows 操作系统的计算机中，文件夹是指存储、管理文件的一种数据组织结构，目的是用于分类存放文件，使文件管理有条理。Windows 中使用的文件夹结构为_____。

　　A. 星形结构　　　　　B. 树形结构　　　　　C. 总线形结构　　　　　D. 环形结构

二、操作题

1. 创建文件及文件夹。

（1）试用 Windows 的"记事本"创建文件：CLOUD，存放于"…\WIN\TEMP"文件夹中，文件类型为 TXT，文件内容如下（内容不含空格或空行）：悠游行山赏秋兼祈福。

（2）在"…\WIN\ASIA"中，创建一个文件夹 MOUNT。

（3）在"…\WIN\BIG"中，创建一个 CLOUD 的位图文件。

2. 压缩和解压文件及文件夹。

（1）请将"…\WIN\TIG"下的文件夹 CLASSMATE 用压缩软件压缩为"TERRY.RAR"，保存到"…\WIN\TIG\TERRY"目录下。

（2）请在"…\WIN\MINE\SUNNY"目录下执行以下操作，将文件"SUN.TXT"用压缩软件压缩为"SUN.RAR"，压缩完成后删除文件"SUN.TXT"。

（3）将"…\WIN\CHA\aaa"目录压缩，文件名为"ac.rar"，将"…\WIN\CHA\bbb"目录下的子文件夹压缩到"ac.rar"，将"ac.rar"压缩文件移动到"…\WIN\CHA\ccc"中。

（4）请将压缩文件"…\WIN\ASIA\ 1234.rar"里面被压缩的文件夹"abcd"解压缩到"…\WIN\TESTDIR"目录下。

3. 移动、复制、删除文件及文件夹。

（1）请将位于"…\WIN\HOT\HOT1"中的文件"JI.TXT"复制到目录"…\WIN\HOT\HOT2"内。

（2）请将位于"…\WIN\TEMP\ADCTEP3"上的文件"APPEND.EXT"移动到目录"…\WIN\TEMP\ADCTEP"内。

（3）请将位于"…WIN\DO\WORLD"上的 DOC 文件复制到目录"…\WIN\DO\BIGWORLD"内。

（4）请将位于"…\WIN\FOCUSING"上的 TXT 文件移动到目录"…\WIN \TESTDIR"内。

（5）请将位于"…\WIN\FOCUSING"上的"1.X"文件删除。

4. 设置文件及文件夹的属性。

（1）请在"…\WIN"目录下搜索（查找）文件"MYBOOK4.TXT"，并把该文件的属性改为"只读"，把存档属性取消。

（2）请将位于"…\WIN\tig\terry"文件夹的属性改为隐藏。

5. 搜索文件及文件夹。

（1）请在"…\WIN"目录下搜索（查找）文件"MYBOOK1.TXT"，并把该文件的属性改为"只读"，把存档属性取消。

（2）请在"…\WIN"目录下搜索（查找）文件夹"DO3"并改名为"DMB"。

（3）请在"…\WIN"目录下搜索（查找）文件夹"SAWSAW"并改名为"QUESTION"。

（4）将"…\WIN"文件夹中的所有文件名由 4 个字符组成、扩展名为任意的文件移动到文件夹"…\WIN\CHA"中。

6. 创建快捷方式。

（1）请将"…\WIN\CHA"文件夹下的"Word.doc"文件，建立名为"文件.doc"的快捷方式，并存放在"…\WIN"文件夹下。

（2）请在"…\WIN"目录下搜索（查找）文件夹"QUESTION"，建立名为"lnksaw"的快捷方式，并存放在"…\WIN"文件夹下。

模块 3
计算机网络与 Internet 基本应用

● **本模块知识目标**

- 了解计算机网络的定义、分类、功能及应用。
- 认识 Internet 与万维网。
- 熟悉常用的通信协议和局域网
- 掌握 Windows 7 的网络连接。
- 熟悉 IP 地址与域名系统。
- 掌握 Internet 信息浏览方法，搜索与下载网上的信息资源。
- 认识邮件地址和收发电子邮件。
- 了解网络安全的相关问题。

● **本模块技能目标**

- 能够组建局域网（包括网络硬件连接、网络设置等）。
- 能够熟练使用 Internet 浏览网页，保存网页上的信息。
- 能够使用收藏夹与历史记录。
- 能够管理设置浏览器。
- 能够搜索与下载网上的信息资源。
- 能够申请电子邮箱和收发电子邮件。
- 能够使用软件进行杀毒或查杀木马。

随着社会的发展，科技信息在社会的各个领域中都有所应用，计算机和网络作为信息传递的主要载体，在网络时代发挥着重要的作用。计算机网络的应用在人们的生产生活中已经非常广泛了，网络不仅提高了工作效率，同时也方便了人们的生活。本模块主要讲述在信息时代，计算机网络技术发展的理论基础。

在如今的社会中，计算机网络技术应用的范围比较普遍，已经渗透到了人们工作和生活的各个方面，在日常生活中发挥着极其重要的作用。计算机网络的应用代表着社会进入了一个全新的时代，是生产力发展到一定阶段的产物，人们的生活在进步，人们在沟通方面不再受制于时间和空间的限制，可以非常方便快捷地实现信息的交流。

任务 1　组建局域网

任务介绍

局域网是指由多台计算机、手机和其他数码产品组成的一个有线和无线并存的网络，在同一个局域网下连接的几台电脑可以实现联机、互相共享文件访问数据等功能。尤其是联机玩游戏的时候会经常使用到局域网络。那么在现实生活中，假如我们想要在几台计算机之间实现网络访问和联机玩游戏的时候该如何进行局域网络的组建呢？

 任务分析

当今很多家庭有多个上网设备，如台式电脑、笔记本电脑、手机、电视、打印机等，这些上网设备之间如何资源共享呢？这些设备之间可用一个无线路由器相连接，文件就可从一台电脑复制到另一台电脑，寒冷的冬天也可躲在被窝中用手机播放电脑中储存的音乐、电影等，就算没有连接互联网的局域网一样运转。如何在 Windows 7 系统中组建局域网，我们在下面就此做些介绍。

本任务路线如图 3-1-1 所示：

图 3-1-1　任务路线

完成本任务的相关知识点：

（1）宽带调制解调器（Modem）和路由器（Router）的作用、工作原理和功能。

（2）局域网线路连接安装。

（3）路由器等设备的设置和使用。

 任务实现

【任务 1-1】学习计算机网络知识

计算机网络已成为人们生活中不可缺少的重要组成部分，大部分人只熟悉 QQ、微信、网购和网游等，但对网络的基础知识了解很少，为了使人们能更好地通过网络获取信息，下面将介绍一些网络基础知识。

1. 计算机网络的定义和功能

计算机网络是将分布于不同地理位置的具有独立功能的多台计算机及其外部设备，通过通信设备及线路连接起来，在网络操作系统、网络管理软件及网络通信协议的管理和协调下，实现资源共享和信息传递的系统。

计算机网络的功能主要体现在信息交换、资源共享和分布式处理三个方面。信息交换是指计算机网络为用户提供了强有力的信息手段，以实现传送电子邮件、发布新闻和进行电子商务活动的功能。资源共享是指某台计算机的硬件、软件资源可以被其他具有访问权限的计算机使用，以提高资源的利用率。分布式处理是指当某台计算机任务过重时，将部分任务转交给其他空闲的计算机完成。当一台计算机出现故障时，可以使用另一台计算机；一条通信线路有了问题，可以取道另一条线路，从而提高网络整体的可靠性。

2. 网络的发展阶段

从现代网络出发，追溯历史，将有助于人们对计算机网络的理解。计算机网络的形成与发展经历了四个阶段。

第一阶段：计算机技术与通信技术相结合，形成了初级的计算机网络模型。此阶段网络应用的主要目的是提供网络通信、保障网络连通。这个阶段的网络严格说来仍然是多用户系统的变种。美国在 1963 年投入使用的飞机订票系统 SABBRE-1 就是这类系统的代表。

第二阶段：在计算机通信网络的基础上，实现了网络体系结构与协议完整的计算机网络。此阶段网络应用的主要目的是提供网络通信、保障网络连通，保证网络数据共享和网络硬件设备共享。这个阶段的里程碑是美国国防部的 ARPAnet 网络。目前，人们通常认为它就是网络的起源，同时也是 Internet 的起源。

第三阶段：计算机解决了计算机联网与互连标准化的问题，提出了符合计算机网络国际标准的"开放式系统互连参考模型（OSI RM）"，从而极大地促进了计算机网络技术的发展。此阶段网络应用已经发展到为企业提供信息共享服务的信息服务时代。具有代表性的系统是 1985 年美国国家科学基金会的 NSFnet。

第四阶段：计算机网络向互连、高速、智能化和全球化发展，并且迅速得到普及，实现了全球化的广泛应用。代表作是 Internet。

3. 网络的分类

计算机网络分类的方法有很多，下面介绍几种常见的分类方法，如图 3-1-2 所示。

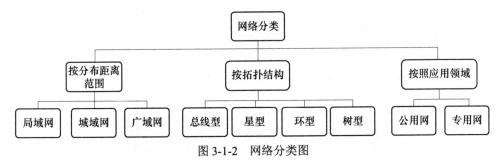

图 3-1-2　网络分类图

（1）按分布距离范围，可以将网络分为局域网、城域网和广域网三种，如图 3-1-3 所示。

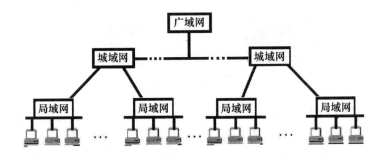

图 3-1-3　局域网、城域网和广域网结构图

① 局域网（Local Area Network，LAN）：局域网的分布范围一般在几公里以内，最大不超过 10 公里，它是由一个部门或单位组建的网络。局域网是在微型计算机大量应用以后才逐渐发展起来的计算机网络。一方面，局域网容易配置与管理；另一方面，局域网容易构成简洁整齐的拓扑结构。局域网速率高，延迟时间短，另外局域网还具有成本低廉、应用广泛、组网方便、使用灵活等特点，因此深受广大用户的欢迎。局域网是目前计算机网络发展最快，也是最为活跃的一个分支。

② 城域网（Metropolitan Area Network，MAN）：城域网是适用于一个城市的信息通信基础设施，是国家信息高速公路与城市广大用户之间的中间环节。建造城域网的目的是提供通用和公共的网络架构，借以高速有效地传输数据、声音、图像和视频等信息，满足用户日新月异的互联网应用需求。由于各种原因，城域网的特有技术没能得到广泛的应用和普及。

③ 广域网（Wide Area Network，WAN）：广域网也叫远程网，其范围跨越城市、地区、国家甚至全球。它往往连接不同地域的大型主机系统或局域网。在广域网中，网络之间的连接大多采用租用，或者自行铺设的专线。所谓"专线"是指某条线路专门用于某一用户，而其他用户不能使用。广域网中物理设备分布的范围一般在 10 公里以上。许多知名品牌和跨国大公司如 Sun、DEC、IBM 等都通过通信公司的通信网络，将分布在世界各地的子公司连接起来，建立自己的企业网。早期广域网的典型代表是美国国防部的 ARPANET。中国公网（CHINANET）、国家公用信息通信网（CHINAGBN，又称金桥网）、中国教育科研网（CERNET）等均属于广域网的范畴。

（2）按拓扑结构，可以将网络分为总线型、星型、环型、树型等拓扑结构。

计算机网络拓扑结构指网络中通信线路和计算机以及其他组件的物理连接方法和形式。网络拓扑结构关系到网络设备的类型、设备的能力、网络的扩展潜力和网络的管理模式等。

① 总线型拓扑结构：是将网络中各台计算机通过一条总线相连，同一时刻只允许一对结点占用总线通信。这种结构的特点是结构简单，可靠性高，布线容易，对结点的扩充和删除容易，但总线任务重，产生"瓶颈"问题，如图 3-1-4 所示。

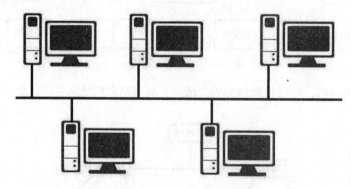

图 3-1-4　总线型拓扑结构

② 星型拓扑结构：网络中各节点都与中心节点连接，呈辐射状排列在中心节点周围，网络中任意两个节点通信均要通过中心节点连接。这种结构的特点是通信协议简单，对中心节点的可靠性要求高，单个节点故障不会影响全网，结构简单，网络性能依赖中心节点，如图 3-1-5 所示。

③ 环型拓扑结构（令牌环）：各节点首尾相连形成一个闭合的环，环中的数据沿一个方向绕环逐站传输。这种结构的特点是传输速率高，传输距离远，各节点的地位和作用相同，传输信息的时间固定，容易实现分布式控制，但任意节点或一条传输介质出现故障，全网瘫痪，如图 3-1-6 所示。

④ 树型拓扑结构：最下端的节点叫根节点，一个节点发送信息时，根节点接收该信息并向全树发送，这种结构的特点是通信线路连接简单，维护方便，但对根节点要求较高，根

节点出现故障，整个网络瘫痪，如图 3-1-7 所示。

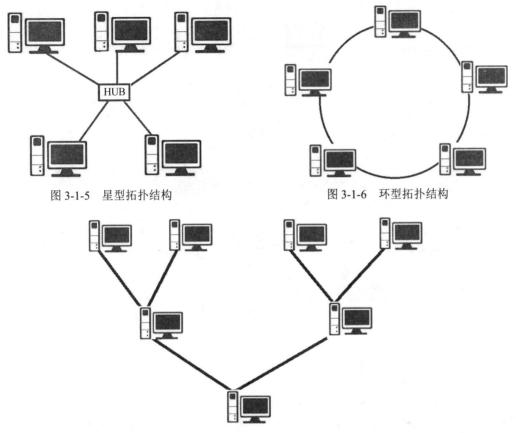

图 3-1-5　星型拓扑结构　　　　　　图 3-1-6　环型拓扑结构

图 3-1-7　树型拓扑结构

（3）计算机网络按照应用领域的不同可以分为公用网和专用网。

① 公用网：一般由国家机关或行政部门组建，它的应用领域是对全社会公众开放。如电信部门的 163 网、商业广告、列车时刻表查询等各公开信息都是通过这类网络发布的。

② 专用网：一般由某个单位或公司组建，专门为自己服务的网络，这类网络可以只是一个局域网的规模，也可以是一个城域网乃至广域网的规模。它通常不对社会公众开放，即使开放也有很大的限度，如校园网、银行网等。

4. 计算机网络的组成

从逻辑功能角度来看，计算机网络可分为通信子网和资源子网两部分，如图 3-1-8 所示。

资源子网处于网络的外围，由计算机系统（简称主机）、终端控制器和软件数据资源构成，负责网络中的数据处理，向网络用户提供各种网络资源和网络服务。

通信子网处于网络的内层，用于提供网络通信功能，完成网络主机之间的数据传输、交换、通信控制和信号变换等工作，主要包括通信线路、网络连接设备、网络协议和通信软件等。

从物理结构来看，一个完整的计算机网络系统是由网络硬件系统和网络软件系统两大部分组成的。

网络硬件系统主要包括计算机、传输介质、网络设备等，网络软件系统主要包括网络操

作系统、网络协议软件和网络通信软件等。

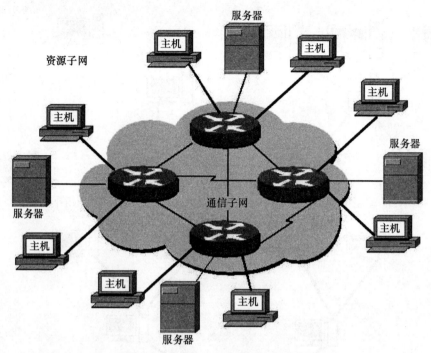

图 3-1-8　通信子网和资源子网结构

（1）网络硬件设备。

网络硬件设备是连接到网络中的物理实体，网络设备种类繁多，常见的有中继器、调制解调器、集线器、网络适配器、交换机、网桥、路由器、工作站、服务器和防火墙等，传输介质分为有线和无线。

① 物理层设备：中继器、调制解调器和集线器，主要负责比特流的传送和接收，物理接口，电气特性等。

● 中继器（Repeater）。

中继器是局域网互连的最简单设备，它工作在 OSI 体系结构的物理层，它接收并识别网络信号，然后再生信号，并将其发送到网络的其他分支上，如图 3-1-9 所示。

中继器是扩展网络的最廉价的方法。扩展网络的目的是突破距离和节点的限制，并且连接的网络分支不会产生太多的数据流量，成本又不能太高时，就可以考虑选择中继器。中继器没有隔离和过滤功能，它不能阻挡含有异常的数据包从一个分支传到另一个分支。

● 调制解调器（Modem）。

调制解调器是为了解决利用模拟信道传输数字信号而研制的一种通信设备。计算机只能处理数字信号，而现有的一些信道又只能传输模拟信号，为了利用模拟信道传输数字信号，发送端将数字信号转换成模拟信号，将欲发送的数字信号调制到载波上去，而载波信号是模拟信号，可以在模拟信道上传输。然后，接收端再进行相应的处理，恢复传输的数字信号，这一过程就是解调。这样就实现了在模拟信道上传输数字信号的目的。在实际应用中，一般都采用双工通信，所以将调制器（Modulator）和解调器（Demodulator）装配在一起，就是我们常用的调制解调器（Modem），如图 3-1-10 所示。

● 集线器（Hub）。

"Hub"是"中心"的意思，集线器的主要功能是对接收到的数字信号进行再生整形放大，以扩大网络的传输距离，同时把所有节点集中在以它为中心的节点上，如图 3-1-11 所示。

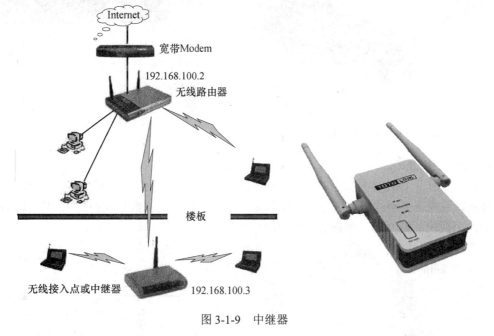

图 3-1-9　中继器

图 3-1-10　调制解调器

图 3-1-11　集线器

② 数据链路层设备：网络适配器、交换机、网桥。将上层数据封装成帧，用 MAC 地址访问媒介，进行错误检测与修正，根据 mac 地址进行转发。

● 网络适配器（Adapter）。

网络适配器又称为网络接口卡（Network Interface Card，NIC），也叫作网卡。网卡上有针对特定传输介质的数据收发设备和连接设备，网卡才是真正通过传输介质进行通信的设备。随着电子技术的发展，网卡的集成化程度也越来越高，网卡的种类繁多，都要实现数据的封装和去封装、传输介质控制管理及编码和译码的功能，如图 3-1-12 所示。

● 交换机（Switch）。

交换机意为"开关"，是一种用于电（光）信号转发的网络设备。它可以为接入交换机的任意两个网络节点提供独享的信号通路。交换机是一种基于 MAC 地址识别，能完成封装转发数据帧功能的网络设备。交换机可以"学习"MAC 地址，并把其存放在内部地址表中。交换机的主要功能包括物理编址、网络拓扑结构、错误校验、帧序列以及流控。交换机还具备了一些新的功能，如对 VLAN（虚拟局域网）的支持、对链路汇聚的支持，甚至有的还具有防火墙的功能，如图 3-1-13 所示。

图 3-1-12　网络适配器

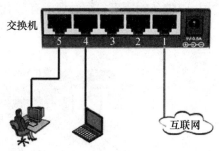

图 3-1-13　交换机

● 网桥（Bridge）。

网桥是工作于 OSI 体系的数据链路层。网桥包含了中继器的功能和特性，不仅可以连接多种介质，还能连接不同的物理分支，如以太网和令牌网，能将数据包在更大的范围内传送，生活中的交换机就是网桥，如图 3-1-14 所示。

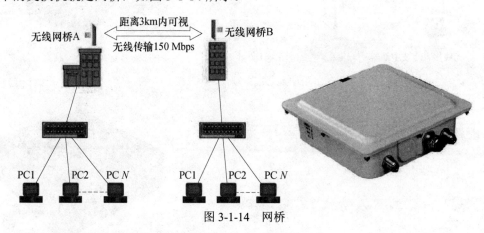

图 3-1-14　网桥

③ 网络层设备：路由器、三层交换机，根据 IP 地址进行转发，主要负责网络路径的选择，数据从源端到目的端的传输。

● 路由器（Router）。

路由器是连接因特网中各局域网、广域网的设备，它会根据信道的情况自动选择和设定路由，以最佳路径，按前后顺序发送信号，路由器是互联网络的枢纽的"交通警察"，如图 3-1-15 所示。

路由器又称网关设备（Gateway），是用于连接多个逻辑上分开的网络，当数据从一个子网传输到另一个子网时，可通过路由器的路由功能来完成。因此，路由器具有判断网络地址和选择 IP 路径的功能，它能在多网络互联环境中，建立灵活的连接，是互联网络的枢纽，属网络层的一种互联设备。

● 三层交换机（Layer 3 Switch）。

三层交换机就是具有部分路由器功能的交换机，三层交换机的最重要目的是加快大型局域网内部的数据交换，所具有的路由功能也是为这一目的服务的，能够做到一次路由，多次转发，如图 3-1-16 所示。

④ 应用层设备：工作站、服务器，负责对软件提供接口以使程序能使用网络服务，提供的服务包括文件传输、文件管理以及电子邮件的信息处理。

图 3-1-15　路由器

图 3-1-16　三层交换机

● 工作站（Workstation）。

工作站本身就是一部电脑，但它比普通家用或办公电脑性能要更强大，而且工作站往往只专门处理某一类的问题，如建筑设计、影视制作等，它的硬件和软件也是为了最好地处理某一方面的问题而专门设计的，通常配有高分辨率的大屏、多屏显示器及容量很大的内存储器和外部存储器，并且具有高性能的图形图像处理功能的计算机。另外，连接到服务器的终端机也可称为工作站，如图 3-1-17 所示。

图 3-1-17　工作站

● 服务器（Server）。

服务器是计算机网络上最重要的设备，如图 3-1-18 和图 3-1-19 所示。服务器指的是在网络

图 3-1-18　服务器 1

图 3-1-19　服务器 2

环境下运行相应的应用软件，是为网络中的用户提供共享信息资源和服务的设备。

服务器的构成与微机基本相似，有处理器、硬盘、内存、系统总线等，但服务器是针对具体的网络应用特别制定的，服务器与微机在处理能力、稳定性、可靠性、安全性、可扩展性和可管理性等方面存在很大的差异。服务器比客户机拥有更强的处理能力、更多的内存和硬盘空间。服务器上的网络操作系统不仅可以管理网络上的数据，还可以管理用户、用户组、安全和应用程序。服务器是网络的中枢和信息化的核心，具有高性能、高可靠性、高可用性、I/O 吞吐能力强、存储容量大、联网和网络管理能力强等特点。

（2）网络的传输介质。

网络的传输介质是指在网络中传输信息的载体，根据传输介质的不同，计算机网络可以划分为有线网和无线网。其中有线网采用同轴电缆、光缆、光纤、双绞线等作为传输介质（图 3-1-20、图 3-1-21 和图 3-1-22）；无线网采用微波、红外线、激光和卫星作为传输载体。

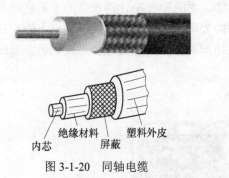

图 3-1-20　同轴电缆　　　　　　　　　　图 3-1-21　光缆、光纤

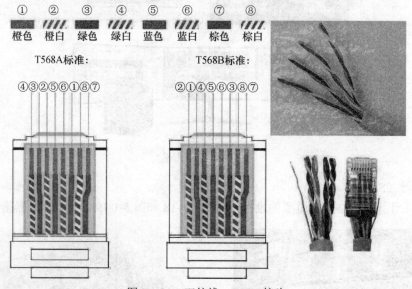

图 3-1-22　双绞线、RJ-45 接头

双绞线是由两条相互绝缘的导线，按照一定的规格相互缠绕而制成的一种通用配线。计算机网络中使用的双绞线通常是 8 芯（4 对），在生产时用不同的颜色将它们两两分开。与双绞线连接的物理接口称为 RJ-45 接口。双绞线分为屏蔽双绞线和非屏蔽双绞线，现在常用的是五类非屏蔽双绞线。

同轴电缆的中央是铜质芯线，其外侧包着一层绝缘层，绝缘层外是网状编制的金属线做成的外导体屏蔽层，最外面是塑料保护层。同轴电缆通常有基带同轴电缆和宽带同轴电缆两种，分别用于传输数字信号和模拟信号。

光纤是一种细小、柔韧并能传输光信号的介质，一根光纤中包含多条光纤。光纤的优点是低损耗、高带宽和高抗干扰性，缺点是连接和分支困难，工艺和技术要求高，需配备光电转换设备等。

微波是一种频率很高的电磁波，地面微波一般沿直线传输，其特点是容量大、传输质量高，适宜在网络布线困难的地区使用。

卫星通信利用人造卫星作为中继站转发微波信号，使各地之间相互通信，优点是通信容量极大、传输距离远、可靠性高等，缺点是受天气因素影响。

（3）网络软件。

① 网络操作系统。

网络操作系统是网络的心脏和灵魂，是向网络计算机提供服务的特殊的操作系统。网络操作系统是网络上各计算机能方便而有效地共享网络资源，为网络用户提供所需的各种服务的软件和有关规程的集合。

网络操作系统与通常的操作系统有所不同，它除了应具有通常操作系统应具有的处理机管理、存储器管理、设备管理和文件管理功能外，还应具有以下两大功能：提供高效、可靠的网络通信能力；提供多种网络服务功能，如远程作业录入并进行处理的服务功能，文件转输服务功能，电子邮件服务功能，远程打印服务功能。

Windows 系统不仅在个人操作系统中占有绝对优势，它在网络操作系统中也具有非常强劲的力量。这类操作系统配置在整个局域网配置中是最常见的，但由于它对服务器的硬件要求较高，且稳定性能不是很高，所以微软的网络操作系统一般只是用在中低档服务器中，高端服务器通常采用 UNIX、LINUX 或 Solaris 等非 Windows 操作系统。在局域网中，微软的网络操作系统有常用的 Windows Server 2008 和最新的 Windows Server 2016。工作站系统可以采用 Windows 或非 Windows 的操作系统，包括个人操作系统，如 Windows XP、Windows 7 和 Windows 10 等。

② 网络协议和网络体系结构。

● 网络协议（Network Protocol）。网络协议是网络中的计算机为进行数据交换而建立的规则、标准或约定的集合，包括通信双方互相交换数据或者控制信息的格式、应给出的响应和完成的动作以及它们之间的时序关系。网络协议使网络上各种设备能够相互交换信息。常见的协议有：TCP/IP 协议、IPX/SPX 协议、NetBEUI 协议等。

● 网络体系结构。为了使不同计算机厂家生产的计算机能够相互通信，以便在更大的范围内建立计算机网络，在制定网络协议时引入了分层的思想，协议的每一层都有相应的协议，相邻层之间也有层间协议。计算机网络的各层协议以及层间协议的集合称为网络体系结构。典型的网络体系结构有 OSI 和 TCP/IP。

国际标准化组织（ISO）在 1978 年提出了"开放系统互联参考模型"，即著名的 OSI/RM 模型（Open System Interconnection/Reference Model）。它将计算机网络体系结构的通信协议划分为七层，自下而上依次为：物理层（Physics Layer）、数据链路层（Data Link Layer）、网络层（Network Layer）、传输层（Transport Layer）、会话层（Session Layer）、表示层（Presentation Layer）、应用层（Application Layer）。

TCP/IP（Transmission Control Protocol/ Internet Protocol）是传输控制协议/网际协议的英文缩写，TCP/IP 协议是 Internet 最基本、最核心的协议，它使不同厂家、规格的计算机系统可以在互联网上正确地传递信息。TCP/IP 是一组用于实现网络互连的通信协议。一般认为，TCP/IP 的参考模型自下而上分为网络接口层、网际层、传输层（主机到主机）和应用层，其中网络接口层的功能相当于 OSI 参考模型中物理层和数据链路层的所有功能；传输层处理可靠性、流量控制、数据重传等问题，包含 TCP 和 UDP 协议；网络层把来自网络设备的数据分组发送到目标设备,包含 IP、ARP 和 RARP 协议；应用层面向用户，完成了有关表达、编码和对话的控制，包含 HTTP、FTP、SMTP、DNS 等协议。

与 OSI 参考模型相比,TCP/IP 参考模型更为简单,OSI 与 TCP/IP 层次结构模型的对照如图 3-1-23 所示。

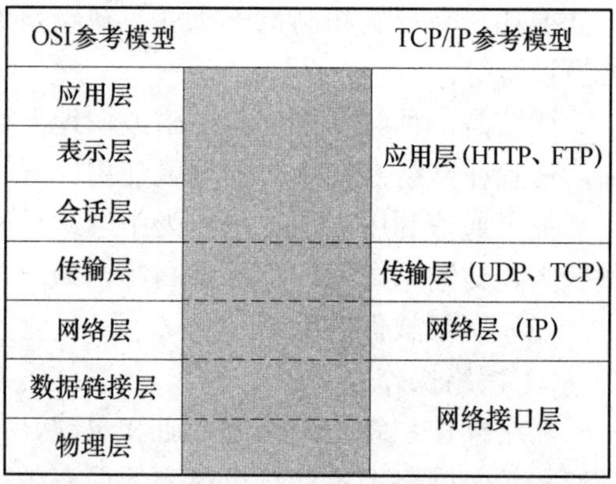

OSI参考模型	TCP/IP参考模型
应用层	应用层(HTTP、FTP)
表示层	
会话层	
传输层	传输层 (UDP、TCP)
网络层	网络层 (IP)
数据链接层	网络接口层
物理层	

图 3-1-23　OSI 与 TCP/IP 层次结构模型的对照

TCP/IP 参考模型各层的功能如表 3-1-1 所示。

表 3-1-1　TCP/IP 参考模型各层的功能

名称	功　能
应用层（Application Layer）	应用层是 TCP/IP 协议的最高层，该层定义了大量的应用协议，常用的有提供远程登录的 TELNET 协议、超文本传输的 HTTP 协议、提供域名服务的 DNS 协议、提供邮件传输的 SMTP 协议等
传输层（Transport Layer）	传输层的主要任务是提供传送连接的建立、维护和拆除功能，完成系统间可靠的数据传输
网际层（Network Layer）	控制分组传送系统操作，完成路由选择、网络互连等功能
网络接口层（Network Interface Layer）	位于 TCP/IP 协议的最底层，提供网络连接的物理特性，完成无结构数据流传输

知识拓展

网　关

大家都知道，从一个房间走到另一个房间，必然要经过一扇门。同样，从一个网络向另一个网络发送信息，也必须经过一道“关口”，这道关口就是网关（Gateway）。顾名思义，网关就是一个网络连接到另一个网络的“关口”。

按照不同的分类标准，网关也有很多种。TCP/IP 协议里的网关是最常用的，在这里我们所讲的“网关”均指 TCP/IP 协议下的网关。

那么网关到底是什么呢？网关实质上是一个网络通向其他网络的 IP 地址。如有网络 A 和网络 B，网络 A 的 IP 地址范围为"192.168.1.1～192.168.1.254"，子网掩码为 255.255.255.0；网络 B 的 IP 地址范围为"192.168.2.1～192.168.2.254"，子网掩码为 255.255.255.0。在没有路由器的情况下，两个网络之间是不能进行 TCP/IP 通信的，即使是两个网络连接在同一台交换机（或集线器）上，TCP/IP 协议也会根据子网掩码（255.255.255.0）判定两个网络中的主机处在不同的网络里。而要实现这两个网络之间的通信，则必须通过网关。如果网络 A 中的主机发现数据包的目的主机不在本地网络中，就把数据包转发给它自己的网关，再由网关转发给网络 B 的网关，网络 B 的网关再转发给网络 B 的某个主机。这就是网络 A 向网络 B 转发数据包的过程。

所以说，只有设置好网关的 IP 地址，TCP/IP 协议才能实现不同网络之间的相互通信。那么这个 IP 地址是哪台机器的 IP 地址呢？网关的 IP 地址是具有路由功能的设备的 IP 地址，具有路由功能的设备有路由器、启用了路由协议的服务器（实质上相当于一台路由器）、代理服务器（也相当于一台路由器）。

【任务 1-2】组建家庭无线局域网

家庭无线局域网如何组建呢？对于家庭用户而言，由于家庭房间布局的特点以及各房间距离近的特点，组建无线局域网成为首选。现在就与大家一起分享一下组建家庭无线局域网的具体方法，希望对于创建家庭无线局域网的用户有所帮助。

操作步骤

1. 硬件连接

组成家庭无线局域网络，让家里的笔记本电脑、手机等都可以上网，各台电脑必须具备网卡（或无线网卡），尤其是对于台式机电脑，需要另购无线 USB 或 PCI 插槽式网卡。还需要一个调制解调器（Modem，又称"猫"）和一个无线路由器（Router）。家庭无线局域网硬件连接方法如图 3-1-24 所示。

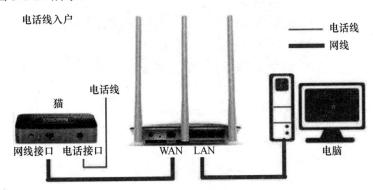

图 3-1-24 家庭无线局域网硬件连接方法

2. 软件设置

（1）在 IE 地址栏输入"http://192.168.1.1"，输入登录密码，如图 3-1-25 所示。

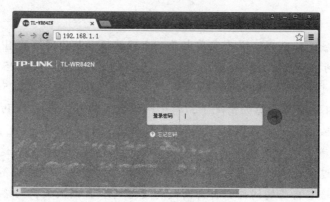

图 3-1-25　登录路由器

（2）登录后进入路由器主界面，如图 3-1-26 所示。

图 3-1-26　路由器主界面

（3）点击"高级设置"，选择"设置向导"按钮，进入设置向导界面，如图 3-1-27 所示。

图 3-1-27　设置向导

（4）如上网方式中选择"宽带拨号上网"，则需输入宽网账号和宽带密码；如选择"自动获得 IP 地址"，则直接插上网线即可使用，因为上层有 DHCP 服务器提供服务；如选择"固定 IP 地址"，则需手动输入 IP 地址，如图 3-1-28 和图 3-1-29 所示。

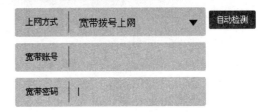

图 3-1-28　选择上网方式　　　　　　　图 3-1-29　输入宽网账号和密码

（5）单击"下一步"按钮，进入无线设置。输入无线名称（即 SSID）和无线密码即可，如图 3-1-30 所示。为保障无线网络安全，无线密码设置最好不少于 8 位英文+数字组成。

图 3-1-30　进入无线设置

（6）单击"确认"按钮完成设置向导，如图 3-1-31 所示。

图 3-1-31　完成设置向导

（7）设置完成后，可进入"高级设置"，选择"无线设置"，设置无线网络模式，通常为11bg mixed，如图 3-1-32 所示。也可选择"网络参数"中的相关菜单，查看网络设置，如图 3-1-33 所示。

图 3-1-32　无线模式设置

图 3-1-33　"网络参数"设置

（8）在 Windows 7 下，单击电脑通知栏中"网络"的图标，通过无线搜索到路由器 SSID，输入 SSID 密码，连接如图 3-1-34 所示。

图 3-1-34 完成无线路由器连接

 任务小结

本次任务主要是通过学习计算机网络的定义和功能、网络的分类和网络的组成等计算机网络的基础知识，熟练掌握组建家庭无线局域网所需的硬件和线路的连接方法以及软件方面的具体设置方法。

任务 2 认识 Internet

 任务介绍

互联网时代到底是一个怎样的时代呢？在互联网上怎么找寻地址呢？下面让我们了解一下。互联网的特征有：数字化、虚拟性、在线交互、即时通信、全球服务性、个性化，以及信息存储使用便利性等。

 任务分析

当前，随着信息化时代的来临，计算机和互联网的应用已经融入国民生产和社会生活的各个方面，而 Internet 的迅猛发展更是直接影响了人们的工作和生活。本任务需要我们认识和了解 Internet 的基本服务和基本概念、知道如何接入 Internet。

本任务路线如图 3-2-1 所示。

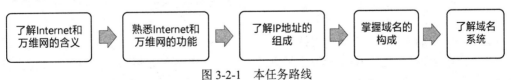

图 3-2-1 本任务路线

完成本任务的相关知识点：

（1）Internet 基本服务功能。

（2）Internet 的几种接入方式。

（3）IP 地址含义。

（4）域名的构成。

（5）域名系统。

 任务实现

【任务 2-1】认识 Internet 与万维网

Internet 上有丰富的信息资源，我们可以通过 Internet 方便地寻求各种信息。在 Internet，计算机存储的信息汇成了信息资源的大海洋。信息内容无所不包：有学科技术的各种专业信息，也有与大众日常工作与生活息息相关的信息；有严肃主题的信息，也有体育、娱乐、旅游、消遣和奇闻逸事一类的信息；有历史档案信息，也有现实世界的信息；有知识性和教育性的信息，也有消息和新闻的传媒信息；有学术、教育、产业和文化方面的信息，也有经济、金融和商业信息；等等。信息的载体涉及几乎所有媒体，如文档、表格、图形、影像、声音以及它们的合成。信息容量小到几行字符，大到一个图书馆。信息分布在世界各地的计算机上，以各种可能的形式存在，如文件、数据库、公告牌、目录文档和超文本文档等，而且这些信息还在不断的更新和变化中。可以说，这里是一个取之不尽用之不竭的大宝库。

1. Internet

Internet 又称因特网，始于 1969 年的美国 ARPANET，后来成为连接高等院校计算机的学术系统，现已经发展成为覆盖全球的开放型计算机网络系统。1994 年 4 月，我国正式接入 Internet。目前我国最大的、拥有国际线路出口的主干网络包括中国教育和科研计算机网、中国科技网、中国公用计算机互联网和中国金桥网 4 个。负责管理我国 Internet 域名注册的机构是中国互联网络信息中心（CNNIC），设立在中国科技网的网络中心。

作为世界上最大的信息资源库和最廉价的通信方式，Internet 为用户提供了许多服务，主要有信息浏览、电子邮件、文件传输、远程登录、信息检索等。

（1）信息浏览 WWW。

WWW，也叫作 Word Wide web，是我们登录 Internet 后最常用到的功能。人们连入 Internet 后，有一半以上的时间都是在与各种各样的 web 页面打交道。在 web 方式下，我们可以浏览、搜索、查询各种信息，可以发布自己的信息，可以与他人进行实时或者非实时的交流，可以游戏、娱乐、购物，等等。

（2）电子邮件 E-mail。

在 Internet 上，电子邮件或称为 E-mail 系统是使用最多的网络通信工具，E-mail 已成为备受欢迎的通信方式。你可以通过 E-mail 系统同世界上任何地方的朋友交换电子邮件。不论对方在哪个地方，只要连入 Internet，发送的信只需要几分钟的时间就可以到达对方的邮箱中。

（3）远程登录 Telnet。

远程登录是指在 Telnet 协议的支持下，使用远距离的计算机系统就像使用本地计算机系统一样。远端的计算机可以在同一间屋子里，也可以远在数千公里之外。它在接到远程登录的请求后，就试图把你所在的计算机同远端计算机连接起来。一旦连通，你的计算机就成为远端计算机的终端。你可以正式注册（Login）进入系统成为合法用户，执行操作命令，提交作业，使用系统资源。在完成操作任务后，通过注销（Logout）退出远端计算机系统。

（4）文件传输 FTP。

FTP（文件传输协议）是 Internet 上最早使用的文件传输程序。它同 Telnet 一样，使用户能登录到 Internet 的一台远程计算机，把其中的文件下载到自己的计算机系统，或者反过来，把本地计算机上的文件上传到远方的计算机系统。利用这个协议，我们可以下载免费软件，或者上传自己的主页！

2. 万维网

WWW（World Wide Web，环球信息网）亦作"Web""WWW""'W3'"，中文简称为"万维网""环球网"等，常称为 Web。万维网可以让 Web 客户端（常用浏览器）访问浏览 Web 服务器上的页面。Web 是一个由许多互相链接的超文本组成的系统，通过互联网进行访问。在这个系统中，每个有用的事物，称为"资源"；并且由一个全局"统一资源标识符"（URL）标识；这些资源通过超文本传输协议（Hypertext Transfer Protocol）传送给用户，而后者通过点击链接来获得资源。

万维网联盟（World Wide Web Consortium，W3C），又称 W3C 理事会。万维网联盟的创建者是万维网的发明者蒂姆·伯纳斯·李。

万维网是 Internet 的一部分，它基于以下 3 个机制向用户提供资源。

（1）协议：万维网通过超文本传输协议（HTTP）向用户提供多媒体信息。HTTP 协议采用请求/响应模型，详细规定了浏览器和万维网服务器之间互相通信的规则。

（2）URL 地址：万维网采用统一资源定位符（URL）来标识 Web 上的页面和资源。URL 由通信协议、与之通信的主机（服务器）、服务器上资源的路径（如文件名）部分组成。统一资源定位符（URL），是一个世界通用的负责给万维网资源定位的系统。

URL 的格式为：通信协议://IP 地址或域名/路径/文件名。

例如 http://lib.gzhu.edu.cn/w/是访问广州大学图书馆的 URL，其中的"http"是通信协议，"://"是分隔符，"lib.gzhu.edu.cn"是广州大学图书馆的 web 服务器的域名地址，"/w"是路径。

（3）超文本标记语言（HTML）：超文本标记语言用于创建网页文档，新版本 HTML5 于 2010 年推出。HTML 文档是使用 HTML 标记和元素创建的，此类文件以扩展名 htm 或 html 保存在 Web 服务器上。

超文本（Hypertext）由一个叫作网页浏览器（Web browser）的程序显示。当网页浏览器通过 Internet 请求获取某些信息时，Web 服务器对请求做出响应，并将请求的信息以 HTML 的形式发送至客户端。浏览器对服务器发来的 HTML 信息进行格式化，然后显示出来，如图 3-2-2 所示。

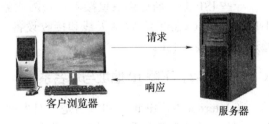

图 3-2-2 网页浏览原理

3. Internet 接入方式

Internet 服务商（简称 ISP）是专门为用户提供 Internet 服务的公司或个人，用户可以借助 ISP，通过电话线、局域网、无线等多种方式将计算机接入 Internet。

（1）利用公共电话网接入。

利用一条可以连接 ISP 的电话线、一个账号和调制解调器拨号接入。其优点是简单、成本低廉；缺点是传输速度慢，一般在 56K 左右，线路可靠性差，影响电话通信，随着宽带的发展和普及，这种接入方式已逐步被淘汰。

（2）综合业务数字网（Integrated Service Digital Network，ISDN）。

窄带 ISDN（N-ISDN）以公共电话网为基础，采用同步时分多路复用技术。它由电话综合数字网（Integrated Digital Network）演变而来，向用户提供端到端的连接，支持一切话音、数字、图像、传真等业务。虽然采用电话线路作为通信介质，但它并不影响正常的电话通信。而宽带 ISDN（B-ISDN）是以光纤干线为传输介质的，使用异步传输通信模式 ATM 技术。

（3）DDN 专线。

专线的使用是被用户独占的，费用很高，有较高的速率，有固定的 IP 地址，线路运行可靠，连接是永久的。

（4）非对称数字用户线路（Asymmetric Digital Subscriber Line，ADSL）。

ADSL 是以普通电话线路作为传输介质，在双绞线上实现上行高达 640 kbps～1 Mbps 的传输速度，下行高达 1～8 Mbps 的传输速度，其有效的传输距离在 3～5 公里范围以内。只需在线路两端加装 ADSL 设备，就可获得 ADSL 提供的宽带服务。

（5）有线电视网（Cable Modem）。

有线电视网遍布全国，许多地方提供 Cable Modem 接入互联网方式，速率可达 10 Mbps 以上。但是 Cable Modem 是共享带宽的，在繁忙时段会出现速率下降的现象。

（6）光纤接入（FDDI）。

利用光纤电缆兴建的高速城域网，主干网络速率很高，并推出宽带接入。光纤可铺设到用户的路边或楼前，可以以 100 Mbps 以上的速率接入（部分实现光纤入户）。从理论上来讲，直接接入速率可以达到 100 Mbps（接入大型企事业单位或整个地区），但接入用户可以达到 10 Mbps 左右。

（7）移动通信接入。

现在主流为第四代移动通信技术，简称 4G，系统理论上能够以 100 Mbps 的速度下载，比目前的拨号上网快 2 000 倍，上传的速度也能达到 20 Mbps，并能够满足几乎所有用户对于无线服务的要求。下一代移动通信技术也正在制定标准中，简称 5G。5G 技术预计可提供比 4G 更快的速度。

（8）卫星接入。

一些 ISP 服务商提供卫星接入互联网业务，适合偏远地区需要较高带宽的用户。需安装小口径终端（VSAT），包括天线和接收设备，下行数据的传输率一般为 1 Mbps 左右，上行通过 ISDN 接入 ISP。

【任务 2-2】了解 IP 地址与域名系统

在 Internet 中，IP 地址和域名是一对多的关系。一个域名只能对应一个 IP 地址，但是一个 IP 地址可以有多个不同的域名。也就是说通常情况下一个域名同一时刻只能对应一个 IP 地址，但是在域名服务商那里，可以把服务器群里面的多个提供相同服务的服务器 IP 设置一个域名轮询。但是同一时刻，一个域名只能解析出一个 IP 供使用。这些 IP 可以轮流被解析。这些 IP 其实对应的服务器提供的是同一种服务，就跟人有多个名字，但是这些名字都是指的同一个人（同名同姓的是例外）一样。互联网上的域名一般都和公网 IP 一样不允许重复。

1. IP 地址

IP（Internet Protocol）意思是"网络之间互连的协议"，也就是为计算机网络相互连接进行通信而设计的协议。在因特网中，它是能使连接到网上的所有计算机网络实现相互通信的一套规则，规定了计算机在因特网上进行通信时应当遵守的规则。

网址是入网计算机的一种标识号码。Internet 为每个入网用户分配了两个地址：IP 地址和域名地址。

IP 地址是给每个连接在互联网上的计算机分配一个在全世界范围唯一的 32 位的二进制数的地址，通常被分割为 4 个 "8 位二进制数"（也就是 4 个字节）。IP 地址通常用 "点分十进制" 表示，如 "100.4.5.6" 数值范围是 0～255 的十进制整数。

例如点分十进制 IP 地址（100.4.5.6），实际上是 32 位二进制数（01100100.00000100. 00000101.00000110）。

IP 地址就好比人的身份证，标准写法为以 8 位一组。IP 地址由两部分组成，一部分为网络号，另一部分为主机号。IP 地址分为 A、B、C、D、E 五类（图 3-2-3），常用的是 A 类、B 类和 C 类（表 3-2-1）。

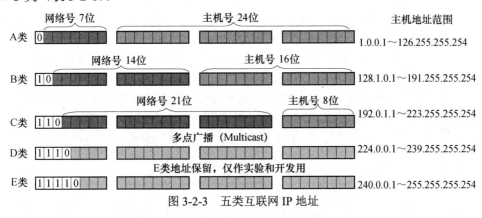

图 3-2-3 五类互联网 IP 地址

表 3-2-1 常用 A、B、C 三类 IP 地址的情况

分类	IP 地址范围	网络数	单个网络中主机数	主机总数
A	1.0.0.1～126.255.255.254	126	1 677 214	2 064 770 064
B	128.1.0.1～191.255.255.254	16 384	65 534	1 048 872 096
C	192.0.1.1～223.255.255.254	2 097 152	254	524 386 048

知识拓展

IPv4 和 IPv6

现有的互联网是在 IPv4 协议的基础上运行的。IPv6 是下一版本的互联网协议，也可以说是下一代互联网的协议，它的提出最初是因为随着互联网的迅速发展，IPv4 定义的有限地址空间已经被耗尽，而地址空间的不足必将妨碍互联网的进一步发展。为了扩大地址空间，目前已经通过 IPv6 重新定义地址空间。IPv4 采用 32 位地址长度，只有大约 43 亿个地址，全球 IPv4 地址已经在 2011 年 2 月 3 日基本分配完毕，而 IPv6 采用 128 位地址长度，几乎可以不受限制地提供地址。在 IPv6 的设计过程中除解决了地址短缺问题以外，还考虑了在 IPv4 中解决不好的其他一些问题，主要有端到端 IP 连接、服务质量（QoS）、安全性、多播、移动性、即插即用等。对于以 "万物互联" 为目标的物联网建设来说，这意味着所有想要连上网的物体都能被分配到 IP 地址。可以说，IPv6 将成为下一代人类智能生活的枢纽工程，但目前来说，IPv6 的推广比较缓慢。

2. 域名

域名（Domain Name），由于 IP 地址不方便记忆，且难以理解，Internet 推出便于记忆和沟通的一组服务器（网站、电子邮件服务器和 FTP 服务器等）的地址。域名服务系统中，域名采用分层次的命名方法。

主机域名的一般结构为：主机名.三级域名.二级域名.一级域名。

如广州大学的域名为：www.　　　gzhu.　　　edu.　　　cn
　　　　　　　主机名　　广州大学　　教育机构　　中国
　　　　　　　主机名　　三级域名　　二级域名　　一级域名

除一级域名为规定域名外，其他域名可以随意选取，一般二级域名表示机构、领域。

Internet 常用顶级域名（表 3-2-2）由 Internet 网络协会域名注册查询负责网络地址分配的委员会进行登记和管理，它还为 Internet 的每一台主机分配唯一的 IP 地址。全世界现有三个大的网络信息中心：位于美国的 Inter-NIC，负责美国及其他地区；位于荷兰的 RIPE-NIC，负责欧洲地区；位于日本的 APNIC，负责亚太地区。

域名系统（Domain Name System，DNS）是万维网上作为域名和 IP 地址相互映射的一个分布式数据库，能够使用户更方便地访问互联网，而不用去记住能够被机器直接读取的 IP 数串。通过域名，最终得到该域名对应的 IP 地址的过程叫作域名解析（或主机名解析）。

表 3-2-2　常用顶级域名

按国家或地区分				按性质分	
域名	国家或地区	域名	国家或地区	域名	含义
At	奥地利	fr	法国	com	商业机构
Au	澳大利亚	hk	中国香港	edu	教育机构
Be	比利时	in	印度	gov	政府部门
Ca	加拿大	it	意大利	int	国际机构
Ch	瑞士	jp	日本	mil	军事机构
Cn	中国	tw	中国台湾	net	网络机构
De	德国	uk	英国	org	非营利组织
Fi	芬兰	us	美国		

 任务小结

本次任务主要是通过学习认识 Internet 与万维网，了解 Internet 的主要服务；知道 Internet 接入的几种常用方式，掌握 IP 地址及域名的基本概念，掌握域名分层次的命名方法。

任务 3　体验 Internet

 任务介绍

通过体验 Internet，了解因特网的价值，共享国际互联网丰富的优质资源，享受"网上冲浪"的快乐。培养学生的观察能力及动手实践能力，认识计算机网络在人类生活中的作用；教育学生要健康上网，养成良好的上网习惯；使学生学会浏览和保存网络上有用的信息，学会搜索与下载网上的信息资源，掌握搜索技巧，熟悉收发电子邮件。

 任务分析

　　Internet 上的信息非常丰富，涉及人们生活、工作和学习等各个方面的信息，且有相当部分大型数据库是免费提供的。用户可在 Internet 中查找到最新的科学文献和资料，也可在 Internet 中获得休闲、娱乐和家庭技艺等方面的最新动态，还可从 Internet 下载到大量免费的软件。

　　由于网上的资料浩如烟海，纷繁复杂，用户不可能知道所有资料所在网站的网址，那该怎么办呢？网络还提供了一个很好的工具，专门用来搜索网上的信息，就是搜索引擎。如果能利用搜索引擎找到需要的资料，并保存下来，就能满足分析数据、得出结论的要求。

　　用户可以将在网络收集到的资料，包括文字、图像、声音等多种形式，通过电子邮件系统，以非常低廉的价格（只需负担网费）、非常快速的方式，和世界上任何一个角落的网络用户分享。

　　本任务路线如图 3-3-1 所示。

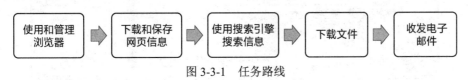

图 3-3-1　任务路线

完成本任务的相关知识点：
（1）下载并保存网页信息。
（2）使用收藏夹与历史记录。
（3）管理浏览器。
（4）使用搜索引擎进行信息搜索，并能下载文件。
（5）使用电子邮箱收发邮件。

 任务实现

【任务 3-1】Internet 信息浏览

　　当今 Internet 已经深入我们生活、工作、学习等各个方面，我们常常会使用浏览器浏览网页，因此熟练使用浏览器十分重要。我们需要学习如何保存网页、网页上的图片、文字等信息；如何使用收藏夹收藏浏览过的网页地址；如何使用历史记录找回曾经看过的页面；甚至如何管理浏览器的设置，让我们的浏览变得更加轻松。

操作步骤

1. 浏览网页

　　当计算机连接到 Internet 后，还需要一个专门在网上浏览信息的工具（浏览器），才能打开相关的网页并浏览信息。使用最广泛的浏览器是微软公司的 Microsoft Internet Explorer，简称 IE。双击桌面上的图标，即可启动 IE 浏览器。

2. 保存网页上的信息

（1）保存整个网页：在 IE 浏览器中的菜单栏，单击"文件"→"另存为"，就会弹出"保存网页"的窗口，在此窗口可选择网页保存的位置，修改网页文件的名称和选择网页文件的类型，就可以把当前看的网页保存下来，如图 3-3-2 所示。

图 3-3-2　保存网页

网页保存类型

（1）网页，全部（*.htm；*.html）：保存最完整的一种类型，也是最浪费时间的一种类型。该类型会将页面中的所有元素（包括图片、Flash 动画等）都下载到本地，即最终保存的结果是一个网页文件和一个以"网页文件名.files"为名的文件夹。

（2）Web 档案，单一文件（*.mht）：同样也是保存完整的一种类型。同第一种不同的是，它最终保存的结果是只有一个扩展名为.mht 的文件，但其中的图片等内容一样都不少。双击这种类型的文件同样会将浏览器打开。

（3）网页，仅 HTML（*.htm；*.html）：最为推荐的一种方式。它只保存网页中的文字，不保存图片，但会保留网页原有的格式。保存的结果也是一个单一网页文件，因为不保存网页中的图片等其他内容，所以保存速度较快。

（4）文本文件（*.txt）：不太推荐的一种方式。它只保存网页中的文本内容，保存结果为单一文本文件，虽然保存速度极快，但如果网页结构较复杂，那么保存的文件内容就比较混乱，要找到自己想要的内容也就难了。

（2）保存网页上的图片：按鼠标右键，在弹出菜单中选择"图片另存为"，然后在对话框中选择要保存的路径和文件名即可，如图 3-3-3 所示。

图 3-3-3　保存图片

（3）保存网页中的文字到 Word 文档或文本文档。

① 进入网页，选择需要复制的文字，右键单击，在快捷菜单中选择"复制"命令；

② 新建一个空白的 Word 文档或文本文档。

③ 如果保存到 Word 文档，则选择"开始"→"粘贴"→"选择性粘贴"命令，会出现"选择性粘贴"对话框。在对话框的选项中，选择"无格式文本"，单击"确定"，即可将网页文字的格式全部去除，转为无格式文本，如图 3-3-4 所示。如果保存到文本文档，直接粘贴即可。

图 3-3-4　保存网页文字到 Word 文档

3. 使用收藏夹与历史记录

（1）把网页添加到收藏夹。

网上的世界很精彩，如果要把一些感兴趣的网页记下来，常常用到浏览器中自带的网页收藏夹功能把网页添加到收藏夹。

图 3-3-5 "添加收藏"窗口

操作方法如下：单击 IE 浏览器"菜单栏"中的"收藏夹"/"添加到收藏夹"按钮，就会弹出图 3-3-5 所示的"添加收藏"窗口，在此窗口中可以修改网页保存的名称和位置。

（2）管理收藏夹。

随着上网时间的增长，IE"收藏夹"中存放了大量的网页地址，查看起来很不方便，所以要定期整理 IE"收藏夹"中的记录。单击 IE 浏览器"菜单栏"中的"收藏夹"/"整理收藏夹"按钮，就会弹出图 3-3-6 所示的"整理收藏夹"窗口，在此窗口可以修改收藏夹中记录的保存位置和名称，还可以删除多余的记录。

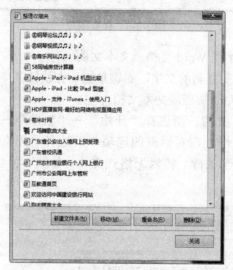

图 3-3-6 "整理收藏夹"窗口

（3）使用历史记录。

① 打开 IE 浏览器，单击菜单栏上的"查看"→"浏览器栏"→"历史记录"，弹出选择"历史记录"。

② 在键盘上按 CTRL＋SHIFT＋H 或 ALT＋C 快捷键也可打开历史记录。

③ 单击菜单栏上的"工具"，选择"删除浏览历史记录"命令，可以设置删除浏览历史记录。

4. 管理浏览器

使用 Windows 7 自带浏览器 IE8，网页访问速度很慢，经常会弹出广告等页面，需要对 IE8 要进行一些设置。

（1）在 IE8 中，单击"工具"→"Internet"选项，或单击"开始"按钮，在"开始菜单"中选择"控制面板"选项，在"控制面板"下选择"网络和 Internet"，如图 3-3-7 和图 3-3-8 所示。

（2）单击"安全"→"可信站点"→"站点"按钮，如图 3-3-9 所示。

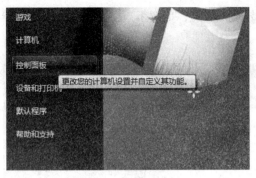

图 3-3-7　控制面板

图 3-3-8　网络和 Internet

（3）加入"可信站点"，然后单击"关闭"按钮，如图 3-3-10 所示。

图 3-3-9　"安全"选项卡

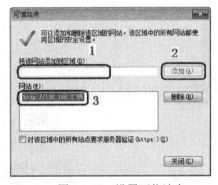

图 3-3-10　设置可信站点

（4）单击"自定义级别"按钮，对下面 ActiveX 控件禁用，然后单击"确定"，可以防止一些广告插件、病毒等。当遇到部分网页无法打开或打开不能正常显示时，需要再次启动，如图 3-3-11 所示。

图 3-3-11　禁用 ActiveX 控件

（5）管理加载项：单击"工具"→"管理加载项"，如图 3-3-12 和图 3-3-13 所示。

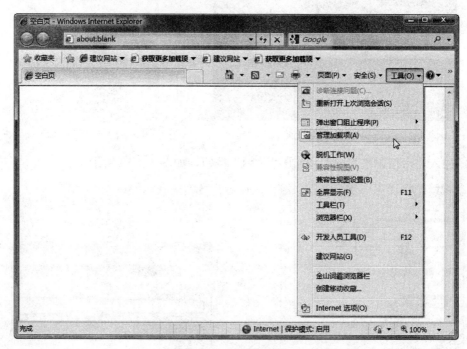

图 3-3-12　管理加载项 1

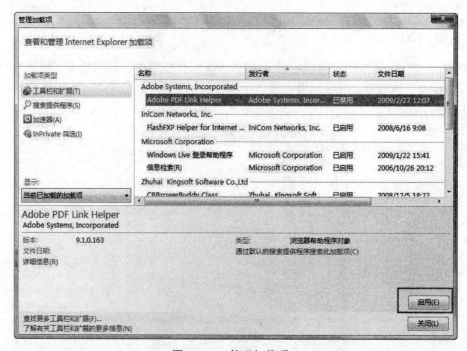

图 3-3-13　管理加载项 2

（6）禁用不必要的加载项，如禁止在网页播放 Flash，如图 3-3-14 和图 3-3-15 所示。

图 3-3-14　禁用 Flash 插件 1

图 3-3-15　禁用 Flash 插件 2

【任务 3-2】搜索与下载网上的信息资源

在 Internet 上，我们经常有一种被淹没在信息海洋的感觉，为了在网上快速搜索到信息，我们需要使用搜索引擎。搜索引擎具有庞大的数据库记录网上信息源的地址，是用户查找相关站点网址的工具，它采用自动跟踪技术定期在网上漫游，查找新的网站网址，并入自己的数据库中。

百度是中国目前最大的搜索引擎，占据市场第一位，能够解决用户的大部分问题，是 90% 以上中国网民所依赖的搜索引擎，其次是 360、搜狗、雅虎等搜索引擎。

我们在 Internet 上浏览网页时，经常会下载需要的文件，常用的下载方式是 HTTP 下载、FTP 下载、P2P 下载和 P2SP 下载。除此之外还会利用第三方软件，如迅雷下载。

操作步骤

1. 搜索引擎

（1）利用百度搜索引擎来搜索所需相关材料。在地址栏输入"http://www.baidu.com"，然后按回车键进入百度网站，如图 3-3-16 所示。

（2）例如在百度网页的搜索框输入要搜索的内容"中国最顶尖的大学排名"，然后按回车，随后会弹出如图 3-3-17 所示的网页。网页上会显示最热门的主题网站，单击相应网站链接，可以进入该网站。有关百度搜索的技巧，可参考"知识拓展"部分。

2. 从网站下载文件

为方便用户下载资源，很多 WWW 网站专门搜索最新的软件，并把它们分类，附上软件大小、运行环境、功能简介等说明，供用户快速查找下载，华军软件园 http://www.onlinedown.net 和太平洋下载 http://dl.pconline.com.cn/，是代表性的网站。

（1）HTTP 下载。

① 通过网站服务器进行资源下载，用户可以直接通过单击软件的超链接地址进行下载。例如要下载微信 PC 版，可先通过搜索引擎找到微信 PC 版下载所在的网页，如图 3-3-18 所示，单击下载链接按钮或右键单击链接，在快捷菜单中选择"目标另存为"。

② 随后会弹出图 3-3-19 所示的"另存为"对话框，单击"保存"按钮，文件将直接保存到默认位置，在此对话框中可以修改文件保存的位置和文件名。

计算机应用基础任务驱动教程——WINDOWS 7+OFFICE 2010

图 3-3-16　百度主页

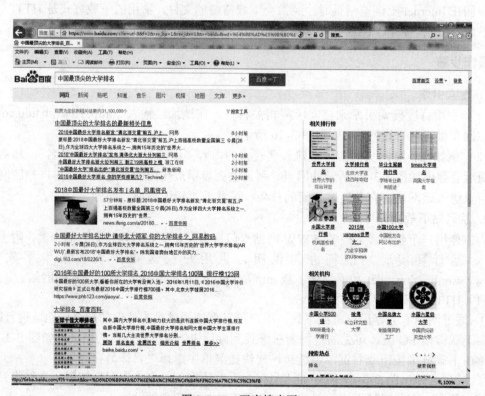

图 3-3-17　百度搜索页

图 3-3-18　微信 PC 版下载网页

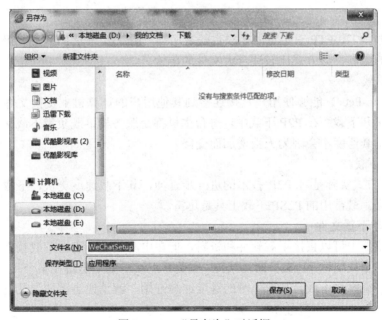

图 3-3-19　"另存为"对话框

③ 通过这种方式下载，速度比较慢，有些浏览器，如 IE 浏览器不支持"断点续传"，不能多线程下载，因此适合下载小文件。

（2）FTP 下载。

FTP 是 File Transfer Protocol（文件传输协议）的简称，中文简称为"文传协议"，用于

Internet 上的控制文件的双向传输。同时，它也是一个应用程序（Application）。基于不同的操作系统有不同的 FTP 应用程序，而所有这些应用程序都遵守同一种协议以传输文件。

在 FTP 的使用当中，用户经常遇到两个概念：下载（Download）文件和上传（Upload）文件。下载文件就是从远程主机拷贝文件至自己的计算机上，上传文件就是将文件从自己的计算机中拷贝至远程主机上。用 Internet 语言来说，用户可通过客户机程序向（从）远程主机上传（下载）文件。

使用 FTP 下载的操作方法是：

打开"计算机"窗口，在地址栏里输入服务器的地址（该地址一般由管理员设置），会弹出如图 3-3-20 所示的"登录身份"对话框。在"用户名（U）"后的文本框中输入用户账户，"密码（P）"后的文本框中输入密码，单击"登录（L）"按钮，就会看到 FTP 用户账户中的文件和文件夹，要进行下载和上传操作，选择文件复制和粘贴即可。

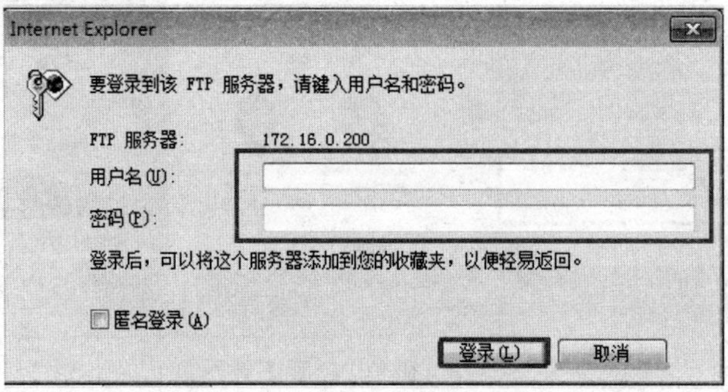

图 3-3-20　登录 FTP 服务器

随着用户的增多，FTP 对带宽的要求也随之增高，所以大部分 FTP 下载服务器有用户人数和下载速度的限制，该方式比较适合大文件的传输。

（3）P2P 下载。

P2P（Peer-to-Peer）能够使用户直接连接到其他用户的计算机上交换文件，而不是连接到服务器上浏览和下载。在 P2P 下载中，每台主机都是服务器，既负责下载又负责上传，它们互相帮忙，下载速度不会因为人数增加而变慢。

（4）P2SP 下载。

P2SP 下载方式实际是对 P2P 技术的进一步延伸，其下载速度更快，下载资源更丰富，下载稳定性更强。最常用的 P2SP 下载工具是迅雷。

3. 使用迅雷下载文件

虽然在浏览器中可以直接下载软件和资料，但在电脑里安装迅雷下载就方便多了。迅雷不但是一款专门下载软件，且支持断点续传。所谓断点续传就是迅雷在某个时刻暂停下载后，再次启动迅雷下载时，下载会从暂停时的进度继续开始，就是说迅雷能记录下载暂停前已经下载的数据。

迅雷下载文件操作步骤如下：

（1）安装迅雷软件：可在迅雷官网（http://www.xunlei.com）找到安装软件，并安装，如图 3-3-21 所示。

（2）安装好迅雷后，找到要下载的软件，如下载 QQ 音乐，通过百度搜索，进入下载页面，上面有下载按钮，如图 3-3-22 所示。

图 3-3-21　迅雷下载

（3）右击"下载"按钮，弹出快捷菜单，然后选择"使用迅雷下载"，随即弹出"新建任务"对话框，设置好文件保存的地址，单击"立即下载"按钮就可以下载了，如图 3-3-23 所示。

图 3-3-22　QQ 音乐下载页面

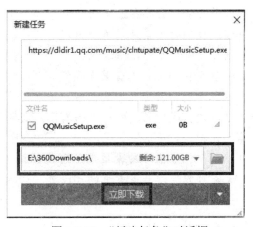

图 3-3-23　"新建任务"对话框

　知识拓展

百度搜索技巧

● 搜索技巧一：搜索完整不可拆分关键词

我们可以将关键词用双引号或者书名号括起来，这样，百度就不会将关键词拆分后去搜索了，得到的结果也是关于完整关键词的。

例如：搜索"USB 接口"和《USB 接口》，这样"USB 接口"是不会被拆分成"USB"和"接口"两个词再检索的。

● 搜索技巧二：指定搜索网站标题内容

这个功能，需要在搜索内容中添加一个关键词"intitle"，格式如下：其他关键词 intitle：标题关键词。这时候，我们的搜索结果网站标题一定会包含标题关键词。

例如搜索：解说 intitle：足球。

● 搜索技巧三：指定网址搜索

这个功能，需要在搜索内容中添加一个关键词"site"，格式如下：关键词 site：网址。这时候，我们的搜索结果限定只会是在"网址"所示网站下的内容。

例如搜索：电脑 site：www.baidu.com。

● 搜索技巧四：指定链接内容搜索

这个功能，需要在搜索内容中添加一个关键词"inurl"，格式如下：关键词 inurl：链接关键词。这时候，我们的搜索结果限定只会出现在链接中包含"链接关键词"所示网站下的内容。

例如搜索：电脑 inurl：jingyan。

● 搜索技巧五：指定文件类型搜索

这个功能，需要在搜索内容中添加一个关键词"filetype"，格式如下：关键词 filetype：文件后缀名。这时候，我们的搜索结果限定只会出现文件类型为我们所指的文件类型的内容。

例如搜索：经验 filetype：doc。

● 搜索技巧六：排除某个关键词

这个功能，需要在搜索内容中添加一个标识符"-"，格式如下：关键词-排除关键词。这时候，我们的搜索结果不会出现有排除关键词的网站。

例如搜索：足球-篮球。

● 搜索技巧七：包含某个关键词

这个功能，需要在搜索内容中添加一个标识符"+"，格式如下：关键词+附加关键词。这时候，我们的搜索结果为有附加关键词和关键词同时存在的网站。

例如搜索：足球+篮球。

以上介绍了很多搜索技巧，可能你记不下来，没关系，百度提供了"高级搜索"功能，大家可以通过百度首页的"设置"进入百度的高级搜索功能。

【任务 3-3】收发电子邮件

电子邮件是一种用电子手段提供信息交换的通信方式，是互联网应用最广的服务。通过网络的电子邮件系统，用户可以以非常低廉的价格（不管发送到哪里，都只需负担网费）、非常快速的方式（几秒钟之内可以发送到世界上任何指定的目的地），与世界上任何一个角落的网络用户联系。

电子邮件可以是文字、图像、声音等多种形式。同时，用户可以得到大量免费的新闻、专题邮件，并实现轻松的信息搜索。电子邮件的存在极大地方便了人与人之间的沟通和交流，促进了社会的发展。

操作步骤

1. 认识邮件地址

在 Internet 上，每一个电子邮件用户拥有的电子邮件地址称为 E-mail 地址，它具有如下所示的统一格式：用户名@电子邮件服务器名。

其中，邮件地址格式中的@符号，表示"at"；用户名是用户在向互联网服务提供商（Internet Service Provider，ISP）申请注册时获得的；@符号后面是存放邮件用的计算机主机域名。例如某用户在 ISP 处申请了一个电子邮件账号 Zhangsan83，该账号是建立在邮件服务器 163.com 上的，则电子邮件地址为：Zhangsan83@ 163.com。用户名区分字母大小写，主机域名不区分字母大小写。E-mail 的使用并不要求用户与注册的主机域名在同一地区。

2. 申请电子邮箱

打开 IE 浏览器，在地址栏输入 http://mail.163.com/，然后按回车，进入 163 电子邮箱注册界面，如图 3-3-24 所示。单击"注册"按钮，在打开的网页中按照提示输入合法的用户名、密码和有关验证等信息（*为必填信息），单击"立即注册"按钮。

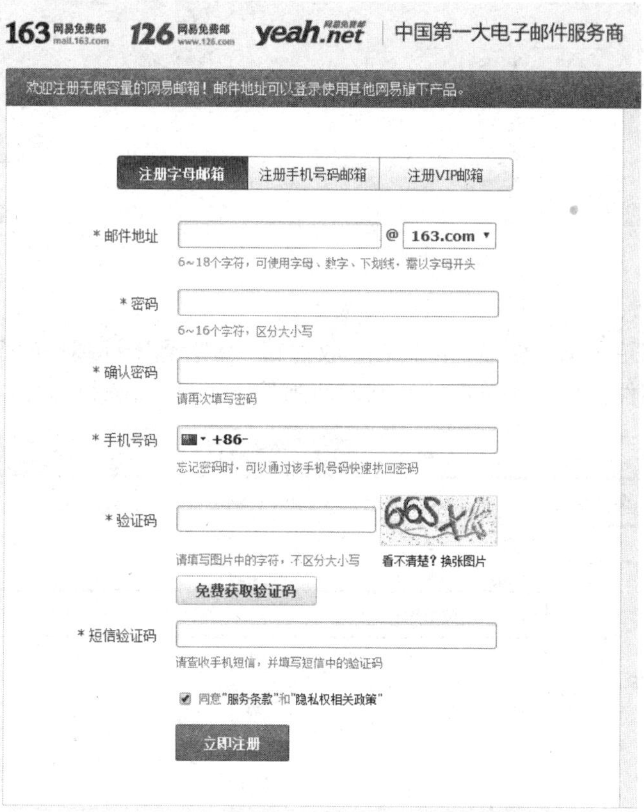

图 3-3-24 电子邮箱注册界面

3. 收发电子邮件方法

（1）通过 WEB 方式收发电子邮件。

① 登录 163 邮箱。

用户可以在 IE 浏览器地址栏输入 http://mail.163.com，在登录窗口中填写自己的用户名和密码，单击"登录"按钮，便可登录到图 3-3-25 所示界面。

图 3-3-25　登录电子邮箱界面

② 邮件的接收。

在登录电子邮箱所示界面后，可以在"收件箱"旁看到未读邮件的个数，单击"收件箱"按钮，可查看新邮件。可直接单击鼠标阅读新邮件，也可下载后阅读，如图 3-3-26 所示。

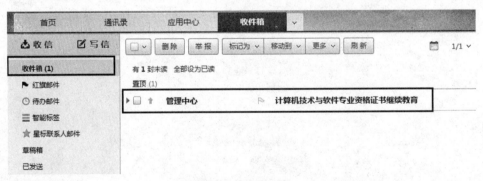

图 3-3-26　邮件列表

③ 邮件的发送。

单击登录界面左上角的"写信"按钮，在收信人栏内填入对方的邮箱地址，输入信件的主题，在正文中输入邮件内容。如果需要添加附件，如照片、文档等，单击"添加附件"按钮，在打开的对话框中选择要添加的文件即可。单击"发送"按钮，就可以将邮件发送到指定的地址，如图 3-3-27 所示。

如果要将邮件同时发送多人，可在收件人地址栏输入多个邮箱地址，每个地址间用"；"（英文分号）隔开，其余操作同上。

图 3-3-27　邮件的收送

（2）Foxmail 的设置和使用方法。

　　Foxmail 是一个中文版电子邮件客户端软件，支持全部的 Internet 电子邮件功能。电子邮件客户端软件一般都比 WebMail 系统（网页邮件系统）提供更为全面的功能。使用客户端软件收发邮件，登录时不用下载网站页面内容，速度更快；使用客户端软件收到的和曾经发送过的邮件都保存在自己的电脑中，不用上网就可以对旧邮件进行阅读和管理。正是由于自身的种种优点，电子邮件客户端软件已经成为人们工作和生活中进行交流必不可少的工具。

　　① 以 Foxmail 7.2 版本为例，下载安装 Foxmail，第一次打开需要输入邮箱地址和密码，输入后单击创建，成功后单击完成，如图 3-3-28 所示。

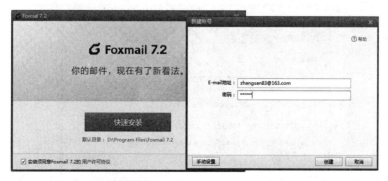

图 3-3-28　Foxmail 7.2

　　② 打开 Foxmail 客户端软件，单击"工具"菜单中的"账号管理"，如图 3-3-29 所示。

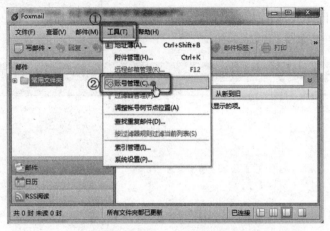

图 3-3-29　单击"账号管理"

③ 进入账号管理页面后，单击左下角的"新建..."，如图 3-3-30 所示。

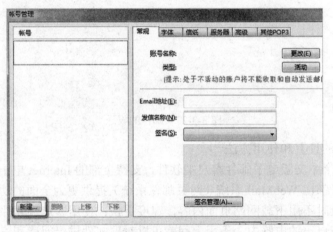

图 3-3-30　新建账号

④ 进入 Foxmail 新建账号向导后输入"电子邮件地址"，单击"下一步"，如图 3-3-31
所示。

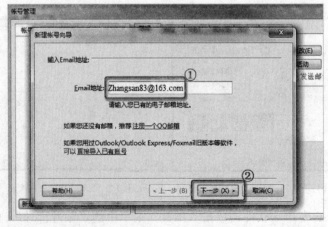

图 3-3-31　输入电子邮件地址

⑤ 在此页面选择新建邮箱的类型（接收服务器类型），输入"密码"和"账号描述"后单击"下一步"，如图 3-3-32 所示。

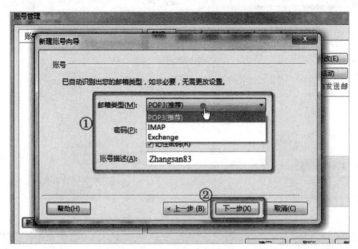

图 3-3-32 设置邮箱的类型

⑥ 系统会根据上步所选的邮箱类型自动匹配对应的接收和发送服务器地址，只需确认"服务器类型"及"端口号"无误后单击"完成"即可，如图 3-3-33 所示。

若选 POP3 类型，则接收服务器：pop.163.com，发件服务器：smtp.163.com（端口号使用默认值）。

若选择 IMAP 类型，则接收服务器：imap.163.com，发件服务器：smtp.163.com（端口号使用默认值）。

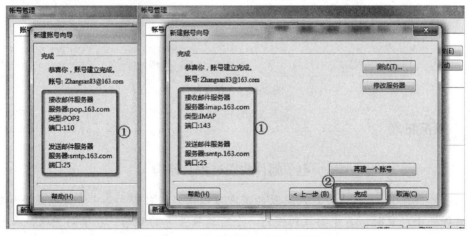

图 3-3-33 确认服务器类型及端口号

⑦ 此时可在账号管理弹窗左上角看到新建的邮箱账号，单击"确定"后即可自由收发邮件了，如图 3-3-34 所示。

⑧ 单击左上方的收取及写邮件就可以实现邮件的收发了，收发邮件方法与网页邮件系统的方法类似，如图 3-3-35 所示。

图 3-3-34　单击"确定"

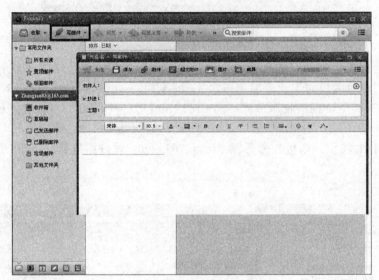

图 3-3-35　收发邮件

 知识拓展

电子邮件收发过程及原理

电子邮件在 Internet 上发送和接收的原理可以用我们日常生活中邮寄包裹来形容：当我们要寄一个包裹时，首先要找到任何一个有这项业务的邮局，在填写完收件人姓名、地址等之后包裹就被寄出，而到了收件人所在地的邮局，那么对方取包裹的时候就必须去这个邮局才能取出。同样地，当我们发送电子邮件时，这封邮件是由邮件发送服务器（例如 QQ 邮件服务器）发出，并根据收信人的地址判断对方的邮件接收服务器（例如 163 邮件服务器），而将这封信发送到该服务器上，收信人要收取邮件也只能访问这个服务器才能完成，如图 3-3-36 所示。

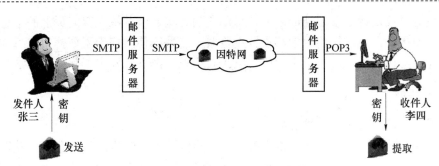

图 3-3-36　电子邮件的发送和接收

1. 邮件服务器

用户想要在网上收发邮件，必须有专门的邮件服务器。我们可以将邮件服务器假想为现实生活中的邮局。

如果按功能划分，邮件服务器可以划分为两种类型：

（1）SMTP 邮件服务器：替用户发送邮件和接收外面发送给本地用户的邮件，它相当于现实生活中邮局的邮件接收部门（可接收普通用户要投出的邮件和其他邮局投递进来的邮件）。

（2）POP3/IMAP 邮件服务器：帮助用户读取 SMTP 邮件服务器接收进来的邮件。它相当于专门为前来取包裹的用户提供服务的部门。

2. 电子邮箱

电子邮箱也称为 E-mail 地址，如用户 A 的××@qq.com，和用户 B 的××@163.com。用户能通过 E-mail 地址标识自己发送的电子邮件，同时也可以通过这个地址接收别人发来的电子邮件。电子邮箱需要到邮件服务器进行申请，也就是说，电子邮箱其实就是用户在邮件服务器上申请的账户。邮件服务器会把接收到的邮件保存到为该账户所分配的邮箱空间中，用户通过用户名、密码登录到邮件服务器查收该地址已经收到的邮件。一般来讲，邮件服务器为用户分配的邮箱空间是有限的。

3. 邮件客户端软件

我们可以直接在网站上进行邮件收发，也可以用邮件客户端软件。如常见的 FoxMail、Outlook。邮件客户端软件通常集邮件撰写、发送和收发功能于一体，主要用于帮助用户将邮件发送给 SMTP 邮件服务器和从 POP3/IMAP 邮件服务器读取用户的电子邮件。

4. 邮件传输协议

电子邮件需要在邮件客户端和邮件服务器之间，以及两个邮件服务器之间进行邮件传递，那就必须遵守一定的规则，这个规则就是邮件传输协议：

（1）SMTP 协议：全称为 Simple Mail Transfer Protocol，邮件传输协议。它定义了邮件客户端软件和 SMTP 邮件服务器之间，以及两台 SMTP 邮件服务器之间的通信规则。

（2）POP3 协议：全称为 Post Office Protocol，邮局协议。它定义了邮件客户端软件和 POP3 邮件服务器的通信规则。

（3）IMAP 协议：全称为 Internet Message Access Protocol，Internet 消息访问协议，它是对 POP3 协议的一种扩展，也是定义了邮件客户端软件和 IMAP 邮件服务器的通信规则。

任务小结

本次任务主要是通过学习 Internet 信息浏览的方法，能熟练保存网页上的信息、能熟练使用收藏夹与历史记录、能够管理和设置浏览器；能熟练使用搜索引擎搜索信息并能从网络上下载文件；能认识邮件地址，掌握申请电子邮箱以及熟练收发电子邮件的方法。

 任务拓展

任务简述：怎样注册百度网盘账号

百度网盘（原百度云）是百度推出的一项云存储服务，首次注册即有机会获得 2T 的空间，已覆盖主流 PC 和手机操作系统，包含 Web 版、Windows 版、Mac 版、Android 版、iPhone 版和 Windows Phone 版。

用户可以轻松将自己的文件上传到网盘上，并可跨终端随时随地查看和分享。2016 年，百度网盘用户总数突破 4 亿。2016 年 10 月 11 日，百度云改名为百度网盘，此后会更加专注发展个人存储、备份功能。百度网盘为我们提供很多的服务，具有速度快、安全性高、空间大等诸多特点，为我们的办公娱乐等提供了很多便捷，那么如何注册一个账号呢？

（1）通过百度搜索"百度云"或者"百度网盘"，如图 3-3-37 所示。

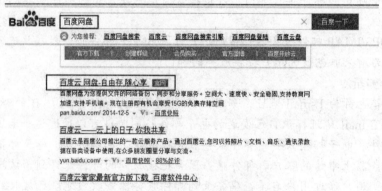

图 3-3-37　搜索"百度网盘"

（2）点击进入后可选择已有账号登录，如图 3-3-38 所示。

（3）没有百度账号的选择"立即注册百度账号"，如图 3-3-39 所示。

图 3-3-38　百度网盘登录　　　　图 3-3-39　选择"立即注册百度账号"

（4）填写手机号码，用手机注册，如图 3-3-40 所示。或者选择邮箱注册，如图 3-3-41 所示。

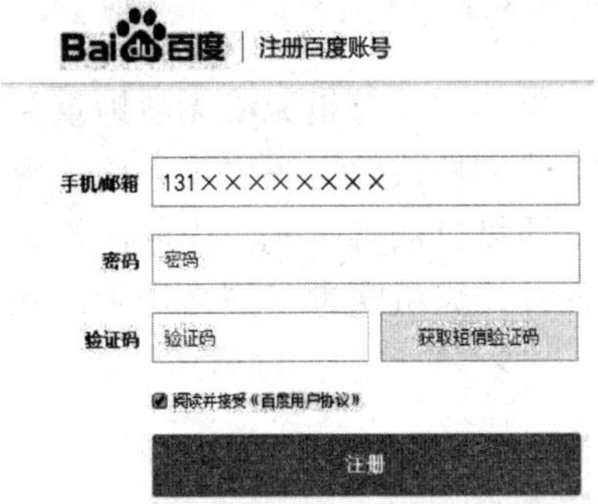

图 3-3-40　手机注册百度网盘 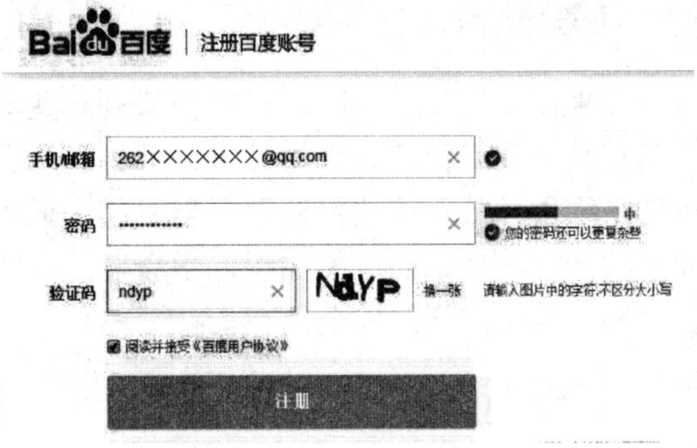　　　　　　图 3-3-41　邮箱注册百度网盘

（5）注册成功后，进入邮箱验证，验证后即可登录，如图 3-3-42 所示。

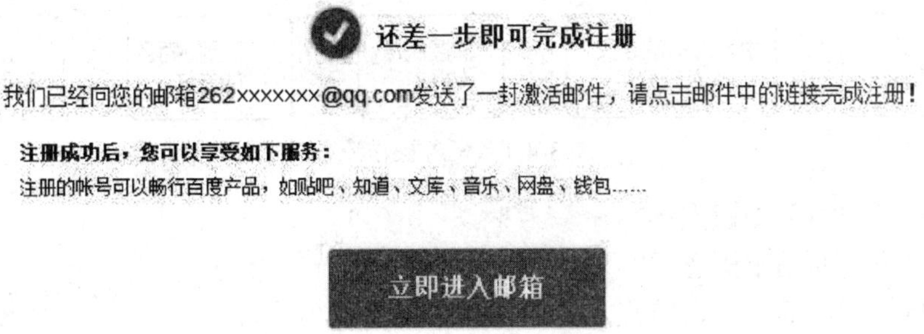

图 3-3-42　百度网盘邮箱验证

（6）进入邮箱，然后手机验证后即可登录百度网盘，如图 3-3-43 所示。

图 3-3-43　登录百度网盘

<h1 style="text-align: center;">任务 4　认识网络安全</h1>

 任务介绍

李先生在使用计算机时，有时会碰到一些莫名其妙的现象，如计算机无缘无故地重新启动，运行某个应用程序时突然死机，屏幕显示异常，硬盘中的文件或数据丢失等。这些现象有可能是因硬件故障或软件配置不当引起，但也有可能是由计算机病毒引起。因此，李先生需要了解计算机病毒的有关知识，学会发现、诊断和消灭各种计算机病毒和网络病毒，保证计算机和计算机网络的安全。

 任务分析

随着计算机的广泛使用，特别是近年来互联网络的普及，计算机病毒所带来的危害越来越大，而且其运作的机理和形式已经比早期的病毒有了明显变化，计算机用户更难发现它的存在，要做到彻底查杀它则更困难。面对计算机病毒带来的各种问题和危害，作为计算机用户很有必要对它了解更多一些，更好地做好预防保护措施，尽量降低计算机病毒所带来的危害。为了计算机和个人信息的安全，李先生将通过杀毒软件对计算机进行查杀和修复。

本任务操作流程如图 3-4-1 所示。

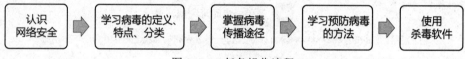

图 3-4-1　任务操作流程

完成本任务的相关知识点：

（1）网络安全的基本概念。

（2）计算机病毒的定义、特点、分类和传播途径。

（3）预防计算机病毒的方法。

（4）常用杀毒软件和木马的清理方法。

 任务实现

【任务 4-1】认识计算机病毒

计算机病毒（Computer Virus）是编制者在计算机程序中插入的破坏计算机功能或者数据的代码，能影响计算机使用、能自我复制的一组计算机指令或者程序代码。计算机病毒是一个程序，一段可执行码，具有自我繁殖、互相传染以及激活再生等生物病毒特征。计算机病毒有独特的复制能力，它们能够快速蔓延，又常常难以根除。它们能把自身附着在各种类型的文件上，当文件被复制或从一个用户传送到另一个用户时，它们就随同文件一起蔓延开来。

1. 计算机病毒的概念

计算机病毒是人为编制的一种计算机程序，能够在计算机系统中生存并通过自我复制进行传播，在一定条件下被激活发作，从而给计算机系统造成一定的破坏。

知识拓展

计算机病毒

《中华人民共和国计算机信息系统安全保护条例》中被明确定义，计算机病毒（Computer Virus）指"编制者在计算机程序中插入的破坏计算机功能或者破坏数据，影响计算机使用并且能够自我复制的一组计算机指令或者程序代码"。

2. 计算机病毒的特性

计算机病毒具有正常程序的一切特性，它隐藏在正常程序中，当用户调用正常程序时，它窃取到系统的控制权，先于正常程序执行，病毒的动作、目的对用户是未知的和未经用户允许的。它主要有如下几个特征。

（1）繁殖性。

计算机病毒可以像生物病毒一样进行繁殖，当正常程序运行时，它也运行，进行自身复制，是否具有繁殖、感染的特征是判断某段程序为计算机病毒的首要条件。

（2）破坏性。

计算机中毒后，可能会导致正常的程序无法运行，计算机内的文件被删除或受到不同程度的损坏。引导扇区及 BIOS 被破坏，硬件环境也被破坏。

（3）传染性。

计算机病毒的传染性是指计算机病毒通过修改别的程序将自身的复制品或其变体传染到其他无毒的对象上，这些对象可以是一个程序，也可以是系统中的某一个部件。

（4）潜伏性。

计算机病毒的潜伏性是指计算机病毒可以依附于其他媒体寄生的能力，侵入后的病毒潜伏到条件成熟才发作，会使电脑变慢。

（5）隐蔽性。

计算机病毒具有很强的隐蔽性，可以通过病毒软件检查出来少数，隐蔽性计算机病毒时隐时现、变化无常，这类病毒处理起来非常困难。

（6）可触发性。

编制计算机病毒的人，一般都为病毒程序设定了一些触发条件，如系统时钟的某个时间或日期、系统运行了某些程序等。一旦条件满足，计算机病毒就会"发作"，使系统遭到破坏。

3. 计算机病毒的分类

计算机病毒种类繁多而且复杂，按照不同的方式以及计算机病毒的特点及特性，可以有多种不同的分类方法。同时，根据不同的分类方法，同一种计算机病毒也可以属于不同的计算机病毒种类。

计算机病毒可以根据下面的属性进行分类。

（1）根据病毒存在的媒体划分。

网络病毒：这类病毒通过计算机网络传播感染网络中的可执行文件。

文件病毒：这类病毒感染计算机中的文件（如 COM、EXE、DOC 等）。

引导型病毒：这类病毒感染启动扇区（Boot）和硬盘的系统引导扇区（MBR）。

还有这三种情况的混合型，如多型病毒（文件和引导型）感染文件和引导扇区两种目标，

这样的病毒通常都具有复杂的算法，它们使用非常规的办法侵入系统，同时使用了加密和变形算法。

（2）根据病毒传染渠道划分。

驻留型病毒：这种病毒感染计算机后，把自身的内存驻留部分放在内存（RAM）中，这一部分程序挂接系统调用并合并到操作系统中去，它处于激活状态，一直到关机或重新启动。

非驻留型病毒：这种病毒在得到机会激活时并不感染计算机内存，一些病毒在内存中留有小部分，但是并不通过这一部分进行传染，这类病毒也被划分为非驻留型病毒。

（3）根据破坏能力划分。

无害型：这类病毒除了传染时减少磁盘的可用空间外，对系统没有其他影响。

无危险型：这类病毒仅仅是减少内存、显示图像、发出声音及出现同类影响。

危险型：这类病毒会使计算机系统操作中出现严重的错误。

非常危险型：这类病毒删除程序、破坏数据、清除系统内存区和操作系统中重要的信息。

（4）根据算法划分。

伴随型病毒：这类病毒并不改变文件本身，它们根据算法产生 EXE 文件的伴随体，具有同样的名字和不同的扩展名（COM），如 XCOPY.EXE 的伴随体是 XCOPY-COM。病毒把自身写入 COM 文件，并不改变 EXE 文件，当 DOS 加载文件时，伴随体优先被执行，再由伴随体加载执行原来的 EXE 文件。

"蠕虫"型病毒：通过计算机网络传播，不改变文件和资料信息，利用网络从一台机器的内存传播到其他机器的内存，计算机将自身的病毒通过网络发送。有时它们在系统存在，一般除了内存不占用其他资源。

寄生型病毒：除了伴随型和"蠕虫"型，其他病毒均可称为寄生型病毒，它们依附在系统的引导扇区或文件中，通过系统的功能进行传播，按其算法不同还可细分为以下几类。

① 练习型病毒，病毒自身包含错误，不能进行很好的传播，如一些病毒在调试阶段。

② 诡秘型病毒，它们一般不直接修改 DOS 中断和扇区数据，而是通过设备技术和文件缓冲区等对 DOS 内部进行修改，不易看到资源，使用比较高级的技术。利用 DOS 空闲的数据区进行工作。

③ 变型病毒（又称幽灵病毒），这一类病毒使用一个复杂的算法，使自己每传播一份都具有不同的内容和长度。它们一般由一段混有无关指令的解码算法和被变化过的病毒体组成。

4. 计算机病毒传播途径

计算机病毒的传播途径大致分为两种：

一是网络传播，包括互联网和局域网，二是移动介质传播，如 U 盘、移动硬盘等。具体如下：

（1）硬盘传播：带病毒的硬盘在本地或者移到其他地方使用、维修等被病毒传染并将其扩散。

（2）光盘传播：大多数软件都刻录在光盘上，由于普通用户购买正版软件的较少，一些非法商人就将软件放在光盘上，在复制的过程中将带病毒文件刻录在上面。

（3）U 盘传播：U 盘携带方便，为了方便计算机相互之间传递文件，用户经常使用 U 盘，这样就将一台计算机的病毒传播到另一台。

（4）网络上下载病毒文件：在计算机日益普及的今天，人们通过计算机网络相互传递文件和信件，这样使病毒传播速度加快，因为资源的共享，人们经常网上下载、免费共享软件，病毒文件难免夹带在其中。网络也是现代病毒传播的主要方式。

5. 木马病毒及清理

木马（Trojan），也称木马病毒，是指通过特定的程序（木马程序）来控制另一台计算机。木马通常有两个可执行程序：一个是控制端，另一个是被控制端。木马这个名字来源于古希腊传说（荷马史诗中《木马计的故事》，"Trojan"一词的本意是特洛伊，即代指特洛伊木马）。"木马"程序是目前比较流行的病毒文件，与一般的病毒不同，它不会自我繁殖，也并不"刻意"地去感染其他文件，它通过将自身伪装吸引用户下载执行，向施种木马者提供打开被种主机的门户，使施种者可以任意毁坏、窃取被种者的文件，甚至远程操控被种主机。木马病毒的产生严重危害着现代网络的安全运行。

对于顽固木马，很多人都比较害怕，因为这种病毒很难彻底清理，哪怕是重装系统，这种病毒依然会悄悄地再次出现，让人感觉无可奈何，其实这种顽固木马查杀并不是特别难，只要我们学会使用对应的方法即可。最理想的办法就是进入安全模式杀毒，因为安全模式下，第三方驱动无法自动运行，病毒也只能等待被杀毒软件检测出来了。在重启电脑的过程中，不断按 F8 键，进入 Windows 系统的菜单，然后选择安全模式即可。

【任务 4-2】网络安全的举措

网络安全是指网络系统的硬件、软件及其系统中的数据受到保护，不因偶然的或者恶意的原因而遭受到破坏、更改、泄露，系统连续可靠正常地运行，网络服务不中断。

1. 网络安全的举措

（1）访问控制：对用户访问网络资源的权限进行严格的认证和控制。

例如，进行用户身份认证，对口令加密、更新和鉴别，设置用户访问目录和文件的权限，控制网络设备配置的权限，等等。数据加密防护：加密是防护数据安全的重要手段。加密的作用是保障信息被人截获后不能读懂其含义。

（2）网络隔离防护：网络隔离有两种方式，一种是采用隔离卡来实现的，一种是采用网络安全隔离网闸来实现的。

（3）其他措施：其他措施包括信息过滤、容错、数据镜像、数据备份和审计等。

2. 计算机病毒的预防措施

随着网络的发展和应用，计算机病毒在网络上的传播速度越来越快，种类越来越多，破坏性越来越强，因此要采取"预防为主，防治结合"的方针，尽量降低病毒感染、传播的概率。

（1）不要随意下载来路不明的可执行文件或邮件中附带的文件。

（2）使用聊天工具时，不要轻易打开陌生人发送过来的网页链接。

（3）不要使用盗版软件和来历不明的储存设备（如 U 盘）。

（4）经常对系统和重要的数据进行备份。

（5）安装防火墙，实时监控病毒的入侵，对内部网络进行保护。

（6）安装实时监测的杀毒软件，查杀计算机病毒并定期更新软件版本。

3. 计算机病毒的清除

一旦发现计算机病毒，应立即清除。现在的杀毒软件（常见的杀毒软件有 360 杀毒软件、金山毒霸、瑞星杀毒软件和诺顿杀毒软件）都在不断地更新病毒库。因此更新病毒库后，使用相关杀毒软件对电脑进行全盘扫描即可，如图 3-4-2 和图 3-4-3 所示。

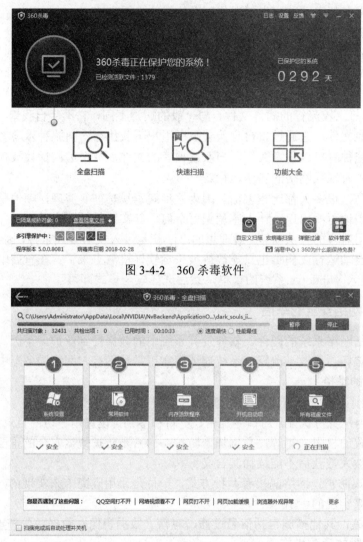

图 3-4-2　360 杀毒软件

图 3-4-3　全盘扫描

4. 防火墙

防火墙（Firewall），也称防护墙，是由 Check Point 创立者 Gil Shwed 于 1993 年发明并引入国际互联网［US5606668（A）1993—12—15］的。它是一种位于内部网络与外部网络之间的网络安全系统。一项信息安全的防护系统，依照特定的规则，允许或是限制传输的数据通过。

所谓防火墙指的是一个由软件和硬件设备组合而成、在内部网和外部网之间、专用网与公共网之间的界面上构造的保护屏障，是一种获取安全性方法的形象说法。它是一种计算机硬件和软件的结合，使 Internet 与 Intranet 之间建立起一个安全网关（Security Gateway），从而保护内部网免受非法用户的侵入，防火墙主要由服务访问规则、验证工具、包过滤和应用网关四个部分组成，防火墙就是一个位于计算机和它所连接的网络之间的软件或硬件。该计算机流入流出的所有网络通信和数据包均要经过此防火墙。

在网络中，所谓"防火墙"，是指一种将内部网和公众访问网（如 Internet）分开的方法，它实际上是一种隔离技术。防火墙是在两个网络通信时执行的一种访问控制尺度，它能允许你"同意"的人和数据进入你的网络，同时将你"不同意"的人和数据拒之门外，最大限度地阻止网络中的黑客来访问你的网络。换句话说，如果不通过防火墙，公司内部的人就无法访问 Internet，Internet 上的人也无法和公司内部的人通信。

防火墙从诞生开始，已经历了四个发展阶段：基于路由器的防火墙、用户化的防火墙工具套、建立在通用操作系统上的防火墙、具有安全操作系统的防火墙。常见的防火墙属于具有安全操作系统的防火墙，例如 NETEYE、NETSCREEN、TALENTIT 等。

从结构上来分，防火墙有两种：即代理主机结构和路由器 + 过滤器结构。防火墙如图 3-4-4 所示。

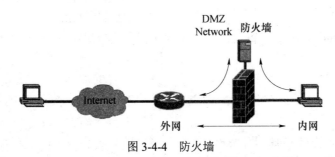

图 3-4-4　防火墙

从原理上来分，防火墙则可以分成四种类型：特殊设计的硬件防火墙、数据包过滤型、电路层网关和应用级网关。安全性能高的防火墙系统都是组合运用了多种类型的防火墙，构筑了多道防火墙"防御工事"。

 任务小结

本次任务主要是通过学习计算机网络安全知识，了解计算机病毒的有关知识，学会发现、诊断和消灭各种计算机病毒、网络病毒和木马，熟悉计算机和计算机网络安全的举措，有能力保证计算机和计算机网络的安全。

模 块 总 结

在本模块中，计算机通过通信设备及传输媒体互连，在通信软件的支持下，实现计算机间资源共享、信息交换或协同工作的系统。将计算机与互联网连接，能够组建小型局域网。

使用搜索引擎从网络众多的信息中搜索有用信息和保存的方法。掌握 IE 的基本设置，能熟练使用 IE 浏览器访问网络和浏览网页，并能保存与管理网页上有价值的信息。还能运用 IE 浏览器申请网页电子邮箱、发送普通邮件。在使用网络的过程中，要学会设置网络安全的举措，能够防范和清理网络病毒。通过多个任务的完成，我们可以总结出计算机网络与 Internet 基本应用的基本流程，如图 3-4-5 所示。

图 3-4-5　计算机网络与 Internet 基本应用的基本流程

习　题

一、单选题

1. 电子邮件是 Internet 应用最广泛的服务项目，通常采用的传输协议是_____。

　　A. IPX/SPX　　　　　B. CSMA/CD　　　　C. SMTP　　　　　D. TCP/IP

2. 下列各项中，不能作为 IP 地址的是_____。

　　A. 159.226.1.18　　　　　　　　　B. 202.96.0.1

　　C. 202.110.7.12　　　　　　　　　D. 112.256.23.8

3. 域名是 Internet 服务提供商（ISP）的计算机名，域名中的后缀.gov 表示机构所属类型为_____。

　　A. 军事机构　　　　　B. 商业公司　　　　C. 政府机构　　　　D. 教育机构

4. Internet 实现了分布在世界各地的各类网络的互联，其最基础的核心的协议是_____。

　　A. HTML　　　　　B. TCP/IP　　　　C. FTP　　　　　D. HTTP

5. 关于电子邮件，下列说法中错误的是_____。

　　A. 发件人必须有自己的 E-mail 账号

　　B. 必须知道收件人的 E-mail 地址

　　C. 发送电子邮件需要 E-mail 软件支持

　　D. 收件人必须有自己的邮政编码

6. 就计算机网络分类而言，下列说法中规范的是_____。

　　A. 网络可分为局域网、远程网、城域网。

　　B. 网络可分为数字网、模拟网、通用网。

　　C. 网络可分为光缆网、无线网、局域网。

　　D. 网络可分为公用网、专用网、远程网。

7. 电子邮件地址的一般格式为_____。

　　A. IP 地址@域名　　　　B. 用户名@域名

　　C. 域名@IP 地址　　　　D. 域名@用户名

8. 计算机网络的目标是实现_____。

　　A. 文献检索　　　　　B. 资源共享和信息传输

　　C. 数据处理　　　　　D. 信息传输

9. OSI（开放系统互联）参考模型的最低层是_____。

　　A. 网络层　　　　　B. 传输层　　　　C. 物理层　　　　　D. 应用层

10. 因特网能提供的最基本服务是_____。

　　A. Telnet，FTP，WALS　　　　　　　B. E-mail，www，FTP

　　C. Newsgroup，Telent，E-mail　　　　D. Gopher，finger，www

11. 与 Web 网站和 Web 页面密切相关的一个概念称"统一资源定位器"，它的英文缩写是_____。

　　A. UPS　　　　　B. USB　　　　C. ULR　　　　　D. URL

12. 域名是 Internet 服务提供商（ISP）的计算机名，域名中的后缀.edu 表示机构所属类型为_____。

A. 军事机构　　　　　B. 政府机构　　　　　C. 教育机构　　　　　D. 商业公司

13. 在计算机网络中，通常把提供并管理共享资源的计算机称为_____。

A. 服务器　　　　　　B. 工作站　　　　　　C. 网关　　　　　　　D. 网桥

14. 接入 Internet 的每一台主机都有一个唯一的可识别地址，称作_____。

A. URL　　　　　　　B. TCP 地址　　　　　C. IP 地址　　　　　　D. 域名

15. 以下不属于网络拓扑结构的是哪一项？_____

A. 总线型　　　　　　B. 环型　　　　　　　C. 星型　　　　　　　D. 流线型

16. 如果想看一下昨天访问过哪些网站，应在 IE 中单击哪个工具图标？_____

A. 后退　　　　　　　B. 前进　　　　　　　C. 搜索　　　　　　　D. 历史

17. 调制解调器的作用是_____。

A. 把数字信号转换为模拟信号

B. 把模拟信号转换为数字信号

C. 把模拟信号和数字信号相互转换

D. 以上三个答案都不对

18. 以下说法错误的是_____。

A. 传输介质就是信息传递的载体，用于连接网络中的计算机和通信设备

B. 计算机网络中采用的传输介质只有有线传输

C. 有线传输介质有双绞线、同轴电缆和光缆

D. 一般所讲的通信设备是指网卡、中继器、网桥、网关、路由器、交换机等网络互连设备

19. 国际标准化组织指定（ISO）的开放式系统互连参考模型（OSI）共有七层，由低层到高层依次为_____。

A. 物理层、链路层、网络层、传输层、会话层、表示层、应用层

B. 物理层、链路层、网络层、传输层、应用层、会话层、表示层

C. 物理层、网络层、传输层、链路层、表示层、会话层、应用层

D. 网络层、传输层、链路层、物理层、会话层、表示层、应用层

20. 将一座办公大楼内各个办公室中的微机进行联网，这个网络应该属于_____。

A. WAN　　　　　　　B. LAN　　　　　　　C. MAN　　　　　　　D. GAN

21. 因特网上的服务都是基于某一种协议，Web 服务是基于_____。

A. SNMP 协议　　　　B. SMTP 协议　　　　C. HTTP 协议　　　　D. TELNET 协议

22. 一般来说，计算机网络的四个基本功能是_____。

A. 数据传输，资源共享，协同处理，分布计算

B. 文件下载，远程登录，电子邮件，网络浏览

C. 程序设计，网页制作，数据处理，辅助设计

D. 拨号网络，超级终端，电缆连接，CD 播放

23. 现在的 Internet，使用_____位二进制数作为 IP 地址。

A. 8　　　　　　　　　B. 16　　　　　　　　C. 32　　　　　　　　D. 64

24. 以下 QQ 密码中，安全性最高的是_____。

A. guang123456　　　B. ab*12345678　　　C. GUANG2009dong　　D. guangdong

25. Internet Explorer 是目前流行的浏览器软件，它的主要功能之一是浏览_____。

A. 文本文件　　　　　B. 网页文件　　　　C. 图像文件　　　　D. 多媒体文件

二、操作题

1. 打开凤凰网（http://www.ifeng.com//）主页，然后将其以"凤凰网"名称，"文本文件"（*.txt）格式保存到"E:\我的下载"文件夹中。

2. 请在 163 免费邮箱网站，给自己申请一个免费电子邮箱。

3. 给计算机科代表发一封邮件，以附件的方式发送你所读中学的简介。科代表的 E-mail 地址是：1234567890@qq.com。主题为：美丽的中学。

正文内容为：科代表：你好！附件有"美丽的中学"介绍，请查收。附件为：学校介绍.txt。

4. 用百度搜索"热门旅游城市"，从搜索结果中打开任一网页，并将网页以"文本文档（*.txt 格式）"保存在"E:\我的下载"文件夹中。

5. 打开 http://www.gzhu.edu.cn/页面，找到"学校概况"→"学校简介"的链接，进入该页面认真阅读，然后将该网页有关"学校简介"的文字部分复制到新建的 Word 文档（*.docx 格式）中，文档名称为"广州大学简介"，保存在"E:\我的下载"文件夹中。

模块 4
Word 2010 文字处理

● **本模块知识目标**

- 了解 Word 2010 的视图及各选项卡的功能。
- 熟练掌握 Word 2010 文档文字格式的设置。
- 熟练掌握 Word 2010 各种对象的插入及格式的设置。
- 熟练掌握 Word 2010 表格的插入及格式的设置。
- 熟练掌握 Word 2010 样式、编号、目录等操作设置。
- 熟练掌握邮件合并功能。

● **本模块技能目标**

- 能够在 Word 2010 文档界面中快速找到相应功能按钮。
- 能够使用 Word 2010 熟练进行文字编辑排版工作。
- 能够使用 Word 2010 设计内容丰富的宣传海报。
- 能够熟练使用 Word 2010 进行长文档排版。
- 熟悉使用邮件合并功能，简化日常工作。

Word 2010 是 Microsoft 公司开发的 Office 2010 办公组件之一，主要用于文字处理工作。

Word 2010 增强后的功能，可创建专业水准的文档，你可以更加轻松地与他人协同工作并可在任何地点访问你的文件。

Word 2010 可提供各种文档格式设置工具，利用它可更轻松、高效地组织和编写文档，并使这些文档唾手可得，无论何时何地灵感迸发，都可捕获这些灵感。

任务 1　认识 Word 2010

任务介绍

小明虽然在高中已经学习过信息技术的课程，但是对于办公软件中文字处理软件 Word 2010 还不算非常熟悉，有很多功能都还不会使用，进入大学后，希望能在计算机基础课程中系统地学习相关的知识。为了能实现这一目标，让我们首先认识 Word 2010 的界面，初步了解怎样使用 Word 2010 浏览编辑文档，并且会使用 Word 2010 创建与保存文档。

任务分析

为了顺利完成本任务，需要了解 Word 2010 的工作界面，能新建、保存 Word 文档，对

Word 2010 要有整体的认识。

本任务路线如图 4-1-1 所示。

图 4-1-1　任务路线

完成本任务的相关知识点：

（1）启动 Word 2010 的方法。

（2）Word 2010 五种文档视图。

（3）Word 2010 界面各区域的名称和基本功能。

（4）文档导航。

（5）Word 2010 文档的创建和保存。

 任务实现

【任务 1-1】熟悉 Word 2010 界面

启动 Word 2010 后，首先要认识 Word 2010 界面中各区域的基本功能。

操作步骤

1. 启动 Word 2010

（1）通过单击"开始"→"所有程序"→"Microsoft Office 2010"→"Microsoft Word 2010"
来启动。

（2）如果桌面上已经创建有 Word 2010 快捷方式图标，双击图标也可以启动 Word 2010。

（3）打开已经存在的 Word 文档。

2. Word 2010 工作界面

启动 Word 2010 后，我们看到的 Word 2010 界面如图 4-1-2 所示。

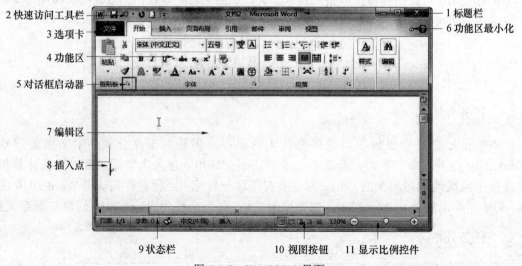

图 4-1-2　Word 2010 界面

（1）标题栏。标题栏从左到右包括：控制菜单按钮、快速访问工具栏、文档名称、"最小化"按钮、"最大化/向下还原"按钮、"关闭"按钮。

（2）快速访问工具栏。由最常用的工具按钮组成。如"保存"按钮、"打印"按钮、"撤销"按钮和"恢复"按钮等。单击快速访问工具栏中的相应按钮，可以快速实现其相应的功能，单击快速访问工具栏右侧的下拉按钮，弹出"自动以快速访问工具栏"下拉菜单，在下拉菜单中，可自行添加或删除相应的功能按钮到快速访问栏中。

（3）选项卡。选项卡主要包括"文件""开始""插入""页面布局""引用""邮件""审阅""视图""格式"等。

（4）功能区。工作时需要用到的命令位于此处，它与其他软件中的"菜单"或"工具栏"相同。功能区由多个"选项卡"组成，每个选项卡由不同的"组"组成，"组"的名称在该组的下方，"组"中存放着各种"命令按钮"，当我们把鼠标放在"命令按钮"上面时，会出现该"命令按钮"的名称和功能说明。

（5）对话框启动器。某些"组"的右下方有一个很小的"对话框启动器"的命令按钮，鼠标单击该"命令按钮"会弹出一个对话框，可以对相关内容进行更多的设置。

（6）功能区最小化。功能区右上角有一个"功能区最小化"按钮，单击它可以隐藏功能区。

（7）编辑区。编辑区可显示文档内容，用户在该区域进行编辑。

（8）插入点。插入点一般是用一条闪烁的竖线表示，在文字输入的过程中指示字符输入的位置，即输入的字符就放在插入点所在的位置。

（9）状态栏。状态栏位于主窗口底部，显示正在编辑的文档的相关信息。

在状态栏中，单击左边的"页面 1/1"可进行"查找""替换""定位"操作；单击"字数："可查看文档的字数统计；单击"插入"，这时"插入"变为"修改"，录入内容时，插入点后面的文字会被替换。

（10）视图按钮。单击视图按钮，可切换五种视图。

（11）显示比例控件。显示比例控件可调整编辑区的显示比例。

【任务 1-2】认识 Word 2010 文档视图

Word 2010 的"视图"选项卡，由文档视图组、显示组、显示比例组、窗口组、宏组等组成。

1. 文档视图组

在文档视图组中有五种视图模式，如图 4-1-3 所示。

（1）页面视图。

页面视图是 Word 2010 默认的视图模式，文档的编辑通常在该视图下，该视图可以显示页面的布

图 4-1-3　文档视图模式

局与大小，方便用户编辑页眉/页脚、页边距、分栏等对象，即产生"所见即所得"的效果。

（2）阅读版式视图。

阅读版式视图以图书的分栏样式显示 Word 2010 文档，"文件"按钮、功能区等窗口元素被隐藏起来。在阅读版式视图中，用户可以单击"工具"按钮选择各种阅读工具。

（3）Web 版式视图。

Web 版式视图以网页的形式显示 Word 2010 文档，Web 版式视图适用于发送电子邮件和创建网页。

（4）大纲视图。

大纲视图主要用于 Word 2010 文档的设置和显示标题的层级结构，并可以方便地折叠和展开各种层级的文档。大纲视图广泛用于 Word 2010 长文档的快速浏览和设置中。

（5）草稿视图。

草稿视图取消了页面边距、分栏、页眉页脚和图片等元素，仅显示标题和正文，是最节省计算机系统硬件资源的视图方式。

2. 显示组

在显示组中，主要可以用于显示标尺、网格线及导航窗格。勾选"导航窗格"选项，会在窗口左侧出现导航窗格。

Word 2010 新增的文档导航功能的导航方式有四种：标题导航、页面导航、关键字（词）导航和特定对象导航，可让你轻松查找、定位到想查阅的段落或特定的对象。

（1）文档标题导航。

打开"导航窗格"后，单击"浏览你的文档中的标题"按钮，将文档导航方式切换到"文档标题导航"，Word 2010 会对文档进行智能分析，并将文档标题在"导航窗格"中列出，只要单击标题，就会自动定位到相关段落，如图 4-1-4 所示。

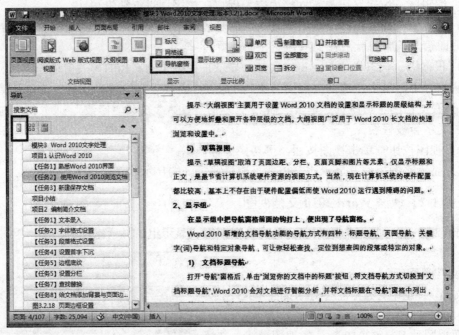

图 4-1-4　文档标题导航

要注意的是，文档标题导航有先决条件，打开的超长文档必须预先设置标题的大纲级别，没有设置大纲级别，文档导航里面是不会出现内容的。

（2）文档页面导航。

文档页面导航就是根据 Word 文档的默认分页进行导航的。单击"导航"窗格上的"浏览你的文档中的页面"按钮，将文档导航方式切换到"文档页面导航"，Word 2010 会在"导航"窗格上以缩略图形式列出文档分页，只要单击分页缩略图，就可以定位到相关页面查阅。

（3）关键字（词）导航。

单击"导航"窗格上的"浏览你当前搜索的结果"按钮，然后在文本框中输入关键字（词），"导航窗格"上就会列出包含关键字（词）的导航链接，单击这些导航链接，就可以快速定位到文档的相关位置。

（4）特定对象导航。

一篇完整的文档，往往包含有图形、表格、公式、批注等对象，Word 2010 的导航功能可以快速查找文档中的这些特定对象。单击搜索框右侧放大镜后面的"▼"，选择"查找"栏中的相关选项，就可以快速查找文档中的图形、表格、公式和批注，如图 4-1-5 所示。

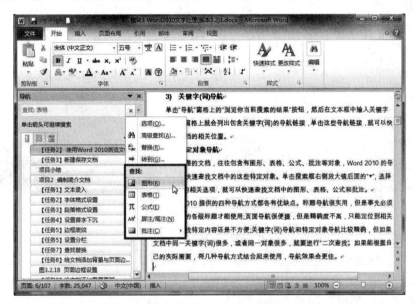

图 4-1-5　特定对象导航

在显示组中，勾选"标尺"选项，在文档的上方和左边会出现文档的标尺，我们可以利用标尺来调整文档中内容的位置，也可以使用标尺调整页眉页脚。

3. 显示比例组

在显示比例组中，控件可调整编辑区的显示比例。

4. 窗口组

单击窗口组中的"拆分"命令，可将文档拆分为上下两个窗口进行显示，垂直滑动条上方也有"拆分"按钮。

【任务 1-3】创建与保存文档

创建一个新的 Word 文档有三种方式：创建空白文档、使用"可用模板"创建文档以及使用"Office.com 模板"创建文档。

操作步骤

1. 创建文档

（1）创建空白文档。

创建空白文档有三种方法，如图 4-1-6 所示。

图 4-1-6　创建空白文档

方法 1：选择"文件"选项卡的"新建"命令。

方法 2：在"快速访问工具栏"中单击"新建"按钮。

方法 3：按 Ctrl+N 快捷键。

（2）使用"可用模板"创建文档。

选择"文件"→"新建"命令，在"可用模板"栏中选择"博客文章""书法字帖""最近打开的模板"和"样本模板"选项都可以快速创建带有样式的文档，如果选择"我的模板"选项，可以打开用户自己设计和保存的模板。例如选择"样本模板"→"基本简历"，单击"创建"按钮，一份以该模板为基础的新文档被创建并打开。

（3）使用"Office.com 模板"创建文档。

在"Office.com 模板"中可通过网络找到最新的 Word 模板。选择"文件"→"新建"，在"模板"列表的"Office.com 模板"部分单击所需模板的类别，如选择"业务"类别中的"招聘书"，单击"下载"，此时将以该模板为基础创建一份新文档。

2. 保存文档

创建新文档时，应用程序会给它分配一个临时名称，例如"文档1、文档2……"。要替换临时文件名，并安全地将文件中的内容保存在计算机硬盘上，需要保存文件。

（1）保存新文档。

方法 1：单击"文件"选项卡中的"保存"命令。

方法 2：使用 Ctrl+S 快捷键。

方法 3：单击快速访问工具栏中的"保存"按钮，一个新建的文档被保存时，会弹出"另存为"对话框，如图 4-1-7 所示，在对话框中设置保存路径和文件名称，单击"保存"命令。

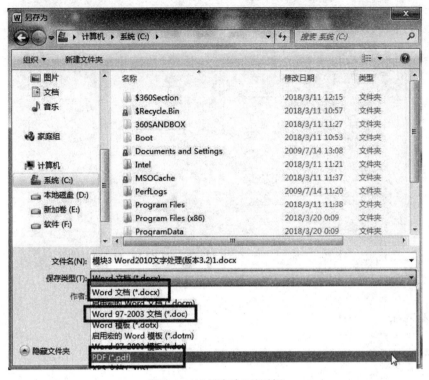

图 4-1-7　"另存为"对话框

（2）保存已存盘的文档。

如果对已经存盘的文档进行了修改，需要对其再次保存，使修改后的内容被计算机保存并覆盖原有的内容，方法同上，但不会弹出对话框。

（3）文档另外保存。

单击"文件"选项卡中的"另存为"命令或按 F12 键，在打开的"另存为"对话框中选择不同于当前文档的保存位置或者文件类型，单击"保存"按钮。

Word 2010 默认的保存格式为.docx 格式，也可以将文档保存为其他格式，如 PDF 格式、Word 97—2003 文档格式等。

任务小结

本任务主要介绍了 Word 2010 的启动、文档的创建和保存、Word 2010 的文档视图、文档导航功能等知识。通过本任务的实践，为今后熟练操作打下基础。

任务 2　编制简介文档

任务介绍

简介是每个企业单位必写的电子文档，是外界了解企业单位的一个重要途径，下面是根据软件学院实际情况编写的简介，效果如图 4-2-1 所示。

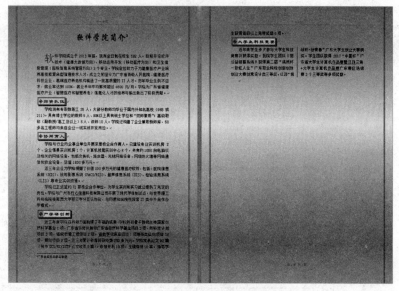

图 4-2-1　软件学院简介效果图

任务分析

为了完成本任务，需要对文本字体、段落、页面、页眉页脚等进行设置。

本任务路线如图 4-2-2 所示。

图 4-2-2　任务路线

完成本任务的相关知识点：

（1）选取文本。

（2）字体格式、段落格式、首字下沉、分栏格式。

（3）项目符号。

（4）查找和替换。

（5）文档背景、边框与底纹。

（6）添加页眉页脚。

（7）脚注尾注。

任务实现

【任务 2-1】设置字体格式

将文档标题"软件学院简介"字体设置为"华文行楷"，字号设置为"一号"，文字效果设置为"红日西斜"。

将文档第 3 段"师资队伍"、第 5 段"协同育人"、第 9 段"产学研创新"、第 11 段"产学研创新"的字体设置为"隶书、小三、字体间距加宽 1.2 磅"。

将文档第 2、4、6、7、8、10、12 格式字体设置为"宋体、小四"。

操作步骤

1. 设置标题字体

（1）选择标题"软件学院简介"。

（2）选择"开始"→"字体"组→"字体"对话框启动器，弹出"字体"对话框。

（3）在"字体"对话框中，设置字体为"华文行楷"、字号为"一号"，如图 4-2-3 所示。

图 4-2-3　"字体"对话框

（4）在"字体"对话框中，单击"文字效果"按钮，打开"设置文本效果格式"对话框。

（5）在"设置文本效果格式"对话框的"文本填充"选项卡中，设置文本填充为"渐变填充"，预设颜色设置为"红日西斜"，如图 4-2-4 所示。

图 4-2-4　设置字体效果

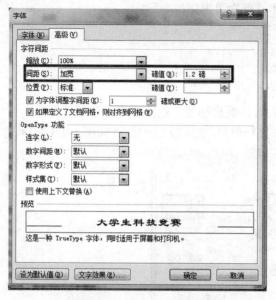

图 4-2-5　间距加宽设置

2. 设置段落标题字体

（1）按"Ctrl"选择文档第 3 段"师资队伍"、第 5 段"协同育人"、第 9 段"产学研创新"、第 11 段"产学研创新"。

（2）选择"开始"→"字体"组→"字体"对话框启动器，弹出"字体"对话框。

（3）在"字体"对话框中，设置字体为"隶书"、字号为"小三"。

（4）在"字体"对话框的"高级"选项卡中，将字体间距设置为"加宽 1.2 磅"，如图 4-2-5 所示。

3. 设置正文字体

（1）按住"Ctrl"键选中文档第 2、4、6、7、8、10、12 段。

（2）在"开始"选项卡的"字体"组中将字体设置为"宋体、小四"，如图 4-2-6 所示。

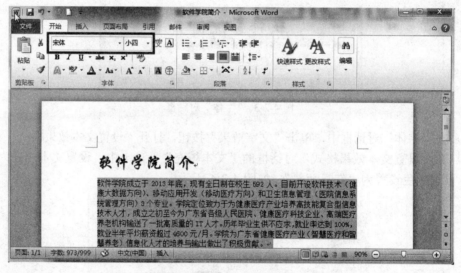

图 4-2-6　正文字体设置

▶▶ **操作技巧**

1. 选取文本

选取文本的常见方法如表 4-2-1 所示。

表 4-2-1　选择文本的常见方法

选取对象	操　　作
连续文本	从文本首端按住鼠标左键拖动至选取文本的末端
一行文本	单击该行文本左侧的选定栏

选取对象	操　作
大块区域	单击文本块的起始位置，然后按住 Shift 键单击文本块的结束位置
一个段落	双击段落左侧的选中栏或在段落中连续单击三下
整个文档	连续单击选中栏三次或按 Ctrl+A 快捷键
字或单词	双击该字或单词
多行文本	在字符左侧的选定栏中拖动
句子	按住 Ctrl 键，并单击句子中的任意位置
多个段落	如果是连续的段落，在选定栏拖动鼠标 如果是不连续的段落，按 Ctrl 键单击该段落的选定栏
矩形文本区域	先按住 Alt 键不放，再用鼠标拖动

用鼠标在文档的任意位置单击，可以取消对文本的选取操作。

2. 删除文本

① 按 Delete 键可以删除插入点右侧的内容。

② 按 Backspace 键（退格键）可以删除插入点左侧的内容。

③ 如果删除文本较多，可选择这些需要删除的文本，按 Delete 键或 Backspace 键（退格键）一次全部删除。

3. 复制和移动文本

复制和移动文本可以使用快捷菜单、选项卡按钮、鼠标或快捷键多种方法，如表 4-2-2 所示。

表 4-2-2　复制和移动文本基本操作

操作方法	复制文本	移动文本
选项卡按钮	（1）单击"开始"选项卡，在"剪贴板"组中单击"复制"按钮 （2）单击目标位置，然后单击"粘贴"按钮	将左侧步骤（1）中的"复制"按钮，改为"剪切"按钮
快捷键	（1）按 Ctrl+C 快捷键 （2）在目标位置，按 Ctrl+V 快捷键	（1）按 Ctrl+X 快捷键 （2）在目标位置，按 Ctrl+V 快捷键
鼠标	（1）按住 Ctrl 键，拖动选择的文本块 （2）到达目标位置后，先释放鼠标左键，再放开 Ctrl 键	在左侧步骤中，不按 Ctrl 键
快捷菜单	（1）右键单击需要复制的文本，在快捷菜单中选择"复制"命令 （2）右键单击目标位置，在快捷菜单中根据需要选择"保留格式"或"只保留文本"等命令	将左侧步骤（1）中的"复制"命令，改为"剪切"命令

4. 撤销与恢复

在编辑文档过程中难免出现错误操作，可以对操作予以撤销，将文档还原到执行该操作前的状态。方法是：使用快速工具栏中的按钮或快捷方式撤销或恢复一次操作，或按快捷键 Ctrl＋Z 撤销前一次操作，按 Ctrl＋Y 恢复撤销的操作。

【任务 2-2】段落格式设置

将文档标题"软件学院简介"段落对齐方式设置为居中对齐，间距设置为段后 1.5 行。将文档第 2、4、6、7、8、10、12 段段落格式设置为首行缩进 2 字符，1.2 倍行距。

操作步骤

1. 设置标题段落格式

（1）选中标题行（或将插入点置于标题行）。

（2）选择"开始"→"段落"组→"段落"对话框启动器，弹出"段落"对话框。

（3）在"段落"对话框中，设置对齐方式为"居中"、间距为段后"1.5 行"，如图 4-2-7所示。

2. 设置正文段落格式

（1）选中文档第 2、4、6、7、8、10、12 段。

（2）选择"开始"→"段落"组→"段落"对话框启动器，弹出"段落"对话框。

（3）在"段落"对话框中，设置"首行缩进 2 字符，1.2 倍行距"，如图 4-2-8 所示。

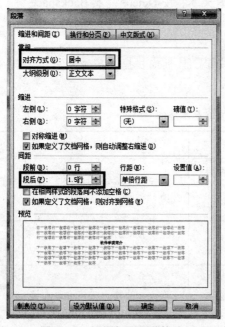
图 4-2-7　设置标题段落格式

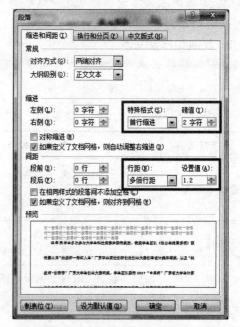
图 4-2-8　设置正文段落格式

操作技巧

（1）在 Word 中，每个段落的末尾都会有一个回车符，称为段落标记。

（2）如果只对某一段设置格式，需要将插入点置于段落中，如果是对多个段落进行设置，需要先将它们选定。

（3）Word 提供了五种水平对齐方式，包括左对齐、居中、右对齐、两端对齐和两端对齐，默认是两端对齐。

（4）除使用对话框进行设置外，还可以使用"开始"选项卡中"段落"组的快捷按钮。

【任务 2-3】设置首字下沉

设置文档第二段首字下沉两行。

操作步骤

（1）将插入点定位在文档第二段。

（2）选择"插入"→"首字下沉"→"首字下沉选项"，弹出"首字下沉"对话框。

（3）在"首字下沉"对话框中，设置"首字下沉"的"下沉行数"为"2"，如图 4-2-9 所示。

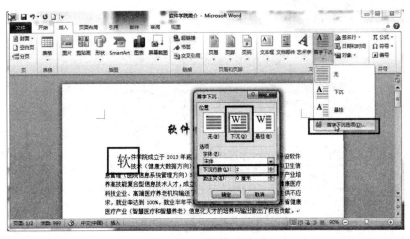

图 4-2-9　首字下沉设置

【任务 2-4】边框底纹

将文档第 3 段"师资队伍"、第 5 段"协同育人"、第 9 段"产学研创新"、第 11 段"产学研创新"加文字双实线紫色 0.5 磅阴影边框，并加文字主题颜色为"紫色，强调文字颜色 4，淡色 80%"的底纹。

操作步骤

（1）按 Ctrl 键选择文档第 3 段"师资队伍"、第 5 段"协同育人"、第 9 段"产学研创新"、第 11 段"产学研创新"。

（2）在"开始"选项卡的"段落"组中，单击"边框"下拉菜单，选择最下面的"边框和底纹"命令，如图 4-2-10 所示。

（3）在弹出的"边框和底纹"对话框中，单击"边框"选项卡，设置边框的类型为"阴影"、样式为"双实线"、颜色为"紫色"、宽度为"0.5 磅"、应用于"文字"，如图 4-2-11 所示。

（4）在"边框和底纹"对话框中，单击"底纹"选项卡，设置文字填充为"紫色，强调文字颜色4，淡色80%"，应用于"文字"，如图4-2-12所示。

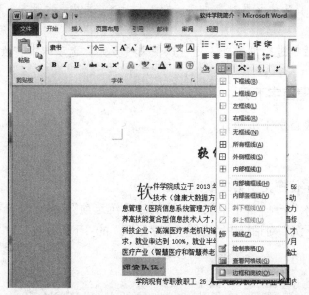

图4-2-10　选择"边框和底纹"

图4-2-11　文字边框设置

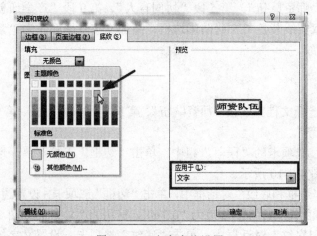

图4-2-12　文字底纹设置

【任务 2-5】插入项目符号

项目符号是放在文本（如列表中的项目）前以添加强调效果的点或其他符号。

为文档第 3 段"师资队伍"、第 5 段"协同育人"、第 9 段"产学研创新"、第 11 段"产学研创新"插入项目符号◈，符号字体 Wingdings2，字符代码 178。

操作步骤

（1）选择第 3 段"师资队伍"、第 5 段"协同育人"、第 9 段"产学研创新"、第 11 段"产学研创新"。

（2）单击"开始"→"段落"组→"项目符号"→"定义新的项目符号"，在弹出的"定义新项目符号"对话框中选择"符号"按钮，弹出"符号"对话框。

（3）在"符号"对话框中设置符号字体 Wingdings2，字符代码 178。依次单击"确定"，如图 4-2-13 所示。

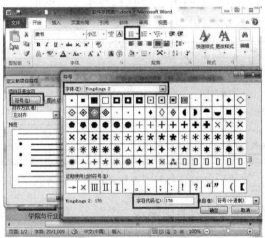

图 4-2-13　插入项目符号

【任务 2-6】设置分栏

将文档中最后 1 段分成两栏，栏间距为 2 字符，加"分隔线"。

操作步骤

（1）选中文档最后一段的内容（注意，不要选择最后的换行符）。

（2）单击"页面布局"→"分栏"→"更多分栏"，弹出"分栏"对话框。

（3）在弹出的"分栏"对话框中，栏数选择"2"，"间距"设置为"2 字符"，加"分隔线"，如图 4-2-14 所示。

【任务 2-7】查找替换

使用查找替换功能将正文中所有"学院"设置为"紫色，加粗"。

操作步骤

（1）将插入点置于文档第二段开头处。

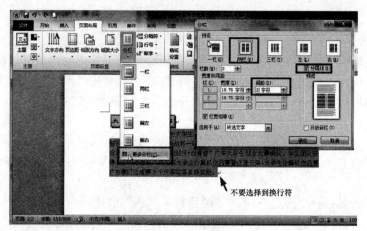

图 4-2-14　分栏设置

（2）单击"开始"→"替换"，打开"查找和替换"对话框。

（3）在"查找和替换"对话框的"替换"选项卡中选择"更多"按钮，如图 4-2-15 所示。

图 4-2-15　打开"查找和替换"对话框

（4）在"替换"选项卡的查找内容中输入"学院"，替换内容中输入"学院"，搜索选择"向下"。

（5）单击"格式"下拉列表的"字体"选项，打开"替换字体"对话框。

（6）在"替换字体"对话框中，字形选择"加粗"，字体颜色选择"紫色"，单击确定返回"查找和替换"对话框，如图 4-2-16 所示。

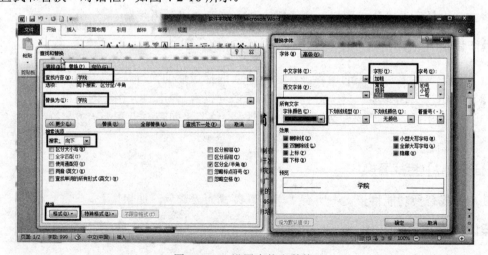

图 4-2-16　设置查找和替换

（7）在"替换"选项卡中，单击"全部替换"按钮，对正文中"学院"的格式进行替换。在弹出的对话框中选择"否"，不要替换标题的"学院"，如图 4-2-17 所示。

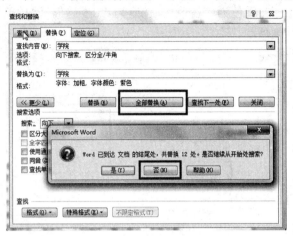

图 4-2-17　应用查找和替换

▶ **操作技巧**

当格式设置错误时，可选择"查找和替换"选项卡的"不限定格式"清除格式。

【任务 2-8】添加背景与页面边框

设置文档背景的填充效果为"雨后初晴"。文档的页面边框设置为"文档两边加三实线、蓝色、0.5 磅边框，上下无页面边框"。

☞ **操作步骤**

（1）单击"页面布局"→"页面颜色"→"填充效果"，打开"填充效果"对话框。

（2）在"填充效果"对话框的"渐变"选项卡中设置颜色为"预设""雨后初晴"，设置背景的填充效果，如图 4-2-18 所示。

图 4-2-18　背景设置

（3）单击"页面布局"→"页面边框"，打开"边框和底纹"对话框。

（4）在弹出的"边框和底纹"对话框的"页面边框"选项卡中，设置边框的类型为"自定义"、样式为"三实线"、颜色为"蓝色"、宽度为"0.5磅"。然后单击对话框右边"预览"的左右边框，如图4-2-19所示。

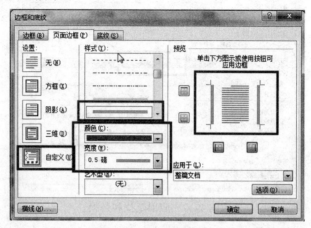

图4-2-19　页面边框设置

【任务2-9】添加页眉页脚

设置页眉为"软件学院"、页脚为"第 X 页　共 Y 页"，居中对齐。

操作步骤

（1）单击"插入"→"页眉"→"编辑页眉"。

（2）在页眉处输入"软件学院"，如图4-2-20所示。

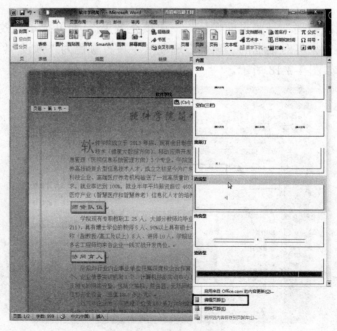

图4-2-20　添加"页眉"

（3）选择"插入"→"页脚"→"编辑页脚"，进行页脚编辑。

（4）选择"设计"→"页码"→"当前位置"→"加粗显示的数字"，插入页脚，如图 4-2-21 所示。

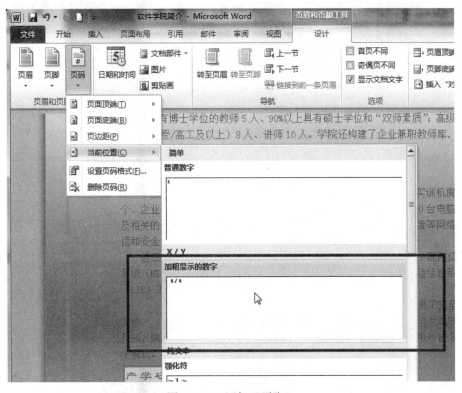

图 4-2-21　添加"页脚"

（5）删除"1/2"中间的"/"，输入文字"第 X 页　共 Y 页"。

（6）把插入点定位在页脚处，选择"开始"→"段落"组→"居中"，把页脚的段落设置为居中对齐，如图 4-2-22 所示。

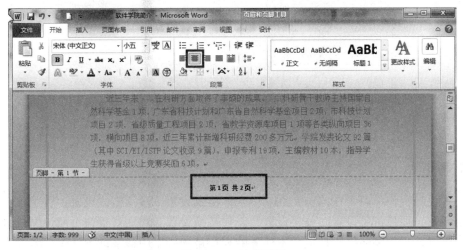

图 4-2-22　编辑页脚

【任务 2-10】添加脚注尾注

脚注和尾注是对文章添加的补充说明。例如我们看到的古文的注释、论文的引用等，脚注一般位于页面的底部，可以作为文档某处内容的注释；尾注一般位于文档的末尾，列出引文的出处等。

脚注和尾注由两个关联的部分组成，包括注释引用标记和其对应的注释文本，注释引用标记可以是数字或字符，Word 提供了插入脚注和尾注的功能，并且会自动为脚注和尾注添加编号。

在标题"软件学院简介"后插入脚注，位置：页面底端，编号格式："a，b，c，…,"起始编号：a，内容为"广东食品药品职业学院"。

操作步骤

（1）把插入点定位在标题"软件学院简介"后面。

（2）在"引用"选项卡的"脚注"组中，单击右下角的"脚注和尾注"对话框启动器，在弹出的"脚注和尾注"对话框中设置脚注位置为页面底端，编号格式为："a，b，c，…,"起始编号：a。

（3）单击对话框下面的"插入"，在页面底部脚注位置输入"广东食品药品职业学院"，如图 4-2-23 所示。

图 4-2-23　插入脚注

任务小结

通过本任务我们学习了在 Word 2010 中字体格式设置、段落格式设置、首字下沉设置、边框底纹设置、项目符号设置、分栏设置、查找替换设置、添加背景与页面边框设置、添加页眉页脚设置、添加脚注尾注设置，本任务的知识是 Word 中最基础的知识，学好本任务是利用 Word 进行文档编辑的基础，读者必须熟练掌握。

任务 3　招生宣传单设计

任务介绍

软件学院需要制作一个招生宣传单，希望设计既要美观又要让人第一眼看上去就能有深刻记忆，效果如图 4-3-1 所示。

图 4-3-1　招生宣传单效果

任务分析

完成本任务，我们首先应该有一个大概的构思，对宣传单进行简单的布局设计，然后根据构思准备图片素材、文字素材等；最后对文档进行页面设置，插入艺术字、文本框、图片、自选图形等对象，再对每个对象进行排版。

本任务路线如图 4-3-2 所示。

图 4-3-2　任务路线

完成本任务的相关知识点：

（1）插入艺术字、形状、文本框、图片等对象的方法。

（2）设置艺术字、形状、文本框、图片等各种对象格式的方法。

（3）Word 文档版面的设计与规划技巧。

任务实现

【任务 3-1】设置宣传单页面大小及背景

新建一个名称为"招生宣传单"的 Word 文档，该文档的纸张大小设置为 A3 纸，纸张方向为"横向"；页面背景填充效果为"雨后初晴"，底纹样式为"水平"。

操作步骤

（1）新建一个 Word 文档，命名为"招生宣传单"，单击"页面布局"→"纸张大小"→"A3"（29.7 厘米×42 厘米），设置纸张的大小。

（2）单击"页面布局"→"纸张方向"→"横向"，设置纸张的方向，如图 4-3-3 所示。

（3）单击"页面布局"→"页面颜色"→"填充效果"，打开"填充效果"对话框。

图 4-3-3　设置纸张方向

（4）预设颜色设置为"雨后初晴"，底纹样式为"水平"，如图 4-3-4 所示。

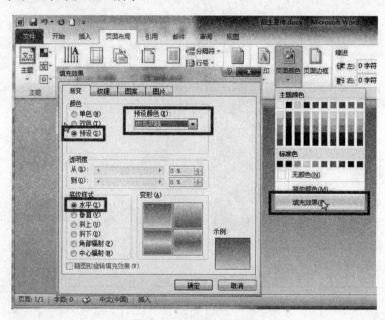

图 4-3-4　设置填充效果

【任务 3-2】插入艺术字

插入艺术字，样式为第 5 行第 1 列（填充—白色，暖色粗糙棱台），内容为"软件学院"，字体为"黑体"，字号为"48"；文字效果设置为"蓝色，5 pt 发光，强调文字颜色 1"，并将艺术字拖到左上角，如图 4-3-5 中的位置。

操作步骤

（1）单击"插入"→"艺术字"→"填充—白色，暖色粗糙棱台"，这时，文档中出现文字为"请在此放置您的文字"的艺术字。

（2）在"请在此放置您的文字"中输入文本"软件学院"，并在开始选项卡中设置字体为"黑体"，字号为"48"，如图 4-3-5 所示。

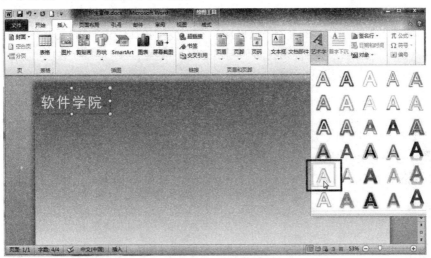

图 4-3-5 插入艺术字

（3）单击"格式"→"艺术字样式"组→"文本效果"→"发光"→"蓝色，5 pt 发光，强调文字颜色 1"，设置艺术字发光效果，如图 4-3-6 所示。

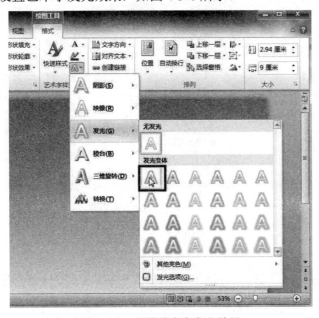

图 4-3-6 设置艺术字发光效果

（4）将艺术字拖到图 4-3-5 中的左上角位置。

【任务 3-3】插入自选图形

插入"五边形"自选图形，设置高度为 2.5 厘米、宽度为 9.5 厘米。

设置"五边形"无轮廓填充，形状填充为渐变填充，预设颜色"碧海青天"，方向为"线性向右"，"渐变光圈"只留 3 个色标，"位置"值分别设为 0%、60%、100%。

将"五边形"置于底层，并放置在艺术字"软件学院"的下方，如图 4-3-1 所示。

插入"燕尾形"自选图形，设置高度为 2.5 厘米、宽度为 2.5 厘米，无轮廓填充，形状填充为标准色蓝色。将"燕尾形"移动至"五边形"的右边，如图 4-3-1 所示。

分别复制一个"五边形"和两个"燕尾形"，三个复制的自选图形的大小设置为高度 1.6 厘米、宽度 14.5 厘米，垂直绝对位置为页面下侧 16.5 厘米处，对齐方式为对齐页面横向分布。

在自选图形上分别添加文字"软件技术（健康大数据方向）""移动应用开发（移动医疗方向）""卫生信息管理（医院信息系统管理方向）"，设置字体为"黑色、小二、加粗、白色"，段落格式为"左对齐"。

操作步骤

1. 插入"五边形"并设置颜色

（1）单击"插入"→"形状"→"箭头总汇"→"五边形"，这时光标呈现十字状，在页面中按住鼠标左键不放，拖动绘制出一个五边形，如图 4-3-7 所示。

（2）在"格式"→"大小"组中设置"五边形"大小为高度为 2.5 厘米、宽度为 9.5 厘米，如图 4-3-8 所示。

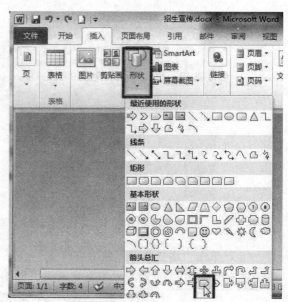

图 4-3-7　插入"五边形"

图 4-3-8　设置"五边形"的大小

（3）单击"格式"→"形状样式"组→"形状轮廓"→"无轮廓"，将自选图形的轮廓去掉。

（4）单击"格式"→"形状样式"组→"设置形状格式"对话框启动器，弹出"设置形状格式"对话框。

（5）在"设置形状格式"对话框中，选择"填充"→"渐变填充"→"预设颜色"→"碧海青天"。

（6）单击"方向"的"线性向右"。

（7）设置"渐变光圈"下的 4 个色标去掉其中一个，另外 3 个的"位置"值分别设为 0%、60%、100%，如图 4-3-9 所示。

图 4-3-9　"五边形"格式设置

（8）将"五边形"拉动至"软件学院"上方，单击"格式"→"排列"组→"下移一层"，如图 4-3-10 所示。

图 4-3-10　调整"五边形"位置

2. 插入"燕尾形"并设置颜色

（1）单击"插入"→"形状"→"箭头总汇"→"燕尾形"，这时光标呈现十字状。

（2）在页面中按住鼠标左键不放，拖动绘制出一个"燕尾形"。

（3）在"格式"选项卡的"形状样式"组中，形状填充设置为标准色蓝色，"大小"组中，设置高度为 2.5 厘米、宽度为 2.5 厘米，并把"燕尾形"移动至"五边形"右边，如图 4-3-11 所示。

图 4-3-11　插入"燕尾形"自选图形

3. 复制"自选图形"并设置格式

（1）按住 Ctrl 键，拖动"五边形"（或者右击"五边形"选择"复制"，再右击选择"粘贴"），复制一个"五边形"；根据相同的方法复制两个"燕尾形"自选图形。

（2）按住 Ctrl 键不放，同时选择刚才复制的一个"五边形"和两个"燕尾形"，在"格式"选项卡的"大小"组中，设置高度为 1.6 厘米、宽度为 14.5 厘米。

（3）在"格式"选项卡的"排列"组中的"对齐"下拉菜单中选择"对齐页面""横向分布"，如图 4-3-12 所示。

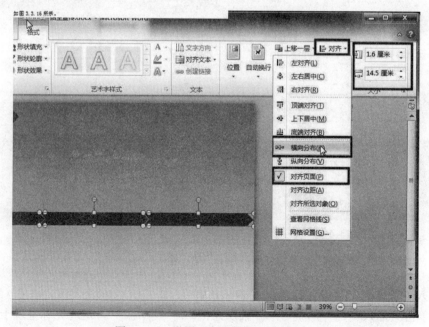

图 4-3-12　设置"自选图形"对齐方式

（4）选择"格式"→"排列"组→"位置"→"其他布局选项"，弹出"布局"对话框，在"布局"对话框的"位置"选项卡中设置垂直绝对位置为页面下侧 16.5 厘米处，如图 4-3-13 所示。

图 4-3-13　设置"自选图形"的垂直位置

（5）分别右击三个"自选图形"，在弹出的快捷菜单中选择"添加文字"命令，分别录入"软件技术（健康大数据方向）""移动应用开发（移动医疗方向）""卫生信息管理（医院信息系统管理方向）"。

（6）同时选择三个"自选图形"，设置字体为"黑体、小二、加粗、白色"，段落格式为"左对齐"，如图 4-3-14 所示。

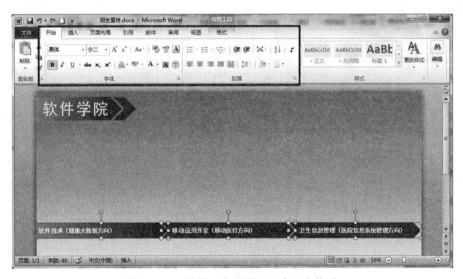

图 4-3-14　设置"自选图形"中文本格式

【任务 3-4】设置文本框

在文档页面的（0，0）厘米处绘制一个文本框，该文本框填充颜色为"白色，透明度为50%"，无轮廓，大小为高 11.6 厘米、宽 21 厘米。

将第一个文本框复制三个，三个文本框的大小为高 11.3 厘米、宽 13.6 厘米，三个文本框的垂直绝对位置为页面下侧 18.2 厘米，对齐方式为"对齐页面横向分布"。

将第一个文本框内部边距上设置为 3.3 厘米，插入"2017 年软件学院招生宣传.txt"文本，并设置字体格式为"宋体、四号"，段落格式为"首行缩进 2 字符、25 磅固定值行距"，艺术字样式为"渐变填充—橙色，强调文字颜色 6，内部阴影"（第 4 行第 2 列）。

操作步骤

1. 插入第一个文本框

（1）单击"插入"→"文本框"→"绘制文本框"，这时鼠标呈现十字状，在文档中绘制出一个文本框。

（2）选择文本框，单击"格式"→"形状轮廓"→"无轮廓"，设置文本框无轮廓。

（3）选择文本框，单击"格式"→"形状样式"组→"设置形状格式"对话框启动器，弹出"设置形状格式"对话框。

（4）在"设置形状格式"对话框的"填充"选项卡中，设置填充为"纯色填充，白色，背景 1"，透明度为 50%"。

（5）在"格式"选项卡的"大小"组中，设置高度"11.6 厘米"、宽度"21 厘米"，如图 4-3-15 所示。

（6）将文本框放置在文档页面的（0，0）厘米处，并置于底层。

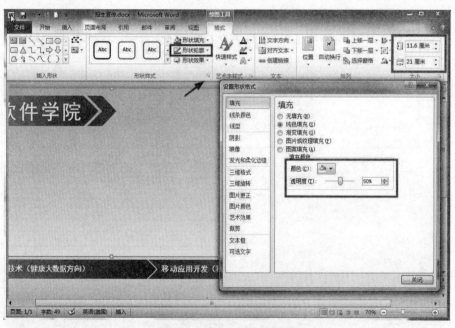

图 4-3-15　文本框格式设置

2. 复制并设置文本框

（1）按 Ctrl 键拖动文本框，复制该文本框。

（2）根据前面学习的方法，设置文本框的大小为高 11.3 厘米、宽 13.6 厘米。

（3）单击"格式"→"位置"→"其他布局选项"（图 4-3-16），在"布局"对话框的"位置"选项卡中设置文本框的垂直绝对位置为页面下侧 18.2 厘米。

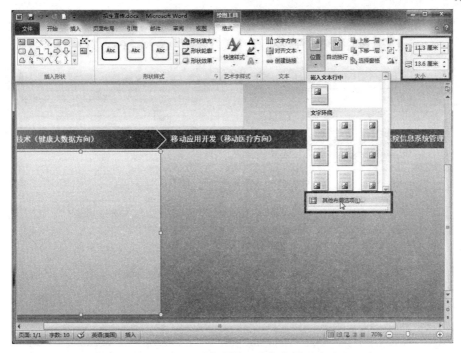

图 4-3-16　设置复制的文本框位置、大小

（4）按住 Shift+Ctrl 键向右拖动平行复制出两个新的文本框，同时选择三个文本框，在"格式"选项卡的"排列"组中的"对齐"下拉菜单中选择"对齐页面""横向分布"，如图 4-3-17 所示。

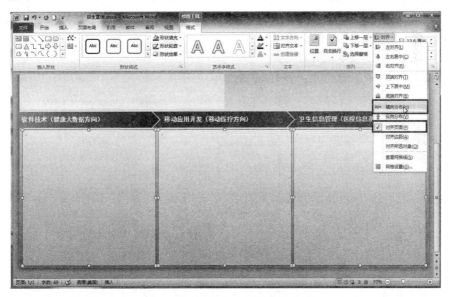

图 4-3-17　设置文本框的对齐方式

3. 向文本框插入文本

（1）选择第一个文本框，单击"格式"→"形状样式"组→"设置形状样式"对话框启动器，弹出"设置形状样式"对话框，在对话框的文本框选项卡中，设置文本框内部边距上

3.3 厘米，如图 4-3-18 所示。

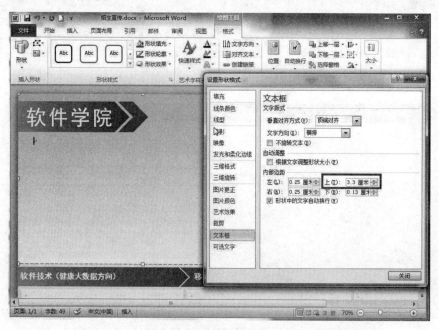

图 4-3-18　设置文本框内部边框

（2）把插入点定位在第一个文本框，单击"插入"→"文本"组→"对象"→"文件中的文字"，弹出"插入文件"对话框。

（3）在"插入文件"对话框中，找到"任务三"素材位置，并选择右下角的"所有文件"。

（4）选择"2017 年软件学院招生宣传.txt"，单击插入按钮，将文本插入文本框中，如图 4-3-19 所示。

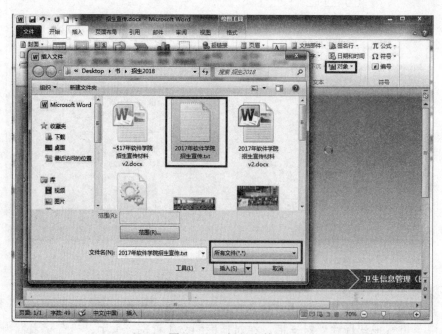

图 4-3-19　插入文件

（5）选择第一个文本框，设置字体格式为"宋体、四号"，段落格式为"首行缩进 2 字符、行距为固定值 25 磅"。

（6）选择第一个文本框，单击"格式"→"艺术字样式"→"其他"→"渐变填充—橙色，强调文字颜色 6，内部阴影（第 4 行第 2 列）"。

（7）单击"格式"→"艺术字样式"组→"设置文本效果"对话框启动器，弹出"设置文本效果"对话框，在对话框的"文本填充"选项卡中设置"渐变填充"的"渐变光圈"的第一个和第二个光圈的颜色为黑色，如图 4-3-20 所示。

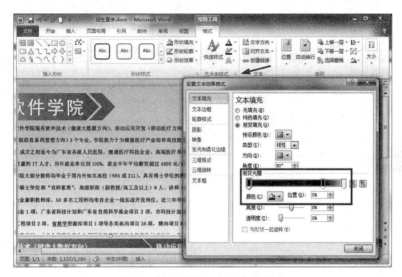

图 4-3-20　设置文字艺术字样式

4. 上方文本框与下方文本框创建链接

（1）单击选择上方文本框。

（2）单击"格式"→"文本"组→"创建连接"，这时鼠标指针呈水壶状。

（3）单击下方第一个文本框，这时下方第一个文本框出现上方文本框隐藏的文本。

（4）依照以上方法，将下方第一个文本框与下方第二个文本框创建链接，将下方第二个文本框与下方第三个文本框创建链接，如图 4-3-21 所示。

【任务 3-5】插入图片

插入"软件 1"图片，设置文字环绕方式为"四周型环绕"，裁剪成圆角矩形，柔性边缘 14 磅；缩放 59%，并拖至页面右上角，如图 4-3-1 所示位置。

分别插入"软件 2、软件 3、软件 4、软件 5、软件 6"图片，环绕方式为"浮于文字上方"，图片裁剪成椭圆形，边框为 4 磅白色实线，大小为高 6 厘米、宽 6 厘米；将图片放置在文档中间，如图 4-3-1 所示，并调整各个图片的层次。

操作步骤

1. 插入"软件 1"图片

（1）单击"插入"→"图片"，弹出"插入图片"对话框。

（2）在"插入图片"对话框中，找到"任务 3"素材中的"软件 1"图片，单击"插入"

按钮，将图片插入文档中。

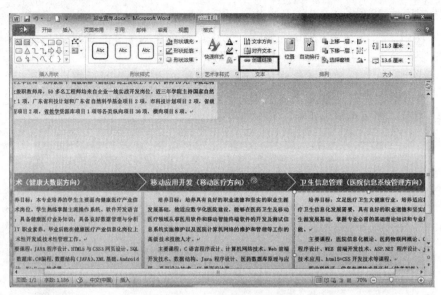

图 4-3-21　文本框创建链接

（3）选中图片，单击"格式"→"自动换行"→"四周型环绕"，设置图片的环绕方式为"四周型环绕"。

（4）单击"格式"→"大小"组→"高级设置：大小"对话框启动器，弹出"布局"对话框。

（5）在"布局"对话框的"大小"选项卡中，缩放高度和宽度设置为59%，并将图片拉动至右上角，如图4-3-22所示。

图 4-3-22　"软件1"图片大小设置

（6）单击"格式"→"裁剪"→"裁剪为形状"→"矩形"→"圆角矩形"，将图片设置为圆角矩形。

（7）单击"格式"→"图片样式"组→"设置形状格式"对话框启动器，弹出"设置图片格式"对话框，在对话框的"发光和柔化边缘"选项卡中，设置柔性边缘大小为 14 磅，如图 4-3-23 所示。

图 4-3-23　"软件 1"图片边框设置

2. 插入"软件 2、软件 3、软件 4、软件 5、软件 6"图片

（1）单击"插入"→"图片"，插入"软件 2"图片。

（2）单击"格式"→"自动换行"→"浮于文字上方"，设置片的环绕方式为"浮于文字上方"。

（3）单击"格式"→"裁剪"→"裁剪为形状"→"椭圆"，将图片设置为椭圆形。

（4）单击"格式"→"图片边框"，颜色选择"白色"，单击"粗细"→"其他线条"，在弹出的对话框中设置线型的宽度为"4 磅"。

（5）单击"格式"→"大小"组→"高级版式：大小"对话框启动器，弹出"布局"对话框。

（6）在"布局"对话框的"大小"选项卡中取消锁定横向比。

（7）设置图片高度为 6 厘米、宽度为 6 厘米，如图 4-3-24 所示。

（8）使用同样的方法插入"软件 3、软件 4、软件 5、软件 6"图片，并注意调整图片的位置和层次，如图 4-3-25 所示。

 任务小结

通过本任务我们学习了在 Word 2010 中插入艺术字、自选图形、文本框、图片的设置。通过本次任务的学习，读者可以学习如何使用 Word 进行图文混排。在实际工作中，利用 Word 无论是制作宣传海报、企业杂志、宣传单、菜单，还是编写论文、编写产品说明书、编写公司简介等几乎都用到图文混排知识来加强文档的表现力和条理性。

图 4-3-24　"软件 2"图片格式设置

图 4-3-25　调整图片的位置和层次

任务4　制作报价单

任务介绍

本任务为客户制作一份报价单，通过报价单提供客户产品的数量、价格、金额、技术参数等信息，使用户对产品的报价有一定的了解。任务效果图如图 4-4-1 所示。

<h2 style="text-align:center">XX 公司报价单</h2>

一、产品、价格、交货期

产品名称	型号及规格	数量（单位：台）	单价（元）	金额（元）	备注
产品 1	A	100	850	85000	
产品 2	B	80	586	46880	
产品 3	C	50	454	22700	
产品 4	D	46	578	26588	
合计		276		181168	

合计大写金额			报价有效期：10 天

二、技术条件

型号及价格 项目		

三、服务要求

一、
二、
三、

四、通信联络

需方联系人：	供方联系人：
需方联系电话：	供方联系电话：
需方地址：	供方地址：
需方邮编：	供方邮编：

图 4-4-1 任务效果图

任务分析

完成本任务，需要对公司的产品及客户的需求有一定的了解，在这份报价单中，多采用表格的形式，以利于展示数据，进行数据统计。

制作表格的基本思路是：首先利用 Word 的自动插入表格制作一个标准的表格，再根据需要增加、删除行或列，合并或拆分单元格甚至拆分表格，以确定表格的基本结构，输入表格中的内容，然后才考虑设置表格的属性，包括行高和列宽，表格中的文字格式、单元格对齐方式、边框和底纹等。

本任务路线如图 4-4-2 所示。

图 4-4-2 任务路线

完成本任务的相关知识点：

（1）创建表格。

（2）表格属性设置。

（3）表格计算。

（4）表格与文本的相互转换。

任务实现

【任务 4-1】建立表格

创建一个名称为“报价单”的 Word 文档，在文档中插入一个 10 行 6 列的表格。

操作步骤

（1）创建一个名称为“报价单”的 Word 文档。

（2）单击“插入”→“表格”→“插入表格”，打开“插入表格”对话框。

（3）在“插入表格”对话框中设置列数为 6，行数为 10，单击“确定”按钮，即可插入一个 10 行 6 列的表格，如图 4-4-3 所示。

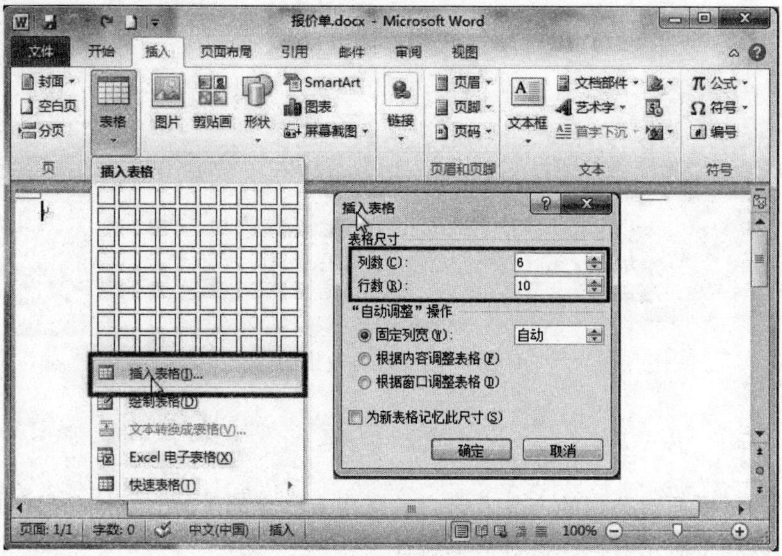

图 4-4-3 插入表格

【任务 4-2】设置表格格式

设置表格第 1、2、6 列的宽度为 3 厘米，第 3 列到第 5 列的宽度为 2 厘米，表格的行高为 1 厘米。

在表格中合并相应的单元格，并设置表格第 8 行、第 10 行的单元格大小为“分布列”。

在表格最后一行下面插入 3 行。

在表格上方插入一个段落，并将表格拆分成四个表格。

操作步骤

1. 设置表格的大小

（1）把鼠标移动至表格第 1 列的上方，当光标呈现向下的黑色箭头时，单击选中第 1 列，连续拖动选择前两列，再按住 Ctrl 键不放，把鼠标放至第 6 列的上方，单击选中第 6 列，这样就可以同时选中第 1、2 列和第 6 列。

（2）单击"布局"→"单元格大小"组→"表格属性"对话框启动器，打开"表格属性"对话框。

（3）在"表格属性"对话框中，选择"列"选项卡，设置列宽为指定宽度 3 厘米，如图 4-4-4 所示。

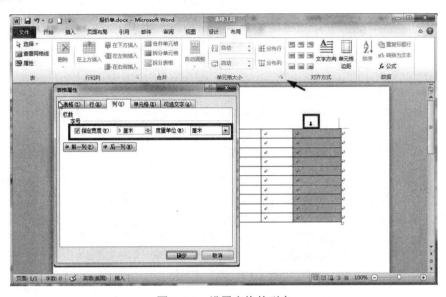

图 4-4-4　设置表格的列宽

（4）把鼠标定位在表格第 3 列上面，当光标呈现向下的黑色箭头时，按住鼠标左键不放拖动至第 5 列，选中第 3 到第 5 列。

（5）在"布局"选项卡的"单元格大小"组中的"宽度"输入"2 厘米"、"高度"输入"1 厘米"，如图 4-4-5 所示。

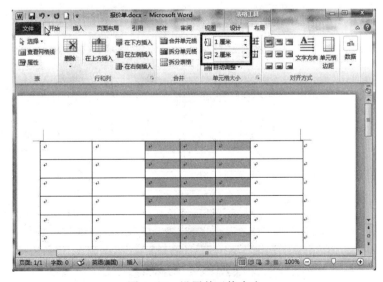

图 4-4-5　设置单元格大小

2. 合并单元格

（1）选择表格的第 6 列中的第 2 到第 6 行单元格。

（2）选择"布局"→"合并"组→"合并单元格"或单击右键，在快捷菜单中选择"合并单元格"命令，将选中的单元格合并。

（3）按照相同的方法合并相关单元格，如图 4-4-6 所示。

图 4-4-6　合并单元格

（4）选择表格第 8 行，在"布局"选项卡的"单元格大小"组中，单击"分布列"，使该行的单元格宽度相同。

（5）选择表格第 10 行，在"布局"选项卡的"单元格大小"组中，单击"分布列"，如图 4-4-7 所示。

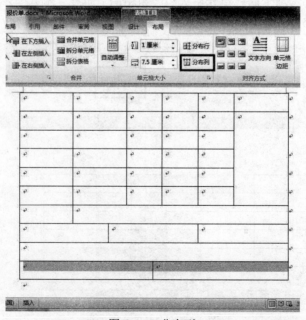

图 4-4-7　分布列

3. 插入行

（1）把插入点定位在表格的最后一行。

（2）在"布局"选项卡的"行和列"组中，单击 3 次"在下方插入"按钮。

（3）按照同样的方法在第 8 行下面插入 4 行，如图 4-4-8 所示。

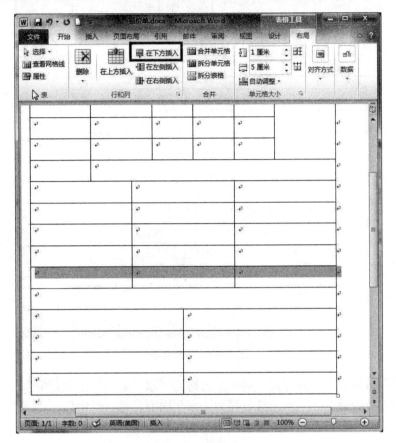

图 4-4-8　插入行

4. 拆分表格

（1）把插入点定位在表格第 1 行的第 1 个单元格，按下"Enter"键，在表格的前面插入一个段落。

（2）分别把插入点定位在表格第 8、13、14 行。

（3）单击"布局"→"合并"组→"拆分表格"，将表格拆分为四个表格，如图 4-4-9 所示。

【任务 4-3】设置表格内容格式

按照图 4-4-10 所示向表格输入内容，标题"××公司报价单"的格式设置为"黑体、二号、蓝色、居中对齐、段后 1 行"。

除标题外文本所有内容设置为"宋体、小四、蓝色"。

第 1、第 2 个表格的表头、第 4 个表格的所有内容以及文本"一、产品、价格、交货期，二、技术条件，三、服务要求，四、通信联络"均设置为"加粗"。

图 4-4-9　拆分表格

设置 4 个表格内容的对齐方式，第 1 个表格为"水平居中，垂直居中"。

将第 1 个表格的最后一个单元格设置为"水平向右，垂直居中"。

将第 2 和第 4 个表格设置为"水平向左，垂直居中"。

操作步骤

1. 向表格输入内容并设置格式

向表格输入图 4-4-10 所示内容，并设置格式。

2. 设置表格对齐方式

（1）选择第 1 个表格。

● 在"布局"选项卡的"对齐方式"组中，单击"水平居中"或单击右键，在快捷菜单中选择"单元格对齐方式→"水平居中"。

● 把光标定位在第一个表格的最后一个单元格中。

● 在"布局"选项卡的"对齐方式"组中，单击"中部右对齐"或单击右键，在快捷菜单中选择"单元格对齐方式→"中部右对齐"。

（2）选择第 2 个表格。

在"布局"选项卡的"对齐方式"组中，单击"中部两端对齐"按钮。

（3）选择第 4 个表格。

在"布局"选项卡的"对齐方式"组中，单击"中部两端对齐"按钮，如图 4-4-11 所示。

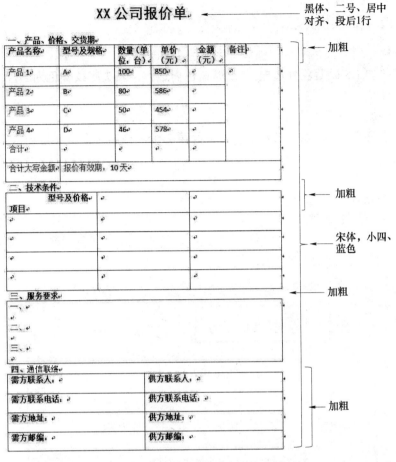

图 4-4-10　表格内容与格式

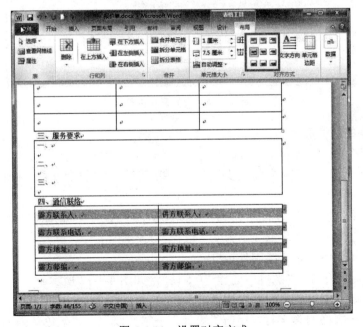

图 4-4-11　设置对齐方式

【任务 4-4】设计表格外观

第 1 个表格套用"浅色网格—强调文字颜色 1"样式。

第 2 个表格加 1.5 磅蓝色外边框，0.5 磅蓝色内边框，表头底纹颜色为"蓝色，强调文字颜色 1，淡色 80%"。

第 3 个表格加 1 磅蓝色边框。

第 1 个表格第 6 行的第 2、第 4 个单元格及第 2 个表格第 1 个单元格插入斜下框线。

操作步骤

1. 表格套用格式

（1）选择整个第 1 个表格。

（2）在"设计"选项卡的"表格样式"组中，单击选择"浅色网格—强调文字颜色 1"样式，套用表格的样式，如图 4-4-12 所示。

图 4-4-12　设置表格的样式

2. 设置表格的边框底纹

（1）选择整个第 2 个表格。

● 单击"设计"→"绘图边框"组→"边框和底纹"对话框启动器，打开"边框和底纹"对话框。

● 在"边框和底纹"对话框的"边框"选项卡中，"设置"选择"自定义"，"样式"选择"直线"，"颜色"选择"蓝色"，"宽度"选择"1.5 磅"。

● 在预览的图示中，单击绘制外边框。

● "边框"选项卡中，"宽度"选择"0.5 磅"，如图 4-4-12 所示。

● 在预览的图示中，单击绘制内边框。

● 选中第 2 个表格的第 1 行，单击"设计"→"底纹"→"蓝色，强调文字颜色 1，淡色 80%"，如图 4-4-13 所示。

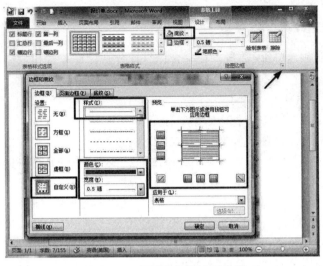

图 4-4-13　设置表格的边框底纹

（2）选择第 3 个表格。

● 单击"设计"→"绘图边框"组→"边框和底纹"对话框驱动器，打开"边框和底纹"对话框。

● 在"边框和底纹"对话框的"边框"选项卡中，"设置"选择"全部"，"样式"选择"直线"，"颜色"选择"蓝色"，"宽度"选择"1 磅"。

3. 插入斜下框线

（1）把鼠标放在第 1 个表格第 6 行的第 2 个单元格处。

（2）选择"设计"→"边框"→"斜下框线"，插入斜下框线。

（3）同样的方法分别在第 1 个表格第 6 行的第 4 个单元格及第 2 个表格第 1 个单元格插入斜下框线，如图 4-4-14 所示。

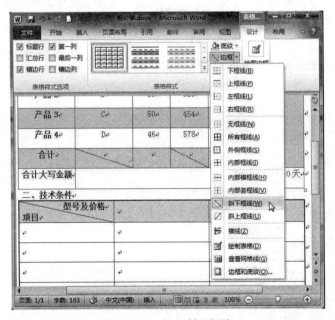

图 4-4-14　插入斜下框线

【任务 4-5】表格计算

用公式计算：金额＝单价×数量，在"合计"行分别计算数量和金额之和。

操作步骤

（1）把插入点定位在第 1 个表格的第 2 行第 5 个单元格中。

（2）选择"布局"→"公式"，打开公式对话框。

（3）在"公式"对话框的"公式"中输入"＝C2*D2"或"＝PRODUCT（left）"或"＝PRODUCT（C2:D2）"，计算金额。

（4）用同样的方法，计算产品 2 的金额使用公式"＝C3*D3"进行，计算产品 3 的金额使用公式"＝C4*D4"进行，计算产品 4 的金额使用公式"＝C5*D5"进行。

（5）数量合计使用公式"＝SUM（ABOVE）"或"＝SUM（C2:C5）"进行求和计算。

（6）金额合计使用公式"＝SUM（ABOVE）"或"＝SUM（E2:E5）"进行求和计算，如图 4-4-15 所示。

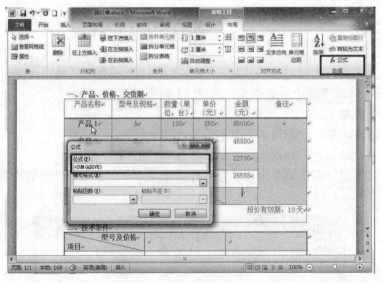

图 4-4-15　设置表格公式

知识点

表 格 计 算

Word 2010 可以对表格中的数字进行一些运算。

● 常见的函数有：

SUM（　　）：求和

AVERAGE（　　）：求平均

COUNT（　　）：计数

MAX（　　）：求最大值

MIN（　　）：求最小值

PRODUCT（　　　）：求乘积

● 常见的函数参数有：

ABOVE：对上面所有数字单元格

LEFT：对左边所有数字单元格

RIGHT：对右边所有数字单元格

● Word 表格中单元格的名称：

	A	B	C	D	E …
1	A1	B1	C1	D1	E1
2	A2	B2	C2	D2	E2
3	A3	B3	C3	D3	E3
4	A4	B4	C4	D4	E4
5	A5	B5	C5	D5	E5
…					

【任务 4-6】表格转换为文本

将第 4 个表格的内容转换为文本，并设置转换文本的段落格式为段前 10 磅。

操作步骤

（1）选择第 4 个表格。

（2）选择"布局"→"转化为文本"，打开"表格转换成文本"对话框。

（3）在弹出的"表格转化成文本"对话框中单击"确定"，将表格转换成文本，并将文本的段落格式设置为段前 10 磅，如图 4-4-16 所示。

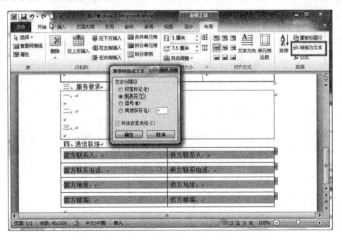

图 4-4-16　"表格转换成文本"对话框

 任务拓展

任务简述：编辑《教学日志》文档

在日常工作中，使用 Word 文档编辑表格我们还可以进行文本转换为表格、自动调整表格、表格排序、重复标题行等操作，现在我们以编辑"教学日志"文档为例，学习一下以上设置。

1. 文本转换为表格

打开任务拓展素材中的"教学日志"文档，将第三段开始的文档转换为表格。

（1）打开拓展任务素材中的"教学日志"文档，选择文档第三段开始的所有段落。

图 4-4-17 "将文字转换成表格"对话框

（2）单击"插入"→"表格"→"文本转换成表格"，弹出"将文字转换成表格"对话框。

（3）在"将文字转换成表格"对话框中设置"文字分隔位置"，选择"其他字符"，在输入框中输入"/"，如图 4-4-17 所示。

2. 根据表格的内容自动调整表格宽度

选择整个表格，选择"布局"→"自动调整"→"根据内容自动调整表格"，将表格单元格调整为合适的大小。

3. 表格排序

对第一个表格数据进行排序，根据周次的升序来进行排序，相同周次的按星期的升序来排序。

方法是：单击"布局"→"排序"，在弹出的"排序"对话框中，设置主要关键字为"周次"，类型为"数字"，进行升序排列，次要关键字为"星期"，类型为"数字"，进行升序排列，如图 4-4-18 所示。

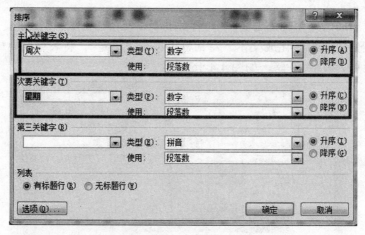

图 4-4-18 表格排序

4. 设置表头为重复标题行

选择表头，单击"布局"选项卡的"重复标题行"。

任务小结

通过完成报价单的制作任务，能够掌握 Word 表格的建立、表格格式设置、函数公式的使用、文本与表格的相互转换等操作方法。在实际工作中，经常利用 Word 表格制作个人简历、报价单、签名笔、申请表、审批表，甚至工资单、报表等。熟练掌握与运用表格工具，对其他课程的学习和今后工作非常重要。

任务 5　编制毕业论文

任务介绍

　　小张今年就要毕业了，他按照老师的要求写好了毕业论文，现在要对毕业论文进行编辑排版，使格式符合学校的要求，效果如图 4-5-1 所示。

图 4-5-1　毕业论文效果

任务分析

　　完成本任务要求我们熟悉长文档的排版与设置，主要内容有页面设置、标题样式设置、编号格式设置、文档目录设置、页眉页脚设置等。

　　本任务路线如图 4-5-2 所示。

图 4-5-2　任务路线

　　完成本任务的相关知识点：

（1）页面设置。

（2）样式的新建、设置、应用和修改。

（3）编号、大纲、插入目录。

（4）页眉页脚的设置方法。

 任务实现

【任务5-1】页面设置

设置"学生毕业论文"文档的纸张大小：A4；版式："奇偶页不同"。

操作步骤

（1）在"页面布局"选项卡的"页面设置"中，选择"页面设置"对话框启动器按钮，打开"页面设置"对话框。

（2）在"纸张"选项卡中，设置纸张大小为"A4"。

（3）在"版式"选项卡中，勾选"页眉和页脚"选项中的"奇偶页不同"（因为论文要求奇数页和偶数页的页眉和页脚不同），如图4-5-3所示。

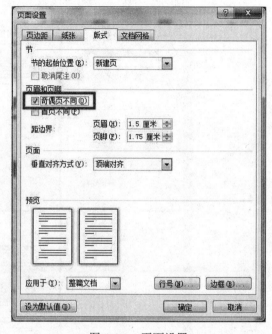

图4-5-3　页面设置

【任务5-2】应用、修改和添加样式

样式是应用于文档中的文本、表格和列表的一套格式特征，它是指一组已经命名的字符和段落格式。它规定了文档中标题、题注以及正文等各个文本元素的格式。用户可以将一种样式应用于某个段落，或者段落中选定的字符上。通过调整样式，可调整文档内所有套用此样式的文字格式。如果用样式定义文档中的各级标题，如标题1、标题2、标题3……标题9，还可以智能化地制作出文档的标题目录。

将文中所有红色字体应用"标题 1"样式，所有蓝色字体应用"标题 2"样式，所有绿色字体应用"标题3"样式。

将"标题1"样式修改为"黑体、三号、单倍行距、段前0磅、段后0磅、居中对齐"。

将"标题2"样式修改为"黑体、小三、单倍行距、段前0磅、段后0磅"。

将"标题3"样式修改为"黑体、四号、单倍行距、段前0磅、段后0磅"。

新建"论文正文"样式，样式基准为"正文"，字体格式为"宋体、小四"，段落格式为"首行缩进2字符"，并将该样式应用于文档的正文文字中（不包括表格和图片下面的说明文字）。

操作步骤

1. 应用样式

（1）把光标定位在文中的红色字体。

（2）单击"开始"→"选择"→"选定所有格式类似的文本"，选中所有红色字体内容。

（3）单击"开始"→"样式"→"标题 1"，将红色字体应用"标题 1"样式。

（4）使用同样的方法将所有蓝色字体应用"标题 2"样式，所有绿色字体应用"标题 3"样式。图 4-5-4 所示为样式的应用。

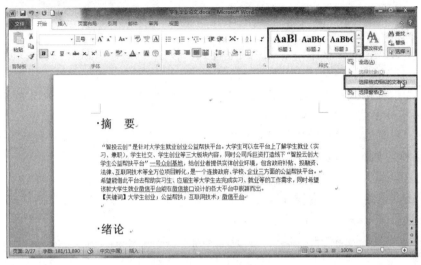

图 4-5-4　样式的应用

2. 修改样式

（1）在"开始"选项卡的"样式"组中，选择"样式"对话框启动器，打开"样式"对话框。

（2）单击"样式"对话框中"标题 1"下拉列表中的"修改"，弹出"修改样式"对话框；在"修改样式"中设置字体为"黑体、三号"，段落为"单倍行距、段前 0 磅、段后 0 磅、居中对齐"，如图 4-5-5 所示。

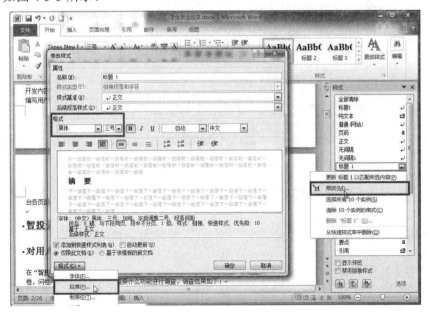

图 4-5-5　"修改样式"对话框

（3）使用同样的方法将"标题2"样式修改为"黑体、小三、单倍行距、段前0磅、段后0磅"；"标题3"样式修改为"黑体、四号、单倍行距、段前0磅、段后0磅"。

3. 新建样式

（1）把光标定位在文中"摘要"下方的正文中。

（2）在"开始"选项卡的"样式"组中，选择"样式"对话框启动器，打开"样式"对话框。

（3）在"样式"对话框中，单击"新建样式"按钮，打开"根据格式设置创建新样式"对话框。

（4）在"根据格式设置创建新样式"对话框中设置属性为：名称"论文正文"，样式基准"正文"，字体格式为"宋体、小四"。

（5）在"根据格式设置创建新样式"中的"格式"下拉列表中选择"段落"选项，打开"段落"对话框，如图4-5-6所示。

（6）在"段落"对话框中设置段落格式为"首行缩进2字符"。

（7）单击"确定"之后会发现"样式"对话框中出现了"论文正文"的样式，该样式的格式也已经应用在光标所在的段落中。

图4-5-6　新建样式设置

（8）将鼠标置于正文段落中，单击"开始"→"选择"→"选定所有格式类似的文本"，选中所有正文字体内容。

（9）单击"开始"→"样式"→"论文正文"，将红色字体应用"论文正文"样式。

▶▶ **操作技巧**

也可以使用格式刷复制样式，格式刷单击可以使用一次，双击可以一直使用；双击选中要取消可再次单击。

假如想清除文本中的样式或格式，只需要选中该文本内容，单击"开始"选项卡"字体"组中的"清除格式"按钮即可。

【任务 5-3】添加多级编号

给三级标题添加编号，格式如下：

一级编号样式为"第一章，第二章，第三章，…"，编号链接到"标题 1"，文本缩进位置为 0，对齐位置为 0。

二级编号样式为"1.1，1.2，1.3，…"，编号链接到"标题 2"，文本缩进位置为 0，对齐位置为 0。

三级编号样式为"1.1.1，1.1.2，1.1.3，…"，编号链接到"标题 3"，文本缩进位置为 0，对齐位置为 0。

分别删除"摘要"前面的编号"第一章"、"结论"前面的编号"第八章"、"参考文献"前面的编号"第九章"和"致谢"前面的编号"第十章"。

操作步骤

1. 添加多级编号

（1）单击"开始"→"段落"→"多级列表"→"定义新的多级列表"，打开"定义新多级列表"对话框。

（2）在"定义新多级列表"对话框中单击"更多"按钮，打开更多设置。

（3）在"单击要修改的级别"中选择"1"，对一级标题进行设置。

（4）在"将级别链接到样式"中选择"标题 1"，"文本缩进位置"输入 0，"对齐位置"输入 0；将"输入编号的格式"内容删除，输入"第二章"，把插入点放在"第"的后面，在"此级别的编号样式"中选择"一，二，三（简）…"，完成一级标题设置。如图 4-5-7 所示。

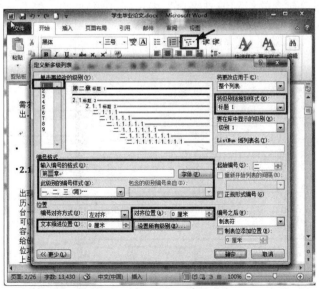

图 4-5-7　设置一级标题编号

（5）在"单击要修改的级别"中选择"2"，对二级标题进行设置。

（6）在"将级别链接到样式"中选择"标题2"，"文本缩进位置"输入0，"对齐位置"输入0；将"输入编号的格式"内容删除，在"包含的级别编号来自"中选择"级别1"，在"输入编号的格式"中，在"一"的后面输入"."，在"此级别的编号样式"中选择"1，2，3，…"，这是编号的样式为"一.1"。

（7）勾选"正规形式编号"，使编号的样式变为1.1，完成二级编号设置，如图4-5-8所示。

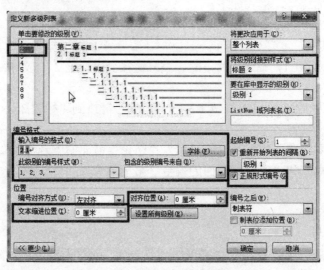

图4-5-8　设置二级标题编号

（8）在"单击要修改的级别"中选择"3"，对三级标题进行设置。

（9）在"将级别链接到样式"中选择"标题3"，"文本缩进位置"输入0，"对齐位置"输入0；这时编号的样式为"一.1.1"（假如编号样式不是"一.1.1"，则将"输入编号的格式"内容删除，在"包含的级别编号来自"中选择"级别1"，在"输入编号的格式"中，在"一"的后面输入"."；在"包含的级别编号来自"中选择"级别2"，在"一.1"的后面输入"."；在"此级别的编号样式"中选择"1，2，3，…"）。

（10）勾选"正规形式编号"，使编号的样式变为1.1.1，完成三级编号设置，如图4-5-9所示。

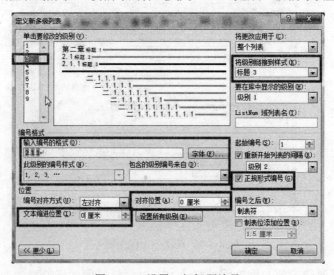

图4-5-9　设置三级标题编号

2. 删除编号

（1）右击"绪论"前面的"第二章"，在弹出的快捷菜单中单击"重新开始于一"，如图 4-5-10 所示。

图 4-5-10 重新开始编号

（2）分别删除标题"摘要""结论""参考文献""致谢"前面的编号，如图 4-5-11 所示。

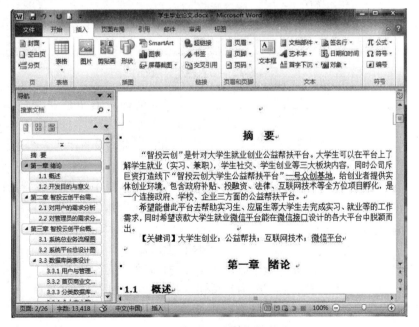

图 4-5-11 删除编号

【任务 5-4】制作目录

在文档中"第一章 绪论"前一段插入两个"分页符",并在新添加的空白页中输入"目录",格式设置为"黑体、三号、居中、大纲级别 1 级",在目录下面的段落为文档添加目录,目录显示级别为 3,建自"标题 1、标题 2、标题 3"样式,其余设置默认。

操作步骤

(1)插入点定位在文档中"第一章 绪论"前面的空白段落。

(2)在"页面布局"选项卡的"页面设置"组中的分隔符下拉菜单中,单击"分页符"两次,插入两个分页符,如图 4-5-12 所示。

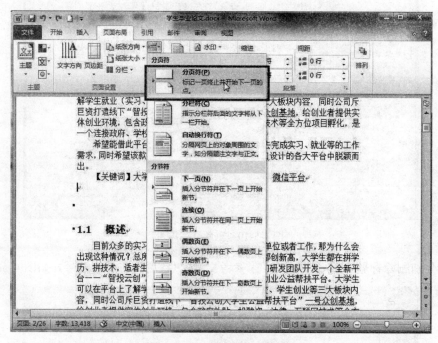

图 4-5-12 插入两个分页符

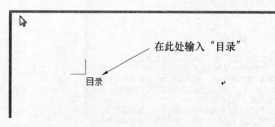

图 4-5-13 输入目录

(3)将插入点定位在空白页的段落标记前,输入"目录"字样,如图 4-5-13 所示,按"Enter"键,设置"目录"的格式为:黑体、三号、居中、大纲级别 1 级(大纲级别在"段落"对话框中设置),设置后即可在"导航窗格"中看到"目录"字样。

(4)把光标定位在"目录"下面的段落标记上。

(5)选择"引用"→"目录"→"插入目录",打开"目录"对话框。

(6)在"目录"对话框中单击"选项"按钮,打开"目录选项"对话框。

(7)在"目录选项"对话框中,设置有效样式"标题 1""标题 2""标题 3"的目录级别,分别为"1""2""3",其他样式的目录级别均删除,单击"确定",完成目录设置,如图 4-5-14 所示。

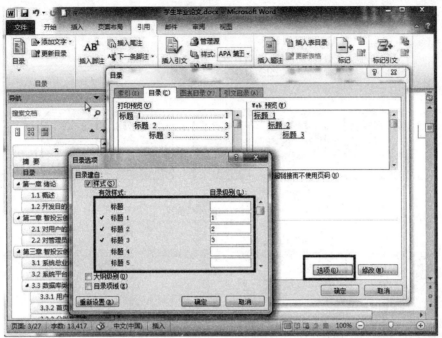

图 4-5-14　插入目录

【任务 5-5】添加页眉页脚

论文需要双面打印，在"摘要""目录""第一章　绪论"前面插入一个"奇数页"的分节符；封面没有页眉页脚；

文章"摘要"部分的页眉内容为"摘要"，居中对齐，加双实线下边框，无页脚；

文章"目录"部分的奇数页页眉为"目录"，偶数页页眉为"广东食品药品职业学院"，居中对齐，页脚为"Ⅰ、Ⅱ、Ⅲ、…"，居中对齐；

从"第一章　绪论"开始，正文部分的奇数页页眉为"依托智投云创构建大学生创业平台的分析与实现"，偶数页页眉为"广东食品药品职业学院"，居中对齐，页脚为"1、2、3、…"居中对齐。

操作步骤

如果要满足以上的要求，必须使用分节符。在同一个文档中，分节符的作用是让文档被结构性地分隔，可以使分节符前后页面使用不同的排版。例如，分节符可以分隔文档中的各章节，让每一章节的页码编号都可以从 1 开始；分节符前后可以设置不同的纸张方向，甚至可以创建不同的页眉或页脚。

本任务中要求"封面""摘要""目录""正文"的页眉页脚不同，所以需要插入分节符；又因为论文需要双面打印，"封面""摘要""目录""正文"都是从奇数页开始，所以插入的均是奇数页分节符，如图 4-5-15 所示。

1. 插入"节"

（1）插入点定位在"摘要"前面。

（2）单击"页面布局"→"分隔符"→"分节符"→"奇数页"，在文档"摘要"的前面插入一个"节",如图 4-5-16 所示。

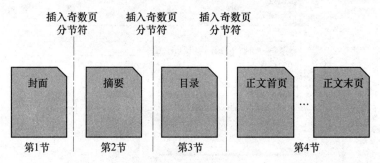

图 4-5-15　论文结构图

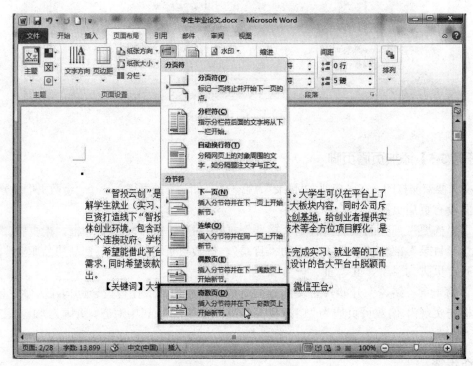

图 4-5-16　插入分节符

（3）使用同样的方法在"目录""第一章　绪论"前面插入一个"奇数页"的分节符。

2. 插入页眉页脚

（1）将插入点置于"摘要"所在的页面中，选择"插入"→"页眉"→"编辑页眉"，打开页眉编辑。

（2）在导航组中单击取消"链接到前一条页眉"，使封面的页眉与摘要的不同。

（3）在"摘要"页眉输入"摘要"。

（4）选择"摘要"页眉，单击"开始"→"段落"组→"边框和底纹"下拉菜单→"边框和底纹"，在弹出的"边框和底纹"对话框中，设置双实线下边框，如图 4-5-17 所示。

（5）把插入点定位在目录的奇数页页眉，在导航组中单击取消"链接到前一条页眉"，输入"目录"，如图 4-5-18 所示。

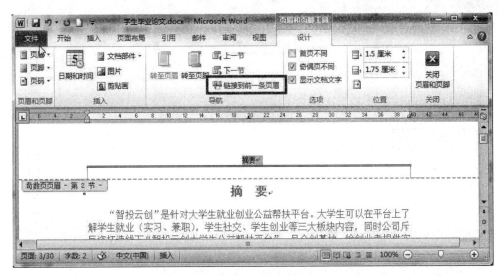

图 4-5-17 设置摘要页眉

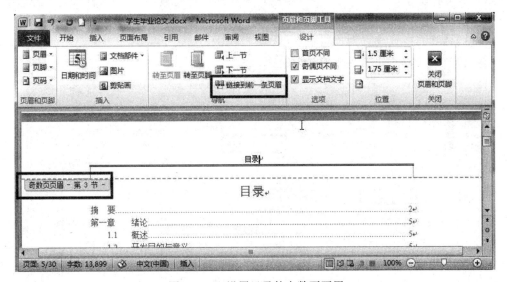

图 4-5-18 设置目录的奇数页页眉

（6）把插入点定位在目录的偶数页页眉，在导航组中单击取消"链接到前一条页眉"，使摘要的页眉与目录的不同，如图 4-5-19 所示。

（7）在页眉输入"广东食品药品职业学院"。

（8）选择"广东食品药品职业学院"页眉，单击"开始"→"段落"组→"边框和底纹"下拉菜单→"边框和底纹"，在弹出的"边框和底纹"对话框中，设置双实线下边框。

（9）把插入点定位在目录的奇数页页脚，在导航组中单击取消"链接到前一条页眉"，使目录的页脚与摘要的不同。

（10）单击"设计"→"页码"→"设置页码格式"，在弹出的"页码格式"对话框中设置"编号格式"为"Ⅰ、Ⅱ、Ⅲ、…"。

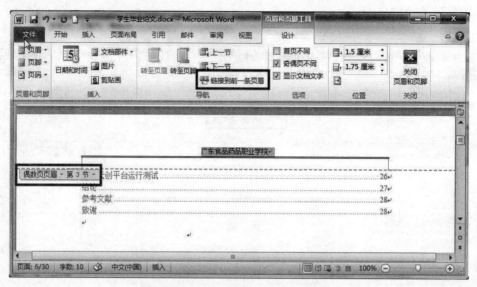

图 4-5-19　设置目录的偶数页页眉

（11）单击"设计"→"页码"→"当前位置"→"普通数字"，插入样式为"普通数字"的页码。

（12）把页脚的格式设置为"居中"。

步骤（9）～（12）如图 4-5-20 所示。

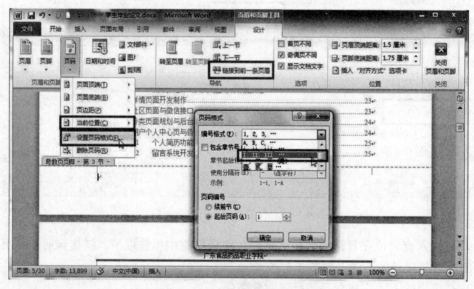

图 4-5-20　设置奇数页目录页脚

（13）把插入点定位在目录的偶数页页脚，在导航组中单击取消"链接到前一条页眉"，使摘要的页脚与目录的不同。

（14）单击"设计"→"页眉和页脚"→"页码"→"当前位置"→"普通数字"，插入样式为"普通数字"的页码，如图 4-5-21 所示。

（15）把页脚的格式设置为"居中"。

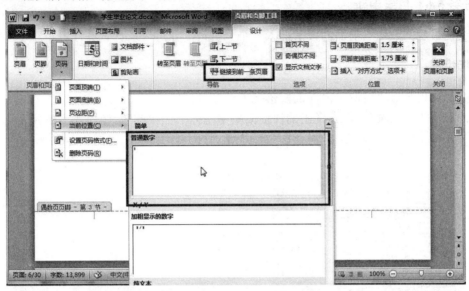

图 4-5-21　设置偶数页目录页脚

（16）用同样的方法设置正文的奇数页页眉为"依托智投云创构建大学生创业平台的分析与实现"，偶数页页眉为"广东食品药品职业学院"，居中对齐；页脚为"1、2、3、…"，居中对齐。

（17）设置完成后，单击"关闭页眉和页脚"按钮。

双面打印结果如图 4-5-22 所示。

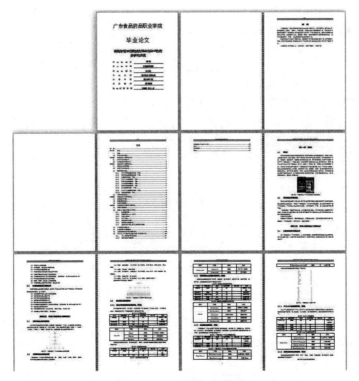

图 4-5-22　双面打印结果

【任务 5-6】目录更新

在文档最后"致谢"前面的段落插入一个分页符，并对目录页码进行更新。

操作步骤

（1）在文档最后"致谢"前面的段落插入一个分页符。
（2）右击"目录菜单"，在弹出的快捷菜单中选择"更新域"，如图 4-5-23 所示。
（3）在弹出的"更新目录"对话框中，选择"只更新页码"，如图 4-5-24 所示。

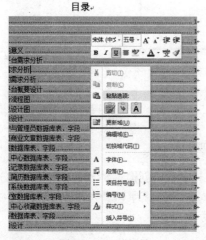

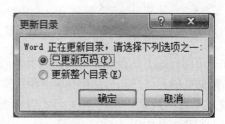

图 4-5-23　更新域 　　　　　　　　　　图 4-5-24　"更新目录"对话框

知识拓展

文 档 打 印

编辑好论文后，我们需要对论文进行打印，打印之前要对文档进行设置。
（1）单击"文件"→"打印"，打开打印设置界面，如图 4-5-25 所示。

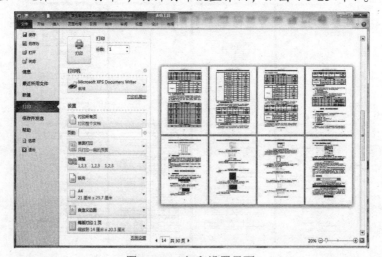

图 4-5-25　打印设置界面

（2）在"打印"组中，右边份数可输入文档打印的份数，单击左边"打印"，可对文档进行打印，如图 4-5-26 所示。

（3）在"打印机"组中，选择计算机所连接的打印机名称，如图 4-5-27 所示。

　　　图 4-5-26　打印组　　　　　　　　　　　　图 4-5-27　"打印机"组

（4）在"设置"组的第一个下拉菜单设置打印的范围，如图 4-5-28、图 4-5-29 所示。

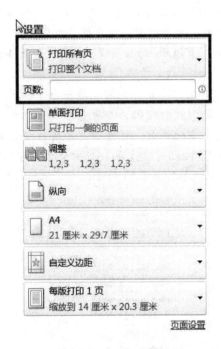

　　图 4-5-28　打印范围设置　　　　　　　图 4-5-29　"打印范围"下拉菜单

① 如果想打印文档所有页码，需选择下拉菜单的"打印所有页"。

② 如果想打印文档的部分内容，如文档第 7 页第 4 段内容，只需选择该段落，然后在打印范围下拉菜单中选择"打印所选内容"。

③ 如果想打印当前文档显示所在页面，需要选择"打印当前页面"。

④ 如果想打印具体页面范围，如打印 3 到 6 页、10 到 12 页以及 18 页，可在"页数"中输入"3-6，10-12，18"（不包含双引号，标点符号需使用半角符号）。

⑤ 如果只想打印文章的奇数页或者偶数页，可选择"仅打印奇数页"或"仅打印偶数页"。

（5）在"设置"组的第二个下拉菜单设置单面打印和双面打印，如图 4-5-30 所示。

（6）在"设置"组的第三个下拉菜单设置打印出纸的顺序，如打印两份毕业论文，出纸时要先从头到尾打印一份，再从头到尾打印第二份；还是先打印两个第一页，再打印两个第二页……如图 4-5-31 所示。

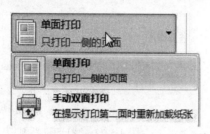

图 4-5-30　设置单面打印和双面打印

图 4-5-31　打印顺序设置

图 4-5-32　文档页面设置

（7）在"设置"组的第 4 到 6 个下拉菜单的设置是对文档的页面设置，跟"页面布局"选项卡的"页面设置"组中的"纸张方向""纸张大小""页边距"的设置是一样的，如图 4-5-32 所示。

（8）在"设置"组的最后一个下拉菜单是设置文档缩放打印的，如果想在一张打印纸上打印两个文档页面，可选择"每版打印 2 页"；如果想将文档按比例缩放打印为其他纸张大小，如按比例缩放为 16 开纸打印，可选择"缩放至纸张大小"→"16 开（18.4 厘米×26 厘米）"，如图 4-5-33 所示。

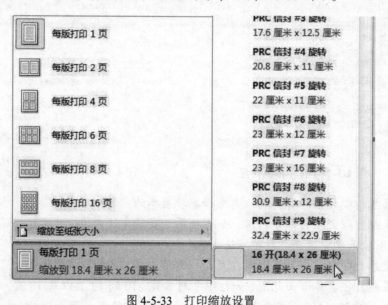

图 4-5-33　打印缩放设置

任务小结

通过本任务我们学到了在 Word 2010 中应用、修改、添加样式的设置，添加多级编号的设置，制作目录的设置，添加比较复杂的页眉页脚的设置；通过本任务的学习，读者应该掌握长文档排版的步骤及方法。在实际工作中，投标书、招标书、论文、书本、使用说明书等都涉及长文档排版。本任务是本模块的难点、重点，熟练掌握本任务知识对本任务的学习和今后的学习工作很重要。

任务6　制作学生成绩通知单

 任务介绍

辅导员期末要把学生的成绩寄送给学生家长，因为学生人数较多，为提高工作效率，辅导员通过 Word 2010 的邮件合并功能制作成绩单和信封。为了节省纸张，每页 A4 纸打印 4 份成绩单，效果如图 4-6-1 所示。

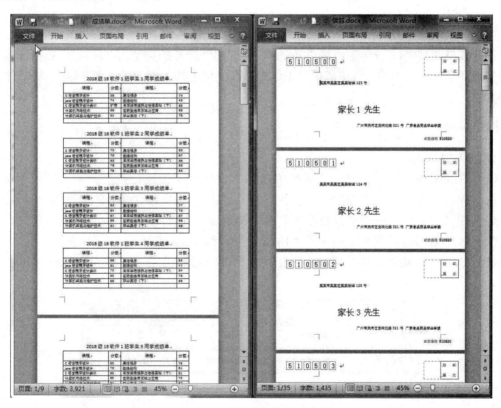

图 4-6-1　成绩单与信封效果图

 任务分析

"邮件合并"功能适用于批量数据的排版，如批量打印信封和信件，批量打印请柬，打印工资条、学生成绩单、各类获奖证书、打印准考证等。

使用邮件合并，必须先准备两个文档，一个是用 Word 制作的包含共有内容的主文档和一个包括变化信息的数据源，可以是一个 Excel 文档、Word 表格或者是 Access 文档，然后在主文档中插入变化的信息，称为合并域，合成后的文件用户可以保存为 Word 文档，可以打印出来，也可以以邮件形式发出去。

邮件合并的基本操作步骤是：选择邮件类型→选择数据源→插入合并域→合并文档。

在本任务中，我们要利用邮件合并功能，完成学生成绩通知单和成绩通知单信封的制作。本任务路线如图 4-6-2 所示。

完成本任务的相关知识点：

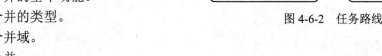

图 4-6-2　任务路线

（1）邮件合并的基本功能。

（2）邮件合并的类型。

（3）插入合并域。

（4）完成合并。

（5）创建中文信封。

任务实现

【任务 6-1】制作学生成绩通知单

打开素材文件"18 级学生成绩单.docx"，设置邮件合并的类型为"目录"，数据源为"18级学生成绩单.xlsx"中的"学生成绩"工作表；在文档中插入相应的"合并域"。将邮件合并到新文档。

操作步骤

1. 插入数据源

（1）在素材中打开"18 级学生成绩单.docx"文档。

（2）单击"邮件"→"开始邮件合并"→"目录"，设置邮件合并的类型为"目录"。

（3）单击"邮件"→"选择收件人"→"使用现有列表"。

（4）找到数据源所在的文档，即"18 级学生成绩单.xlsx"。

（5）选择"18 级学生成绩单.xlsx"表中的"学生成绩"工作表，作为数据源，如图 4-6-3所示。

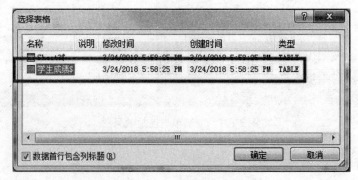

图 4-6-3　选择数据源

2. 插入合并域

（1）把鼠标定位在标题"2018 级"的后面。

（2）单击"邮件"→"插入合并域"→"班级名称"，如图 4-6-4 所示，插入"班级名称"合并域。

（3）使用同样的方法插入其他合并域，如图 4-6-5 所示。

这时，在"邮件"选项卡的"预览结果"组中单击"预览结果"就可以查看到插入的结果。

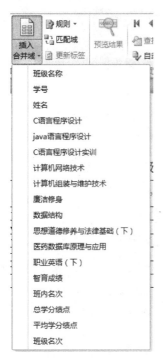

图 4-6-4　插入"班级名称"合并域　　　　　　　图 4-6-5　插入其他合并域

3. 将邮件合并到新文档

（1）在表格下面的段落，按下键盘的"Enter"，插入一个段落。加入表格之间的距离。

（2）单击"邮件"→"完成并合并"→"编辑单个文档"，打开"合并到新文档"对话框。

（3）在"合并到新文档"对话框中单击"确定"按钮，完成合并，如图 4-6-6 所示。

图 4-6-6　"合并到新文档"对话框

（3）单击"下一步"，选择"基于地址簿文件，生成批量信封"，如图 4-6-10 所示。

（4）单击"下一步"，单击"选择地址簿"，选择素材中的"18 级学生地址表.xlsx"作为数据源，姓名选择"家长姓名"、称谓选择"称呼"、地址选择"家庭地址"、邮编选择"邮政编码"，如图 4-6-11、图 4-6-12 所示。

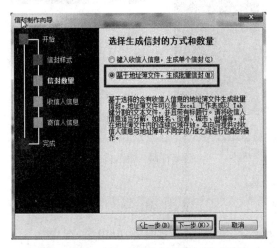

图 4-6-10　选择生成信封的方式和数量

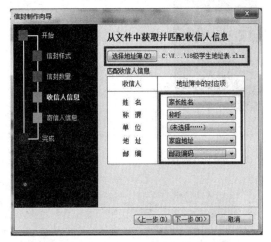

图 4-6-11　设置数据源

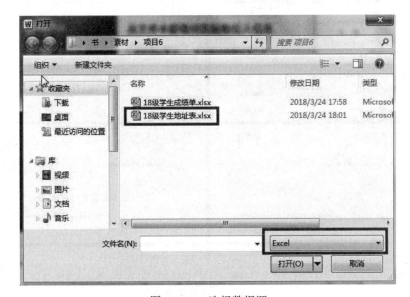

图 4-6-12　选择数据源

（5）单击"下一步"，在输入寄信人信息中的单位输入"广东食品药品职业学院"，地址输入"广州市天河区龙洞北路 321 号"，邮编输入"510520"，如图 4-6-13 所示。

（6）单击"下一步"，单击"完成"，如图 4-6-14 所示。

（7）此时系统自动生成了批量信封，效果如图 4-6-15 所示，将该文档命名为"信封"，并保存文件。

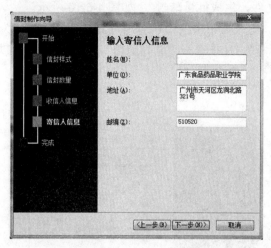

图 4-6-13　输入寄信人信息

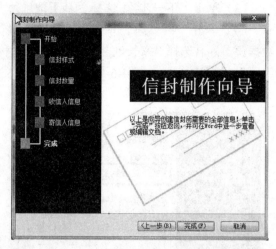

图 4-6-14　完成向导

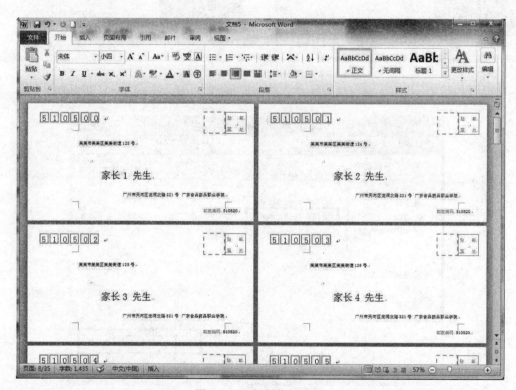

图 4-6-15　批量信封效果

 任务小结

通过本任务我们学习了如何在 Word 2010 中使用邮件合并功能,学习了从选择邮件类型、选择数据源、插入合并域到完成合并的操作过程;还学习了利用信封制作向导,制作中文信封。使用邮件合并功能,让批量制作信封、工资条、准考证等工作变得简单而高效。

任务拓展

任务简述：审阅《2018 年软件学院招生简章》

通常，我们对文章的校对会使用到 Word 2010 的"审阅"功能，"审阅"功能在"审阅"选项卡中，"审阅"选项卡中由以下"组"组成：

校对组：主要对文章的语法进行校对。

语言组：可以对文章进行多国语言翻译。

中文简繁转换组：可以对文章中的中文进行简体与繁体之间的转换。

批注组：审阅者对文章提出的一些意见和建议；或者在修改 Word 文档时如果遇到一些不能确定是否要改的地方，可以通过插入 Word 批注的方法暂时做记号。

修订组：打开"修订"后，可显示文档中所做的诸如删除、插入或其他编辑更改痕迹的标记。单击"修订"组左侧的修订，"修订"按钮成选中状态，这时，修订功能打开；再单击"修订"按钮，"修订"按钮成未选中状态，这时，修订功能关闭；修订组右侧"显示以供审阅""显示标记""审核窗格"用于设置修订的显示方式。

更改组：用于接受或者拒绝文章的修订。

比较组：用于比较修订的文档与原文档的区别。

保护组：用于设置文章的编辑保护。

本次任务我们对《2018 年软件学院招生简章》文档进行审阅，完成接受与拒绝修订、添加批注和添加修订的任务。

1. 接受与拒绝修订

要求：拒绝文档第三段的修订，并接受文档其余各段的修订。

（1）将定位点置于文档第三段修订文字中，单击"审阅"→"拒绝"，拒绝该修订，如图 4-6-16 所示。

（2）单击"审阅"→"接受"→"接受对文档的所有修订"，接受其余修订，如图 4-6-17 所示。

图 4-6-16　拒绝修订

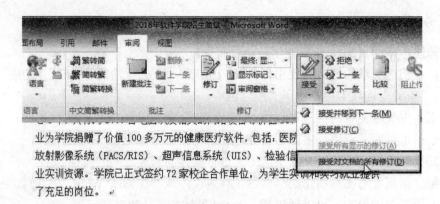

图 4-6-17　接受其余修订

2. 添加批注

要求：选定文档第一段内容并插入批注，批注内容为"建议添加招生电话"，在批注框中显示修订。

（1）单击"审阅"→"显示标记"→"批注框"→"在批注框中显示修订"。

（2）选择文档第一段文字，单击"审阅"→"新建批注"，输入内容"建议添加招生电话"，如图 4-6-18 所示。

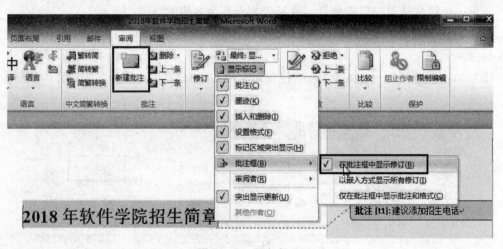

图 4-6-18　添加批注

3. 添加修订

要求：打开修订功能，将第二段文字中的"3600"改为"4600"，并关闭修订功能。

（1）单击"审阅"选项卡中的"修订"，打开修订功能。

（2）将第二段文字中的"3600"改为"4600"。

（3）再次单击"审阅"选项卡中的"修订"关闭修订功能，如图 4-6-19 所示。

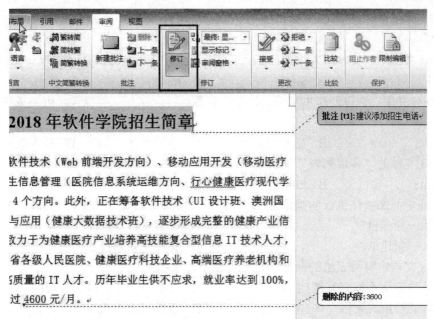

图 4-6-19　添加修订

▶▶ 操作技巧

假如不允许修改文本中某一段落的文本内容可以单击"审阅"→"限制编辑"进行设置。

模 块 总 结

Word 是日常办公经常要使用到的软件，我们可以使用该软件编辑各种文档、制作简单的宣传资料、制作表格、编辑长文档、制作批量文档等，通过多个任务的完成，可以总结出本模块中我们所学的知识，如图 4-6-20 所示。

图 4-6-20　模块学习流程图

习　　题

习题在线测试

一、选择题

1. Word 文档中，对标尺、缩进等格式设置，除使用以厘米为度量单位外，还增加了字符等度量单位，可通过_____对话框来设置度量单位。

A. 段落 　　　　　B. 新建样式 　　　　C. Word 选项 　　　　D. 替换

2. Word 文档操作中，文档"另存为"时系统默认的扩展名是_____。

A. dotm 　　　　　B. docx 　　　　　　C. doc 　　　　　　　D. dot

3. 若将已有的 Word 文档格式转换为 PDF 文档格式，应在"文件"选项面板中选择

_____选项。

A. 选项   B. 保存   C. 保存并发送   D. 新建

4. Word 文档中，文本录入中的"插入"与"改写"模式快捷切换按键是_____。

A. Del   B. Shift   C. Ins   D. Ctrl

5. 邮件合并中，通过创建主文档、指定数据源、_____等操作，可完成数据源与主文档的合并。

A. 打印   B. 插入合并域   C. 编辑表格   D. 插入数据源

6. Word 文档的"多级列表"编辑中，使用_____可使当前列表级别下调一级。

A. Home   B. Enter   C. Ins   D. Tab

7. Word 中添加批注执行的操作是_____。

A. 开始→新建批注   B. 审阅→新建批注

C. 插入→新建批注   D. 文件→新建批注

8. Word 文档中有关表格的操作，以下说法不正确的是_____。

A. 文本与表格不能相互转换   B. 文本与表格可以相互转换

C. 文本能转换成表格   D. 表格能转换成文本

9. 如果 Word 文档中有一段文字不允许别人修改，可以通过：_____。

A. 设置文件修改密码   B. 其余选项都可以

C. 编辑限制   D. 格式设置限制

10. Word 文档中执行"插入"→"书签"操作，主要用于_____。

A. 快速定位文档   B. 快速复制文档

C. 快速移动文档   D. 快速浏览文档

11. 在 Word 2010 文档中输入复杂的数学公式，执行_____命令。

A. "插入"菜单中的"编号"

B. "插入"菜单中的"对象"或"公式"

C. "插入"菜单中的"符号"

D. "插入"菜单中的"表格"

12. Word 文档存盘转换格式时，应通过"文件"→"另存为"所打开的对话框的_____选项来选择文件存盘类型。

A. 文件名   B. 保存类型   C. 文件属性   D. 保存位置

13. 以下_____选项卡不是 Word 2010 的标准选项卡。

A. 开发工具   B. 图表工具   C. 加载项   D. 审阅

14. Word 文档中，要复制字符或段落格式，可选择_____。

A. "粘贴"按钮   B. "剪切"按钮

C. "格式刷"按钮   D. "复制"按钮

15. 关于 Word 修订，下列说法错误的是_____。

A. 不同的修订者的修订会用不同颜色显示

B. 在 Word 中可以针对某一修订进行接受或拒绝修订

C. 所有修订都用同一种比较鲜明的颜色显示

D. 在 Word 中可以突出显示修订

16. 给每位学生家长发送一份《期末成绩通知单》，用_____命令最简便。

A. 复制　　　　　　　　B. 标签　　　　　　　　C. 信封　　　　　　　　D. 邮件合并

17. 在 Word 中，如果在输入的文字或标点下面出现红色波浪线，表示_____可用"审阅"功能区中的"拼写和语法"来检查。

A. 句法错误　　　　　　　　　　　　　B. 其他错误

C. 拼写和语法错误　　　　　　　　　　D. 系统错误

18. 在 Word 中，可以通过_____功能区中的"翻译"将文档内容翻译成其他语言。

A. 开始　　　　　　B. 引用　　　　　　C. 页面布局　　　　　　D. 审阅

19. 要使文档中每段的首行自动缩进 2 个汉字，可以使用标尺上的_____。

A. 首行缩进游标　　　　　　　　　　　B. 左缩进游标

C. 右缩进游标　　　　　　　　　　　　D. 悬挂缩进游标

20. 设置 Word 文档的某段行距为 12 磅的"固定值"，这时在该段落中插入一幅高度大于行距的图片，结果为_____。

A. 图片能插入，图片自动浮于文字上方

B. 图片能插入，系统自动调整行距，以适应图片高度的需要

C. 图片能插入，但无法全部显示插入的图片

D. 系统显示出错信息，图片不能插入

二、操作题

1. 请使用 Word 2010 打开 210510.docx 文档，完成以下操作：

（注：文档中每一回车符作为一段落，没有要求操作的项目请不要更改）

A. 设置文档纸张大小为 A4，页面垂直对齐方式为居中；

B. 使用"格式刷"工具将第一段的字体和段落格式复制到最后一段；

C. 为文档添加图片水印，图片路径为 D:\DOC\210510.jpg，图片缩放 120%，冲蚀显示；

D. 保存文件。

2. 请使用 Word 2010 打开 210511.docx 文档，完成以下操作：

（注：文档中每一回车符作为一段落，没有要求操作的项目请不要更改）

A. 将文档第五段移动到第四段之前，使两段互换位置；

B. 利用查找和替换功能进行快速格式化，将文档中的所有"细胞"文字格式设置为：加粗、字体颜色为"标准色：黄色"；

C. 在第二段"真核生物"后插入尾注，位置为文档结尾，尾注内容为"由真核细胞构成的生物"（注：内容为双引号里面的字符，其余设置均采用默认值）；

D. 保存文件。

3. 请使用 Word 2010 打开 210512.docx 文档，完成以下操作：

（注：文档中每一回车符作为一段落，没有要求操作的项目请不要更改）

A. 选中第一段插入批注，批注内容为全文不计空格的字符数，只需要输入数字，如 10；

B. 设置文档最后一段首字下沉，位置为悬挂，下沉行数 2 行，距离正文 0.2 厘米；

C. 修改名称为"简介"的样式，设置该样式的字体为幼圆，字号为四号，字形为倾斜，加着重号；

D. 保存文件。

4. 请使用 Word 2010 打开 210513.docx 文档，完成以下操作：

（注：文档中每一回车符作为一段落，没有要求操作的项目请不要更改）

A. 为文档中最后 5 段绿色文字设置项目符号，自定义项目符号字体为 Wingdings，字符代码：63，来自：符号（十进制）；

B. 插入页眉，页眉文字居中对齐，内容为"金融电子化"（注：文字内容为双引号里面的字符内容）；

C. 插入页脚，页脚样式为"边线型"；

D. 保存文件。

5. 请使用 Word 2010 打开 210514.docx 文档，完成以下操作：

（注：文档中每一回车符作为一段落，没有要求操作的项目请不要更改）

A. 将文档第一段格式化：字体为华文彩云，字号为小一，字符缩放 150%，字符间距加宽 3 磅，居中对齐，段后间距 0.5 行；

B. 为第二段中的文字"哺乳纲"添加超链接，链接到网页，地址为 http://www.kepu.net.cn/；

C. 将第四段文字由中文简体转换为中文繁体；

D. 在最后一段末尾处插入文件名为 210514.jpg 的图片，图片路径为 D:\DOC，设置图片环绕方式为四周型环绕，水平对齐方式为相对于页面居中，图片高度和宽度缩放为 55%；

E. 为文档设置页面颜色，填充效果为渐变，填充颜色为预设的"心如止水"，底纹样式为"水平"；

F. 保存文件。

6. 请使用 Word 2010 打开文档 210515.docx，完成以下操作：

A. 删除表格中的空白行；

B. 使用排序功能使表格数据按"涨跌幅（%）"降序排序，列表有标题行；

C. 为表格套用名称为"浅色底纹—强调文字颜色 2"的表格样式；

D. 为表格设置标准色：蓝色，单实线，2.25 磅粗的外侧框线；

E. 设置表格根据内容自动调整，单元格内文字水平、垂直对齐方式为居中，整张表格水平居中，表格效果如表 4-6-1 所示；

表 4-6-1　表格效果

商品名称	规格等级	单位	本期价格/元	比上期涨跌/元	涨跌幅/%
鸡	白条鸡	千克	21.72	0.22	1.0
鸡	鸡胸肉	千克	19.94	0.13	0.7
猪肉	五花肉	千克	27.83	0.16	0.6
鸭	白条鸭	千克	17.67	0.09	0.5
羊肉	腿肉	千克	58.67	0.15	0.3
牛肉	腿肉	千克	67.06	0.10	0.2

F. 保存文件。

模块 5

电子表格处理软件 Excel 2010

● **本模块知识目标**

- 了解电子表格处理软件 Excel 2010 的基本功能、窗口界面、创建、打开、退出、保存。
- 掌握工作簿、工作表及单元格的基本概念；掌握工作表的创建、数据输入、编辑、格式设置方法。
- 掌握 Excel 2010 的基本操作技巧。
- 掌握公式与函数的使用方法及单元格的引用方法。
- 掌握图表的建立、编辑及格式化方法。
- 熟练掌握数据排序、数据筛选、分类汇总、数据透视及合并运算等数据管理操作。
- 了解 Excel 页面。

● **本模块技能目标**

- 能够在 Excel 2010 工作界面中快速找到相应功能按钮。
- 能够熟练使用 Excel 2010 创建工作表，并对工作表进行编辑排版。
- 能够熟练使用 Excel 2010 绘制统计图表、编辑图表，并进行数据统计分析。

Excel 2010 是 Microsoft Office 2010 办公套装软件中的核心工具之一，是一款功能强大的电子表格处理软件，专门用于对数据进行统计分析和计算，可解决一些复杂的数学问题，同时能以图表的形式直观地展示数据，广泛应用于财务、统计、经济分析领域。本模块主要包括：创建及编辑工作表、统计和分析工作表、制作图表、管理与分析数据等内容。

任务 1　认识 Excel

任务介绍

小赵初次接触 Excel 2010，需先熟悉操作界面、掌握新建与保存工作簿、编辑工作表等基本操作。

任务分析

为了顺利完成本任务，需要了解 Excel 2010 的工作界面，了解基本概念，对 Excel 有整体的认识。

本任务路线如图 5-1-1 所示。

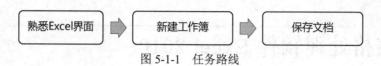

图 5-1-1　任务路线

完成本任务的相关知识点：

（1）Excel 2010 工作界面。

（2）新建与保存工作簿。

（3）工作簿、工作表及单元格、单元格区域。

　任务实现

【任务 1-1】熟悉 Excel 界面

Excel 2010 操作界面，如图 5-1-2 所示。可以看出，Excel 的界面与 Word 有类似之处，也有选项卡、功能区、状态栏、帮助等，下面主要介绍其与 Word 不同的操作界面。

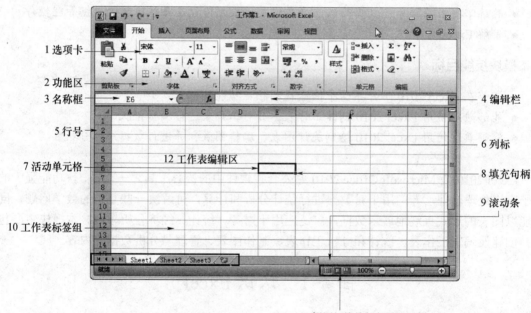

11 视图切换按钮与显示比例工具

图 5-1-2　Excel 2010 操作界面

（1）选项卡：主要由"文件""开始""插入""页面布局""公式""数据""审阅""视图"八张选项卡组成，单击某个选项卡，就会切换到对应的功能区。

（2）功能区：功能区由多个"选项卡"组成，每个选项卡由不同的"组"组成，"组"的名称在该组的下方，"组"中存放着各种"命令按钮"。

（3）名称框：用于显示当前活动单元格或单元格区域的名称，还可用于定位单元格或单元格区域。

（4）编辑栏：用于输入或显示各种数据，如公式、文字或数字等。在编辑栏上单击"插入函数"按钮 f_x 将打开"插入函数"对话框；双击单元格，会出现"输入" ✓ 按钮和"取消"

按钮，用于输入或取消在编辑区中输入的数据。

（5）行号：由数字表示，有效范围为 1～1 048 576。

（6）列标：由英文字母表示，有效范围为 A～XFD，共计 16 384 列。

（7）活动单元格：单元格是存储数据最小的单位，可以在其中输入数据或公式等，而被选中的单元格的周围会出现黑色的加粗框，即为活动单元格。

（8）填充句柄：是 Excel 中提供的快速填充单元格工具。在选定的单元格右下角，会看到黑色的方形点，当鼠标指针移动到上面时，会变成细黑十字形，拖拽它即可完成对单元格的数据、格式、公式的填充。

（9）滚动条：工作界面不能完全显示时，调节水平或垂直滚动条，可查看或操作整个工作界面。

（10）工作表标签组：包括三个部分，工作表标签滚动按钮组、工作表标签和"插入工作表"按钮，工作表标签列出每个工作表的名称，单击标签，可以在不同工作表间进行切换；工作表标签滚动按钮由 4 个按钮组成，主要用于工作表较多的时候快速切换；单击"插入工作表"按钮可以快速添加一个工作表。

（11）视图切换按钮与显示比例工具：用于切换不同视图查看文档，Excel 2010 主要有普通视图、页面布局视图、分页预览三种常用视图方式。与 Word 2010 一样，拖动滑块或单击比例值均可设置显示比例。

（12）工作表编辑区：用于放置表格内容。

▤ 知识点

Excel 相关概念

● **工作簿与工作表**：工作簿是指 Excel 中用来保存并处理数据的文件，其扩展名为.xlsx，默认名称为"工作簿 X"（X 是 1、2、…、n）。一个工作簿中默认包含三张工作表，分别是"Sheet1""Sheet2""Sheet3"。工作簿是 Excel 2010 使用的文件架构，我们可以将它想象成一个文件夹，在这个文件夹里面有许多张表格，这些表格是 Excel 2010 的工作表。

● **单元格**：工作表内的方格称为"单元格"，是 Excel 2010 的基本输入单位。我们所输入的数据资料就存储在一个个单元格中。单元格的名称是行号和列标的组合，如最左上的单元格位于第 A 列第 1 行，其名称就是 A1。

● **单元格区域**：单元格区域是由若干个相近的单元格组成的一个集合，单元格区域的命名通常由该区域左上角和右下角的单元格名称来决定，其中相邻的单元格之间用冒号连接，不相邻的单元格用逗号连接，如"A1:E5""C3，D2:F6"。

【任务 1-2】新建工作簿

创建工作簿大致有两种方式：新建空白工作簿或根据模板新建工作簿。

⌂ 操作步骤

1. 新建空白工作簿

启动 Excel 2010，单击"文件"→"新建"→"空白工作簿"命令。单击右下方"创建"按钮即可新建一个空白的工作簿，如图 5-1-3 所示。

2. 根据模版新建工作簿

启动 Excel 2010，单击"文件"→"新建"→"样本模板"命令。选择相应的样本模板，单击右方"创建"按钮即可新建一个工作簿，如图 5-1-4 所示。

图 5-1-3　新建空白工作簿

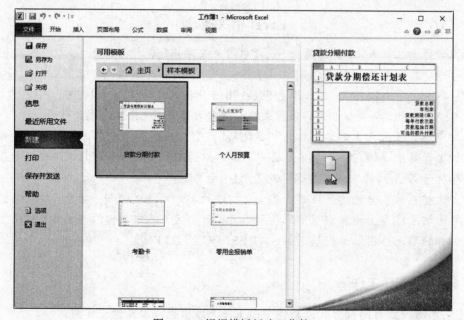

图 5-1-4　根据模板新建工作簿

【任务 1-3】保存工作簿

一个 Excel 2010 文档称为一个工作簿文件，保存的文件扩展名为 xlsx。

操作步骤

保存 Excel 工作簿与保存 Word 文档的方法基本相似，有以下几种保存方式：

方法 1：单击"文件"→"保存"，如图 5-1-5 所示，在弹出的"另存为"对话框中，选择文件的保存路径、文件类型及文件名后，单击"保存"按钮，如图 5-1-6 所示。

图 5-1-5 　保存工作簿

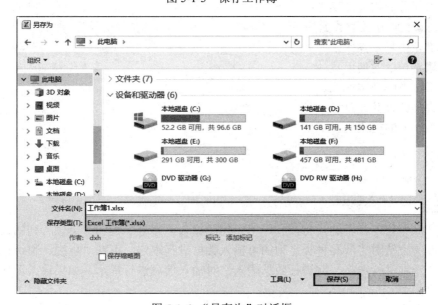

图 5-1-6 　"另存为"对话框

方法 2：按 Ctrl＋S 快捷键，快速保存文档。

方法 3：如果需要更改工作簿的保存位置、名字或保存类型，单击"另存为"命令，打开"另存为"对话框进行修改即可。

任务小结

通过本任务的学习，我们首先掌握了工作簿、工作表、单元格等相关概念，其次熟悉了 Excel 2010 的操作界面，最后学习了工作簿的建立与保存的基本方法。

任务 2　制作产品销售工作表

任务介绍

小张是某电器商的营销人员，需要完成年度产品销售情况报表，工作内容主要包括数据的录入、工作表的复制和编辑、数据的合并运算及对报表进行美化。

任务分析

在任务中，我们首先需要学习在 Excel 中不同类型的数据输入的方法，其次需要学习工作表的编辑，如工作表的添加、复制、移动或删除的方法，利用数据的合并计算功能可以对多个工作表的数据进行汇总，最后要学习的是如何让工作表更加美观。

本任务路线如图 5-2-1 所示。

图 5-2-1　任务路线

完成本任务的相关知识点：

（1）Excel 2010 各类数据的录入。

（2）单元格基本操作。

（3）填充句柄的使用。

（4）工作表的基本编辑。

（5）数据的合并计算。

（6）工作表的格式化。

任务实现

【任务 2-1】输入数据

根据产品销售工作表的素材，利用填充句柄输入"序号"列和"单位"列的数据，利用数据有效性的方法对"商品种类"列的可输入数据进行限定，可在"电视、空调、冰箱、洗衣机"四个选项进行选择，并进行数据输入，对输入信息进行提示，如果输入无效数据，给出警告信息。

操作步骤

（1）打开素材"模块 5 任务 2.xlsx"。

（2）使用填充句柄输入数据：在 A2 单元格输入数字"1"，选中 A2 单元格，将鼠标移动到该单元格的右下角的填充句柄，按住 Ctrl 键，同时按住左键向下拖动到 A21 单元格，如

图 5-2-2 所示。在 E2 单元格输入单位"台"，利用填充句柄填充到 E21 单元格，如图 5-2-3 所示。

（3）数据有效性设置。

数据有效性是对单元格或单元格区域输入的数据从内容到数量上的限制。对于符合条件的数据，允许输入；对于不符合条件的数据，则禁止输入。这样就可以依靠系统检查数据的正确有效性，避免错误的数据录入。

图 5-2-2　填充句柄 1　　　　　　　　图 5-2-3　填充句柄 2

① 选择 B2:B21 单元格区域，选择功能区的"数据"→"数据工具"→数据有效性"命令，打开"数据有效性"对话框。

② 在"设置"选项卡，"有效性条件—允许"的下拉框中选择"序列"，在"有效性条件—来源"的输入框中输入"电视, 空调, 冰箱, 洗衣机"（注：其中的逗号为西文标点，输入内容不包括双引号），单击"确定"，如图 5-2-4 所示，效果如图 5-2-5 所示。

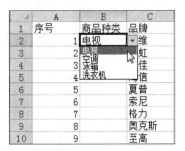

图 5-2-4　数据有效性　　　　　　图 5-2-5　数据有效性设置效果

③ 在"输入信息"选项卡，在标题输入框中输入"'商品种类'输入内容"，在输入信息框中输入"在本列中选择正确的商品种类"，如图 5-2-6 所示，这样，在单元格中就会出现提示，如图 5-2-7 所示。

④ 在"出错警告"选项卡，在错误信息输入框中输入"输入错误，请重新输入"，如图 5-2-8 所示，这样，如果输入无效数据，就会出现错误警告，如图 5-2-9 所示。

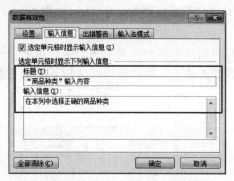

图 5-2-6　输入信息提示设置

图 5-2-7　提示信息

图 5-2-8　"出错警告"设置

图 5-2-9　出错警告反馈

⑤ 根据需要配合填充句柄输入数据，在 B2:B7 输入"电视"、在 B8:B11 输入"空调"、在 B12:B16 输入"冰箱"、在 B17:B21 输入"洗衣机"，如图 5-2-10 所示。

	A	B	C	D	E	F	G
1	序号	商品种类	品牌	单价（元）	单位	数量	销售金额
2	1	电视	创维	3599	台		
3	2	电视	长虹	2999	台		
4	3	电视	康佳	2499	台		
5	4	电视	海信	3899	台		
6	5	电视	夏普	4399	台		
7	6	电视	索尼	4999	台		
8	7	空调	格力	4399	台		
9	8	空调	奥克斯	2699	台		
10	9	空调	至高	2999	台		
11	10	空调	格兰仕	2199	台		
12	11	冰箱	西门子	7299	台		
13	12	冰箱	容声	4499	台		
14	13	冰箱	美菱	3799	台		
15	14	冰箱	晶弘	3099	台		
16	15	冰箱	伊莱克斯	3999	台		
17	16	冰箱	小天鹅	4599	台		
18	17	洗衣机	海尔	2599	台		
19	18	洗衣机	美的	3199	台		
20	19	洗衣机	三洋	1799	台		
21	20	洗衣机	松下	5888	台		
22							

图 5-2-10　输入数据

▶ 操作技巧

1. 选定单元格或单元格区域

（1）选定单个单元格：在工作表中单击任意单元格即可选定该单元格。

（2）选定连续单元格区域：单击选定单元格区域的第 1 个单元格，然后按住左键不放拖动鼠标至选定范围的最后一个单元格；或者按住 Shift 键单击选定区域中的最后一个单元格。

（3）选定不连续的单元格或单元格区域：选定第 1 个单元格或单元格区域，然后按住 Ctrl 键单击其他单元格或单元格区域。

（4）选择单行或单列：单击行号或列标。

（5）选择相邻的行或列：沿行号或列标拖动鼠标，或者先选定第 1 列或第 1 行，按住 Shift 键选定其他行或列。

（6）选择不相邻的行或列：先选定第 1 行或第 1 列，按住 Ctrl 键选定其他行或列。

（7）选择整个工作表：单击行号和列标交叉处的全部选定按钮，或者单击空白单元格，按 Ctrl + A 快捷键。

（8）取消选定的区域：单击工作表中的其他单元格或按方向键。

2. 输入数据

用户可以向 Excel 单元格输入常量和公式两类数据。常量是指没有以"="开头的数据，包括数值、文本、日期、时间等。在选定的单元格中输入数据，然后按 Enter 键或单击编辑栏中的"输入"按钮✔确认完成数据的输入；如果想取消本次输入的数据，按 Esc 键或单击编辑栏中的"取消"按钮✖。在输入数据时，所使用的标点符号均为英文标点。

（1）输入数值型数据：直接输入，数据默认为右对齐。输入数值型数据时，除了 0~9，正负号和小数点外，还可以使用如下符号：

① "E"和"e"用于指数的输入，如 3E-3 表示 $3 \times 10^{-3} = 0.003$。

② 圆括号：表示输入的是负数，如（256）表示−256。

③ 逗号：表示千位分隔符，如 78, 923.456。

④ 以%结尾的数值：表示输入的是百分数，如 40%表示 0.4。

⑤ 以"￥"或"$"开始的数据，表示货币格式。

⑥ 当输入数值长度超过单元格的宽度时，将会自动转换成科学计数法，如输入 123456789000，自动会转换为 1.23457E + 11；

⑦ 输入纯分数或假分数时，为了避免与日期的输入方式混淆，需在分数前加 0 和空格，如"0 2/5""0 15/3"；如输入分数，可在整数和分数间加空格，如"4 3/5""2 3/8"，如图 5-2-11 所示。

（2）输入文本型数据：文本即字符串，通常是由数字、字母、汉字、标点符号、符号、空格组成的字符。默认为左对齐。如果文本由一串数字组成，如身份证号、学号、电话号码，以"0"开头的编号等，在输入时前面要先加上一个英文的单引号，然后再输入数字。

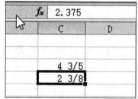

图 5-2-11　输入分数

（3）输入日期和时间：可使用斜杠"/"或连字符"–"对输入的年、月、日进行间隔，如输入"2018/6/9""2018–6–9"均表示 2018 年 6 月 9 日。输入当天日期可按"Ctrl + ;"快捷键。输入时间时，时、分、秒之间用冒号隔开，在后面加上"AM"或"PM"表示上午或下午。输入当前的时间可按"Ctrl + Shift + ;"快捷键。

（4）自定义输入：Excel 允许用户自定义格式输入数据，如需输入性别"男""女"可进行自定义，用 1 表示"男"，2 表示"女"。自定义方法如下：选择需输入性别的所有单元格，打开"设置单元格格式"，单击"数字"→"分类"→"自定义"，在右侧的类型中输入"[=1]"男"；[=2]"女""，单击"确定"后即可在所选的单元格中用 1 或 2 输入性别，若输入其他数字，则会显示错误，如图 5-2-12 所示。

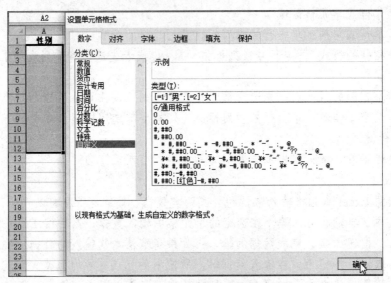

图 5-2-12　自定义格式输入

（5）在同一单元格中输入多行数据：有时为了更加清楚地显示一些内容，需要在同一个单元格内输入多行数据，可借助"Alt＋Enter"组合键来实现。如要在 C3 单元格输入三行数据，分别为"学校""二级学院""专业"，可先输入"学校、二级学院、专业"，将光标停留在"学校"后按组合键"Alt＋Enter"，再将光标停留在"学院"后按组合键"Alt＋Enter"，如图 5-2-13 所示。

图 5-2-13　输入多行数据

（6）同时对多个单元格输入相同的数据：首先选定单元格区域，然后在活动单元格中输入内容，按"Ctrl＋Enter"快捷键，则这些单元格中就输入了相同的内容。

3. 输入序列内容

（1）输入序号序列。

① 如果序号是数字，使用填充句柄进行填充，会填充相同的数字。

② 如果序号是文本，如 A1、A001 等，会进行递增填充。

③ 按 Ctrl 键的同时拖动填充句柄进行数据填充时，如果序号是文本，会填充相同的数据，如果序号是数字，则会递增填充。

（2）填充等差序列。

① 使用鼠标填充：在需要填充的单元格区域选择第一个单元格，输入起始值，在下面的第二个单元格输入第二个值。例如，图 5-2-14 所示的"2"和"4"，同时选中这两个单元格，拖动填充句柄可以得到一列单元格均相差为 2 的等差数字序列。

② 使用对话框填充：在需要填充的单元格区域选择第一个单元格，输入起始值，选择需要填充的单元格区域，单击"开始"→"编辑"组→"填充"，在下拉菜单中选择"序列"命令，在弹出的"序列"对话框中，选择类型为"等差序列"，输入步长值，即可得到一组等差序列，如图 5-2-15 所示。

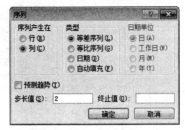

图 5-2-14　输入等差序列　　　　　图 5-2-15　"序列"对话框

（3）填充等比序列。

在需要填充的单元格区域选择第一个单元格，输入起始值，选择需要填充的单元格区域，选择"开始"→ "编辑"组→"填充"，在下拉菜单中选择"序列"命令，在弹出的"序列"对话框中，选择类型为"等比序列"，输入步长值，即可得到一组等比序列。

（4）输入自定义序列。

在 Excel 2010 中，系统预设了一些常用的序列，如星期、月份、季度、天干、地支等，如果需要输入固定的序列，可使用自定义序列。方法是：

① 单击"文件"→"选项"，打开"Excel 选项"对话框，切换至"高级"选项卡，在右侧向下拖动垂直滚动条，单击其中的"编辑自定义列表"按钮，如图 5-2-16 所示，打开"自定义序列"对话框。

图 5-2-16　"Excel 选项"对话框

② 在"输入序列"文本框中输入自定义的序列项，每项输入完成后按 Enter（回车）键进行分隔，如图 5-2-17 所示，然后单击"添加"按钮，新定义的序列就会出现在"自定义序列"对话框中。

图 5-2-17 "自定义序列"对话框

③ 单击"确定"按钮，返回"Excel 选项"对话框，然后再单击"确定"按钮，回到工作窗口。在单元格中输入自定义序列的第一个数据，通过拖动填充句柄的方式即可完成自定义序列的填充。

【任务 2-2】编辑工作表

添加各季度的销售数据表，具体销售量通过随机函数来实现，完善表中数据并设置单元格的格式。

操作步骤

（1）建立工作表副本：右键单击工作表 Sheet1 标签，单击"移动或复制"（图 5-2-18），在弹出的对话框中选择"在 Sheet2 工作表之前"并勾选"建立副本"的复选框，单击"确定"，如图 5-2-19 所示。注意，如果不勾选"建立副本"的复选框，只能移动工作表，不能复制工作表。

图 5-2-18 复制工作表 1

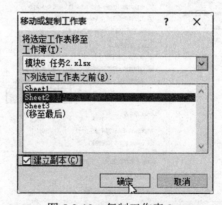

图 5-2-19 复制工作表 2

（2）重命名工作表：右键单击工作表标签，选择"重命名"命令或者双击工作表标签名，将 Sheet1 工作表重命名为"2017 年度"，使用相同的方法将 Sheet1（2）工作表重命名为"第一季度"。

（3）在"数量"列中输入 100 以内的随机函数：在"第一季度"工作表的 F2 单元格中输入"=RAND（）*100"，如图 5-2-20 所示，按回车键确定；选择 F2 单元格，单击"开始"→"数字"组→"减少小数位数"，直至小数位数为 0，如图 5-2-21 所示，利用填充句柄填充到

F21 单元格。有关公式与函数部分的详细说明，请参看任务 3。

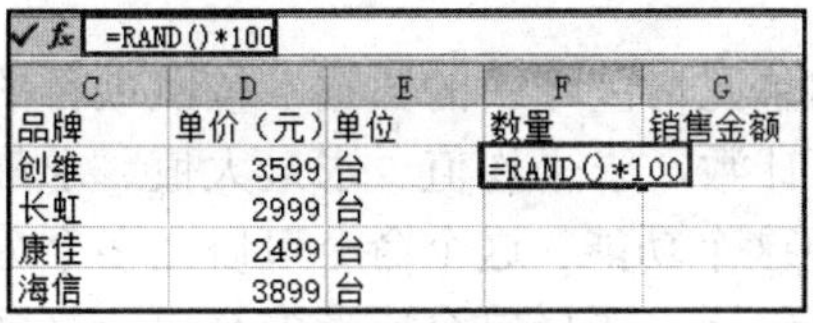

图 5-2-20　输入随机函数　　　　　　　图 5-2-21　减少小数位数

（4）计算销售金额：在"第一季度"工作表的 G2 单元格输入"=D2*F2"，并按回车，如图 5-2-22 所示。

（5）设置单元格格式：右击"第一季度"工作表的 G2 单元格，在快捷菜单中，选择"设置单元格格式"，在弹出的对话框中的分类项选择"货币"，小数位数为"2"，货币符号为"¥"，单击"确定"，利用填充句柄填充到 G21 单元格，如图 5-2-23 所示。

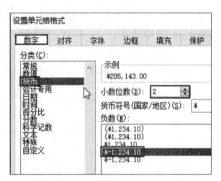

图 5-2-22　输入公式　　　　　　　　图 5-2-23　设置单元格格式

（6）建立 3 个工作表副本并重命名：根据上述步骤（1）的方法，为"第一季度"工作表建立 3 个副本，并放在 Sheet2 工作表之前，并将新建的工作表副本分别重命名为"第二季度""第三季度""第四季度"。

（7）删除工作表：按 Ctrl 键，同时选择"Sheet2"和"Sheet3"工作表标签，右键单击，在快捷菜单中选择"删除"命令，可同时删除两个工作表，效果如图 5-2-24 所示。

序号	商品种类	品牌	单价（元）	单位	数量	销售金额
1	电视	创维	3599	台	42	¥151,158.00
2	电视	长虹	2999	台	55	¥164,945.00
3	电视	康佳	2499	台	6	¥14,994.00
4	电视	海信	3899	台	9	¥35,091.00
5	电视	夏普	4399	台	4	¥17,596.00
6	电视	索尼	4999	台	67	¥334,933.00
7	空调	格力	4399	台	44	¥193,556.00
8	空调	奥克斯	2699	台	92	¥248,308.00
9	空调	至高	2999	台	93	¥278,907.00
10	空调	格兰仕	2199	台	39	¥85,761.00
11	冰箱	西门子	7299	台	72	¥525,528.00
12	冰箱	容声	4499	台	74	¥332,926.00
13	冰箱	美菱	3799	台	63	¥239,337.00
14	冰箱	晶弘	3099	台	13	¥40,287.00
15	冰箱	伊莱克斯	3999	台	38	¥151,962.00
16	洗衣机	小天鹅	4599	台	57	¥262,143.00
17	洗衣机	海尔	2599	台	59	¥153,341.00
18	洗衣机	美的	3199	台	23	¥73,577.00
19	洗衣机	三洋	1799	台	35	¥62,965.00
20	洗衣机	松下	5888	台	56	¥329,728.00

2017年度 / 第一季度 / 第二季度 / 第三季度 / 第四季度 /

图 5-2-24　完成后的效果

【任务2-3】合并计算

合并计算功能能够帮助用户将制定的单元格区域中的数据，按照项目的匹配，对同类数据进行汇总。数据汇总的方式包括求和、计数、求平均值、求最大值、求最小值等。可以在"数据"选项卡下用"合并计算"命令实现这个功能。这个命令可以用多个分散的数据进行汇总计算。在合并计算中，用户只需要使用鼠标，选择单个或者多个单元格区域，将需要汇总的数据选中并添加到引用位置中，即可对这些数据进行计算。

本任务需要对各季度的数据进行合并计算，以获得整个2017年度的销售数据。

操作步骤

（1）开始合并计算：选择"2017年度"工作表中的"F2:G21"区域，单击"数据"→"数据工具"组→"合并计算"，如图5-2-25所示。

（2）添加引用位置：合并计算函数为"求和"，单击"引用位置"的右侧按钮，选择"第一季度"工作表中的"F2:G21"区域，并单击"添加"，如图5-2-26所示。

图5-2-25　开始合并计算

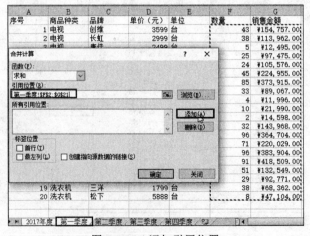

图5-2-26　添加引用位置

（3）完成合并计算：依次添加"第二季度！$F$2:$G$21""第三季度！$F$2:$G$21""第四季度！$F$2:$G$21"，单击"确定"完成合并计算，如图 5-2-27 所示。

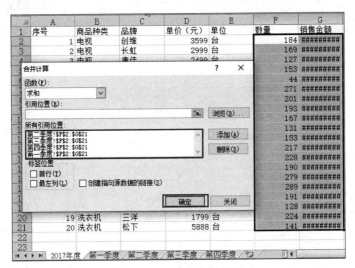

图 5-2-27　完成合并计算

合　并　计　算

Excel 的合并计算功能提供了两种合并数据的方法，一是通过位置合并，它适用于同位置的数据汇总，如上述的任务所完成的数据合并；二是通过分类合并，它适用于数据区域没有完全相同布局的数据汇总，如商品的种类及顺序发生了改变，可通过勾选"标签位置"中的"首行"和"最左列"复选框来确定合并的内容。

【任务 2-4】美化工作表

对工作表进行美化，包括添加标题、添加日期、字体格式的设置、行高与列宽的设置、背景的设置、表格格式套用等。

操作步骤

（1）增加行：选择"2017 年度"工作表，单击行号 1，选择第一行，右键单击，在快捷菜单中单击"插入"或单击"开始"→"单元格"组→"插入"，单击"插入工作表行"，共插入 2 行空白行。

（2）输入标题和日期：在 A1 单元格输入"某电器商 2017 年度产品销售报表"，在 A2 单元格输入日期"2018–01–01"。

（3）设置单元格数字格式：右击 A2 单元格选择"设置单元格格式"，弹出"设置单元格"对话框，如图 5-2-28 所示；或单击"开始"选项卡，在"数字"组的"数字格式"下拉列表中选择"其他数字格式"，如图 5-2-29 所示，在对话框中选择"日期"→"2001 年 3 月 14 日"的日期格式示例。

图 5-2-28　"设置单元格格式"对话框

图 5-2-29　"数字格式"
下拉列表框

▶ **操作技巧**

● Excel 2010 一般默认数字右对齐，字符左对齐。如果单元格中的文本内容比较多且其右侧单元格无内容，该内容就会完整显示并占据右侧单元格的空间。如右侧单元格有内容，则会部分隐藏该单元格的内容。

● 利用 Excel 2010 提供的多种数字格式，可以更改数字的外观。数字格式并不影响用于执行计算机的实际单元格的值，实际值显示在编辑栏中。

● "数字"选项组提供了多个快速设置数字格式的控件，其中包括"数据格式"下拉列表、"会计数字格式"、"百分比样式"、"千分分隔样式"、"增加小数位数"和"减少小数位数"按钮。

● 对于数字设置好格式后，如果数据过长，单元格会显示"###########"符号，此时只需调整列宽，使之比数据的宽度稍大，数据即可正常显示。

（4）合并居中和跨列居中。

选择 A1:G1 区域，单击"开始"→"对齐方式"→"合并后居中"，如图 5-2-30 所示。

选择 A2:G2 区域，右键单击，在快捷菜单中选择"设置单元格格式"，在弹出的对话框中单击"对齐"→"水平对齐"→"跨列居中"，如图 5-2-31 所示。

（5）调整列宽。

① 选择 A 至 C 列区域，右键单击，在快捷菜单中，选择"列宽"，在弹出的对话框中，设置列宽为 8，如图 5-2-32 所示。

② 选择 D 至 G 列区域，单击"开始"→"单元格"组→"格式"→"自动调整列宽"。

图 5-2-30　合并居中

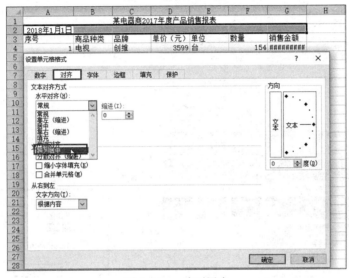

图 5-2-31　跨列居中

▶ 操作技巧

调整列宽除了可使用对话框进行精确调整外，还可以通过鼠标拖动列标，待宽度适合再松开鼠标，双击两列之间的边线可以将前一列调整成最适合的列宽。行高的设置方法与列宽相似，不再赘述。

（6）设置文字效果与背景填充。

① 在"开始"→"字体"组中设置 A1 单元格文字效果为黑体，加粗，字号 18，深蓝，填充颜色为橙色，强调文字颜色 6，淡色 80%。

② 在"开始"→"字体"组中设置 A2:G2 区域文字效果为楷体，倾斜，字号 14，绿色，填充颜色为黄色。

（7）求销售金额与数量的总和。

① 在 A24 单元格输入"合计"，选择 A24:E24 区域，合并后居中，字体加粗，红色，填充颜色 RGB（141，180，226）。

图 5-2-32　设置"列宽"

② 分别在 F24，G24，单击"开始"→"编辑"组→"自动求和"按钮 Σ 自动求和 ▾ 或插入

求和函数："=SUM（F4:F23）""=SUM（G4:G23）"，对数量和销售金额进行求和。有关公式与函数部分的详细说明，请参看任务 3。

③ 设置 G24 单元格格式为"货币"。

（8）套用表格式：选择 A3:G23 区域，单击"开始"→"样式"→"套用表格式"，选择"中等深浅—表样式中等深浅 2"，如图 5-2-33 所示；在弹出的对话框中勾选"表包含标题"复选框，单击"确定"，如图 5-2-34 所示。

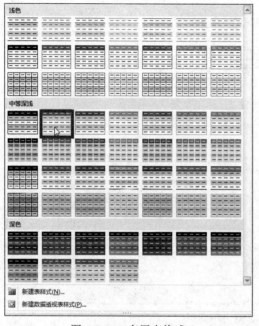

图 5-2-33 套用表格式

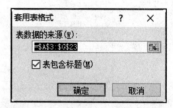

图 5-2-34 "套用表格式"对话框

（9）设置边框和底纹。

① 选择 A1:G24 区域，右键单击，在快捷菜单中选择"设置单元格格式"，在弹出的对话框中选择"边框"选项卡，设置线条为双实线，红色，单击"外边框"，如图 5-2-35 所示。

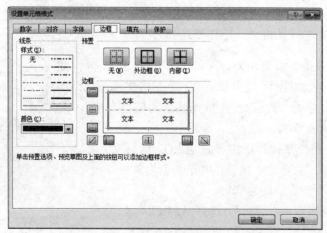

图 5-2-35 设置外边框

② 选中 A1 单元格，设置单元格下边线为"点划线"，红色，如图 5-2-36 所示。

③ 设置 A1 单元格填充图案为 6.25%的灰色，红色，如图 5-2-37 所示。

（10）保存文件，最终效果如图 5-2-38 所示。

图 5-2-36　设置下边线

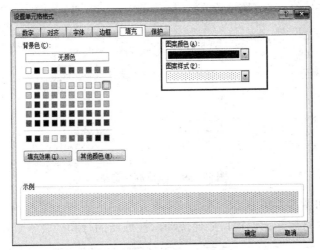

图 5-2-37　设置填充图案

序号	品牌	单位	商品种类	单价（元）	数量	销售金额
	某电器商2017年度产品销售报表					
	2018年1月1日					
1	创维	台	电视	3599	222	¥799,828.15
2	长虹	台	电视	2999	230	¥689,351.46
3	康佳	台	电视	2499	215	¥538,323.93
4	海信	台	电视	3899	178	¥694,693.46
5	夏普	台	电视	4399	239	¥1,049,522.04
6	索尼	台	电视	4999	185	¥924,571.54
7	格力	台	空调	4399	156	¥684,486.10
8	奥克斯	台	空调	2699	242	¥653,473.09
9	至高	台	空调	2999	202	¥606,203.99
10	格兰仕	台	空调	2199	143	¥315,085.34
11	西门子	台	冰箱	7299	153	¥1,117,593.36
12	容声	台	冰箱	4499	265	¥1,193,760.94
13	美菱	台	冰箱	3799	204	¥774,705.55
14	晶弘	台	冰箱	3099	280	¥868,226.89
15	伊莱克斯	台	冰箱	3999	152	¥606,736.09
16	小天鹅	台	冰箱	4599	212	¥973,952.11
17	海尔	台	洗衣机	2599	280	¥726,654.30
18	美的	台	洗衣机	3199	206	¥660,131.67
19	三洋	台	洗衣机	1799	172	¥309,367.79
20	松下	台	洗衣机	5888	180	¥1,056,936.62
			合计		4116	¥15,243,604.40

图 5-2-38　最终效果

任务小结

在本任务中，制作了一个"某电器商的年度数据报告"的电子表格，用于掌握数据输入、数据有效性、单元格格式的设置、简单公式计算、工作表的复制及重命名、工作表的合并计算、电子表格的美化等操作及基本技能。

 任务拓展

任务简述：Excel 的窗口冻结与拆分

1. 冻结窗格

利用 Excel 工作表的冻结功能可以达到固定窗口中的某一行或者某一列的效果，即可以指定在工作表滚动时一直可见的特定列或行。例如需固定显示 A、B 列及第 1、2 行，可选定 C3 单元格，单击"视图"→"窗口"→"冻结窗口"→"冻结拆分窗格"，如图 5-2-39 所示。

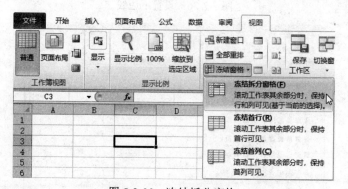

图 5-2-39　冻结拆分窗格

冻结后的效果如图 5-2-40 所示，可见 C3 单元格的上方和左侧各多了一条线，这就是被冻结的状态。冻结窗格后，无论窗口如何滚动，被冻结的行和列会一直显示。

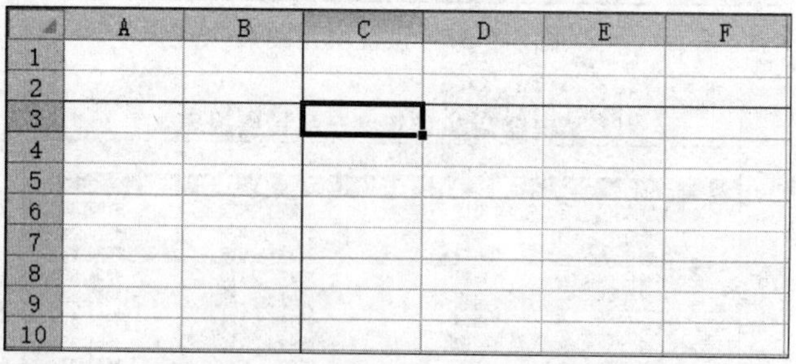

图 5-2-40　冻结 C3 拆分窗格后的效果

单击冻结窗口下拉菜单的"取消冻结窗格"即可取消冻结状态。还可以直接选择"冻结首行"或"冻结首列"命令，快速冻结表格的首行或首列。

2. 窗口拆分

单个工作表可以通过拆分窗口功能，在现有的工作表窗口中同时显示工作表的多个位置。如图 5-2-41 所示，选中 F11 单元格，单击"视图"→"窗口"→"拆分"可将工作表窗口拆分为 4 个窗格，这 4 个窗格可显示同一个工作表中的不同区域。

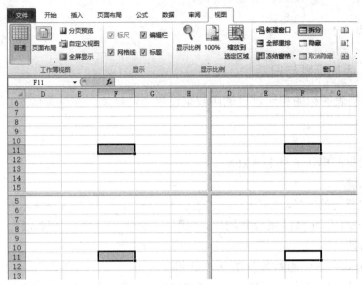

图 5-2-41　拆分 F11 窗口后的效果

任务 3　分析学生成绩表

 任务介绍

Excel 2010 最强大的功能在于数据的运算和统计，这些功能主要通过公式和函数来实现。因此，熟练掌握 Excel 的数值计算方法是非常重要的。本任务主要是某班"计算机应用基础"课程期末成绩表，计算总评成绩，并对不及格的成绩突出显示，统计与分析学生成绩表的信息等。

 任务分析

完成本任务需要学习在 Excel 中输入公式与函数的基本方法，掌握函数的基本形式和参数，掌握数据库函数、日期与时间函数、财务函数、逻辑函数、查找函数、数学和三角函数、统计函数、文本函数等多种函数的应用。

本任务路线如图 5-3-1 所示：

图 5-3-1　任务路线

完成本任务的相关知识点：

（1）日期函数。

（2）IF 函数。

（3）条件格式。

（4）统计类函数。

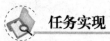 **任务实现**

【任务3-1】添加标题与日期

添加学生成绩表的标题和通过日期函数来设置当前日期，并设置格式。

 操作步骤

（1）打开素材：模块5任务3.xlsx。

（2）添加标题。

① 根据前面学习的内容，在第一行的前面插入空白行，在A1单元格输入"学生成绩统计表"；

② 设置A1:M1单元格区域合并居中，"黑体、加粗、蓝色、字号12"。

（3）添加日期。

① 选择"公式"→"函数库"组→"日期和时间"→"TODAY"，在弹出的对话框中，单击"确定"按钮或在J3单元格输入"=TODAY()"，并按回车，如图5-3-2所示。

② 设置J3单元格为"日期"，类型为"2001年3月14日"。

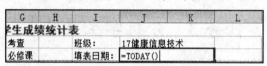

图5-3-2　添加日期

 知识点

插　入　函　数

1. Excel函数分类

Excel函数是按照特定语法进行计算的一种表达式。Excel提供了11类函数，分别是数据库函数、日期与时间函数、工程函数、财务函数、信息函数、逻辑函数、查询和引用函数、数学和三角函数、统计函数、文本函数以及用户自定义函数。

2. 函数的格式

函数的一般形式为"函数名（[参数1],[参数2],,[参数3],,……）"，函数名用以描述函数的功能；参数可以是数字、文本、逻辑值、数组、单元格引用、公式或其他函数；参数与参数之间用逗号隔开，当没有参数时，圆括号也不能省略，如SUM（F4:F23）中有一个参数，表示计算单元格区域F4:F23中的数据之和；TODAY()函数没有参数，表示返回系统当前日期。

3. 输入函数的方法

（1）手动输入函数：输入时需先输入"="，然后才输入函数名的第1个字母，Excel会自动列出以该字母开头的函数名，如图5-3-3所示，单击需要的函数，函数名的右侧自动输入一个"("，此时Excel会出现一个带有语法和参数的工作提示，选定要引用的单元格或单元格区域，输入右括号，按Enter键，函数所在单元格中显示出函数的结果。这种方法适用于对函数非常熟悉的用户。

图5-3-3　手动输入函数

（2）使用函数向导输入函数。

这种方法适用于用户不记得函数名称或参数的时候。

① 选择"公式"选项卡，在"函数库"组中单击某个函数分类，在下拉菜单中，选择所需要的函数，如图 5-3-4 所示。

图 5-3-4 函数库

② 例如选择了 SUM 函数，打开"函数参数"对话框，如图 5-3-5 所示，根据参数框中的提示，输入数值、单元格或单元格区域，单击确定即可。在对话框的下半部分，说明了函数的主要功能、参数说明及计算结果，如果用户不知道参数应该如何输入，还可以单击"有关该函数的帮助"链接，获得帮助信息。

③ 单击"插入函数"按钮，打开"插入函数"对话框，如图 5-3-6 所示，也可以选择需要的函数。

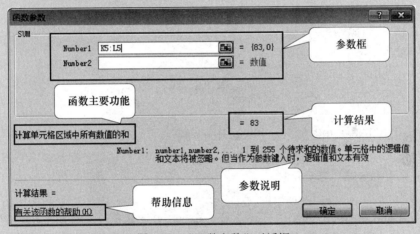

图 5-3-5 "函数参数"对话框

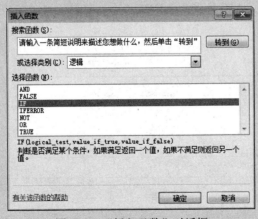

图 5-3-6 "插入函数"对话框

【任务 3-2】计算平时成绩

利用公式计算平时成绩，平时成绩＝5 次作业平均成绩*60%＋平时表现*40%。

操作步骤

（1）输入公式：在 J5 单元格输入"＝（D5＋E5＋F5＋G5＋H5）/5*60%＋I5*40%"（注：输入公式或函数时，输入内容不包括双引号，下同），如图 5-3-7 所示，也可以输入"＝SUM（D5:H5）/5*60%＋I5*40%"，并按回车键。

（2）设置单元格格式：根据前面介绍的方法，设置 J5 单元格保留小数位数为"0"；并使用句柄填充至 J36 单元格。

图 5-3-7 插入公式

注意：公式及函数内所有符号均为英文半角符号。

知识点

输 入 公 式

1. 公式

Excel 公式是 Excel 工作表中进行数值计算的等式。公式输入以"＝"开始，后面会添加运算数和运算符，每个运算数可以是数值、单元格区域的引用、标志、名称或函数。简单的公式运算有加、减、乘、除等。

2. 运算符

在公式与函数输入时，均会用到运算符，Excel 中运算符一般有算术运算符、比较运算符、文本运算符和引用运算符四类。

（1）算术运算符：算术运算符是最常用的运算符，它可以完成基本的数学运算，其基本含义如表 5-3-1 所示。

表 5-3-1 算术运算符

算数运算符	含义
＋	加
－	减
*	乘
/	除
%	百分比
∧	乘方

（2）比较运算符：比较运算符可以比较两个数值之间的逻辑关系，并产生逻辑值
TRUE 或 FALSE，其含义如表 5-3-2 所示。

表 5-3-2　比较运算符

比较运算符	含义
=	相等
<	小于
>	大于
>=	大于等于
<>	不相等
<=	小于等于

（3）文本运算符：文本运算符只有一个"&"，其作用是将文本连接起来。

（4）引用运算符：引用运算符可将单元格区域合并计算。引用运算符有 3 个，分别是
冒号"："、逗号"，"和空格""，其含义如表 5-3-3 所示。

表 5-3-3　引用运算符

引用运算符	含义
：（冒号）	区域运算符，可对两个引用之间（包括这两个引用在内）的所有单元格进行运算
，（逗号）	联合运算符，可将多个引用合并为一个引用
（空格）	交叉运算符，将同时属于两个引用的单元格区域进行引用，即两个单元格引用相重叠的区域

（5）运算符的优先级：如果公式中同时使用了多个运算符，则计算时会按运算符优先
级的顺序进行运算，运算符的优先级如表 5-3-4 所示。

表 5-3-4　运算符的优先级

优先级	运算符	说明
由高到低	区域（冒号）	引用运算符
	联合（逗号）	引用运算符
	交叉（空格）	引用运算符
	-	负号
	%	百分号
	^	乘方
	* 和/	乘和除
	+和-	加和减
	&	文本连接符
	=，<，>，<>，>=，<=	逻辑运算符

3. 单元格的引用

单元格的引用是指在公式或函数中引用了单元格的地址，其目的在于指明所使用数据的存放位置。单元格引用分为相对引用、绝对引用和混合引用。

（1）相对引用：指在公式或函数复制时，该地址相对于目标单元格在不断地发生变化，这种类型的地址由列标和行号表示。

（2）绝对引用：指在公式或函数复制时，该地址不随目标单元格的变化而变化，绝对引用地址是在列标和行号前分别加上一个"\$"符号。例如"\$A\$7""\$B\$3"，这里的"\$"符号就像是一把锁，锁定了引用地址。

（3）混合引用：指在引用单元格地址时，一部分为相对引用，另一部分为绝对引用。例如"\$A1""A\$1"，如果"\$"符号放在列标之前，如"\$A1"，则表示列的位置是绝对不变的，行的位置可以随目标单元格的变化而变化，如果"\$"符号放在行号之前，如"A\$1"，则表示行的位置是绝对不变的，而列的位置可以随目标单元格的变化而变化。

4. 公式中的错误信息

Excel 2010 中输入或编辑公式时，一旦因各种原因不能正确计算出结果，系统就会提示出错误信息，常见错误信息如表 5-3-5 所示。

表 5-3-5　常见错误信息

错误信息	原因
#DIV/0!	输入公式中包含除数 0，或公式中的除数为空的单元格，或包含有 0 值的单元格的引用
#VALUE!	在使用不正确的参数或运算符时，或在执行自动更新公式功能时不能更正公式
#NAME?	在公式中使用了 Excel 不能识别的文本时产生的错误信息
#NUM!	公式或函数中使用了不正确的数字时产生的错误信息
#N/A	公式或函数中没有可用数值时产生的错误信息
#REF!	单元格引用了无效的结果时产生的错误信息
#NULL!	当指定两个并不相交的区域的交点时产生的错误信息

【任务 3-3】 插入 IF 函数

总评成绩＝平时成绩*50%＋期末成绩*50%，根据规定，若期末成绩不及格者，在计算总评时，期末成绩按零分计。因此需加入逻辑函数 IF 进行区分。

操作步骤

（1）插入 IF 函数：选中"L5 单元格"，单击"公式"→"函数库"组→"逻辑"→"IF"。

● 在 Logical_test 参数框中输入"K5＜60"。

● 在 Value_if_true 参数框中输入"J5/2"。

● Value_if_false 参数框中输入"（J5＋K5）/2"，单击"确定"，如图 5-3-8 所示。

（2）设置单元格格式：设置 L5 单元格，小数位数为"0"，并使用填充句柄将函数填充至 L36。

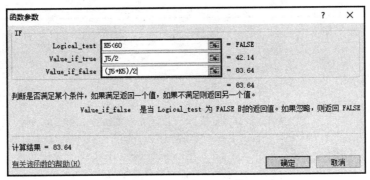

图 5-3-8　插入 IF 函数

知识点

常 用 函 数

常用函数如表 5-3-6 所示。

表 5-3-6　常用函数

分类	函数名称	说明
数学函数	RAND	功能：产生一个 0 到 1 之间的随机数。如果需要生成 A 与 B 之间的随机数字（A≤随机数<B），则需输入公式=RAND()*（B-A）+A 语法：RAND() 参数：该函数没有参数
	SUM	功能：计算单元格区域内所有数值的和 语法：SUM（number1，number2，…） 参数：其中 number1，number2，…是函数的参数，参数之间用","分开。如果要求若干相邻单元格内的数值之和时，参数之间用":"分开
	SUMIF	功能：根据指定条件对若干单元格、区域或引用求和 语法：SUMIF（Range，Criteria，Sum_range） 参数： ● Range 是要计算平均值的一个或多个单元格，其中包括数字或包含数字的名称、数组或引用。 ● Criteria 是数字、表达式、单元格引用或文本形式的条件，用于定义要对哪些单元格计算平均值。 ● Sum_range 是要求和的实际单元格区域
	INT	功能：将数字向下舍入到最接近的整数 语法：INT（number） 参数：Number 为必需。需要进行向下舍入取整的实数
	ROUND	功能：可将某个数字四舍五入为指定的位数 语法：ROUND（number，num_digits） 参数：number 为必需，要四舍五入的数字 　　　 num_digits 为必需，要进行四舍五入运算的位数

续表

分类	函数名称	说明
逻辑 函数	IF	功能：根据指定的条件来判断其"真"（TRUE）、"假"（FALSE），从而返回相应的内容 语法：IF（logical_test，value_if_true，value_if_false） 参数： ● Logical_test 表示计算结果为 TRUE 或 FALSE 的任意值或表达式。 ● Value_if_true 是 logical_test 为 TRUE 时返回的值。 ● Value_if_false 是 logical_test 为 FALSE 时返回的值
统计 函数	COUNT	功能：计算参数列表中的数字项的个数。 语法：COUNT（value1，value2，…） 参数：其中 value1，value2，…是包含或引用各种类型数据的参数，但只有数字类型的数据才被计数
	COUNTIF	功能：对指定区域中符合指定条件的单元格进行计数。 语法：COUNTIF（range，criteria） 参数： ● range 要计算其中非空单元格数目的区域。 ● criteria 以数字、表达式或文本形式定义的条件
	MAX	功能：返回一组数值中的最大值 语法：MAX（number1，number2，…） 参数：与 SUM 函数相同
	MIN	功能：返回一组数值中的最小值 语法：MIN（number1，number2，…） 参数：与 SUM 函数相同
	AVERAGE	功能：计算各参数的算术平均值 语法：AVERAGE（number1，number2，…） 参数：与 SUM 函数相同
	AVERAGEIF	功能：返回某个区域内满足给定条件的所有单元格的平均值 语法：AVERAGEIF（Range，Criteria，Average_range） 参数：与 SUMIF 函数类似，其中 Average_range 是要计算平均值的实际单元格集
	RANK	功能：求某一个数值在某一区域内的排名 语法：rank（Number，Ref，Order） 参数： ● Number 是要查找排名的数字。 ● Ref 是一组数或对一组数的引用。 ● Order 表示升序或降序，0 或省略表示降序，非 0 则表示升序
	FREQUENCY	功能：频率分布统计函数，计算一组数（data_array）分布在指定各区间（由 bins_array 来确定）的个数 语法：FREQUENCY（data_array，bins_array） 参数： ● data_array 为要统计的数据（数组）。 ● bins_array 为统计的间距数据（数组）。 ● 设 bins_array 指定的参数为 A1，A2，A3，…，An，则其统计的区间为 $X{\leq}A1$，$A1{<}X{\leq}A2$，$A2{<}X{\leq}A3$，…，$An-1{<}X{\leq}An$，$X{>}An$，共 n+1 个区间

【任务 3-4】条件格式

在 Excel 中，通过对满足某些条件的数据设置特定的格式（如字体格式的突出显示、数据条、色阶、图标等），可以帮助我们快速获取和分辨信息。

本任务中将期末成绩不及格者与总评成绩不及格者分别用不同的条件格式进行显示，以便查看。

操作步骤

（1）调整格式：选择单元格区域 A2:M41，设置格式为字号：10，对齐方式：垂直居中。

（2）设置期末成绩不及格条件格式。

选择单元格区域 K5:K36，单击"开始"→"样式"组→"条件格式"。在下拉列表中单击"突出显示单元格规则"→"小于..."，如图 5-3-9 所示，在弹出对话框中输入"60"，格式设置为"绿色填充深绿色文本"，单击"确定"。

（3）设置总评成绩不及格条件格式。

图 5-3-9　插入条件格式

选择单元格区域 L5:L36，单击"开始"→"样式"组→"条件格式"，在下拉列表中选择"突出显示单元格规则"→"小于..."，在弹出对话框中输入"60"；格式设置为选择"自定义格式"，在弹出菜单中选择字体为"红色"，填充颜色为"黄色"，单击"确定"按钮，如图 5-3-10 所示。

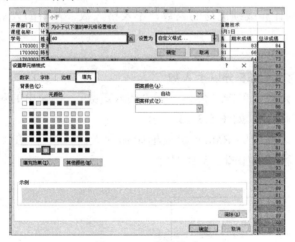

图 5-3-10　条件格式

● 【任务 3-5】计算成绩排名

利用 RANK 函数计算总评成绩排名。

操作步骤

（1）查找 RANK 函数：选中 L5 单元格，单击"公式"→"函数库"→"插入函数"，在弹出的"插入函数"对话框中的搜索函数项输入"RANK"，选择类别为"全部"，单击"转到"，找到 RANK 函数，单击"确定"按钮，如图 5-3-11 所示。

（2）输入 RANK 函数参数。

● Number 参数框：输入"L5"。

● Ref 参数框：输入"$L$5:$L$36"，如图 5-3-12 所示，并利用句柄填充至 M36。

● Order 参数框：输入 0 或不输入。

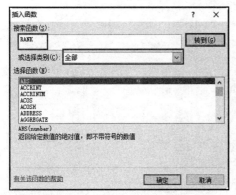

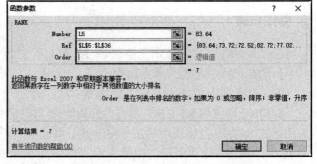

<table>
<tr><td>图 5-3-11　查找 RANK 函数</td><td>图 5-3-12　输入 RANK 函数参数</td></tr>
</table>

▶▶ **操作技巧**

按 F4 键，可以转换公式中单元格地址引用方式。

【任务 3-6】统计人数

利用统计函数分别计算成绩优秀的人数、不及格人数、及格的人数。

🖱 **操作步骤**

1. COUNTIF 函数统计 85 分以上人数

（1）选中 C39 单元格，单击"公式"→"插入函数"，在弹出的对话框中选择统计函数"COUNTIF"，单击"确定"，如图 5-3-13 所示。

（2）在弹出的对话框中的 Range 参数框中输入"L5:L36"，在 Criteria 参数框中输入" >=85 "；单击"确定"，如图 5-3-14 所示。

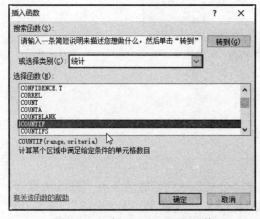

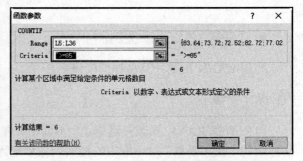

<table>
<tr><td>图 5-3-13　插入 COUNTIF 函数</td><td>图 5-3-14　COUNTIF 函数参数</td></tr>
</table>

2. COUNTIF 函数统计 60 分以下人数

选中 C41 单元格，输入 " = COUNTIF（L5:L36，"＜60"）"，按回车键确定。

3. 计算 60～85 分的人数

总人数减去优秀人数减去不及格人数。

选中 C40 单元格，输入 " = COUNT（M5:M36）-C39-C41"，按回车键确定。

4. 计算各分数段人数百分比

前单元格人数除以总人数。

选中 B39 单元格，输入 " = C39/SUM（\$C\$39:\$C\$41）"，按回车键确定，利用句柄填充至 B41。

【任务 3-7】成绩分析

对成绩进行分析，求出最高分、最低分和平均分，并根据人数统计出及格率和优秀率。

操作步骤

（1）求及格率：选中 D39 单元格，输入 " = 1-C41/SUM（C39:C41）"，并按回车。

（2）求优秀率：选中 E39 单元格，输入 " = C39/SUM（C39:C41）"，并按回车。

（3）求最高分：选中 F39 单元格，单击"公式"→"函数库"组→"自动求和"下拉菜单→"最大值"，选择单元格区域 L5:L36，并按回车键确定［或直接输入 " = MAX（L5:L36）"］。

（4）求最低分：选中 G39 单元格，单击"公式"→"函数库"组→"自动求和"下拉菜单→"最小值"，选择单元格区域 L5:L36，并按回车键确定［或直接输入 " = MIN（L5:L36）"］。

（5）求平均分：分别求出平均分、男生平均分、女生平均分。

① 单击 H39 单元格，单击"公式"→"函数库"组→"自动求和"下拉菜单→"平均值"，选择区域"L5:L36"，并按回车键确定［或直接输入 " = AVERAGE（L5:L36"）］。

② 单击 I39 单元格，单击"公式"→"函数库"→"其他函数"→"统计"→"AVERAGEIF"，在弹出的对话框中输入以下参数：

- Range 参数框：输入 "C5:C36"；
- Criteria 参数框：输入 "男"；
- Average_range 参数框：输入 "L5:L36"，如图 5-3-15 所示；单击"确定"按钮。

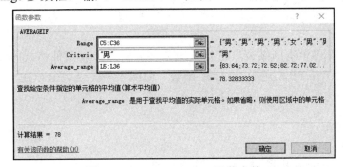

图 5-3-15　AVERAGEIF 函数参数

③ 单击 J39 单元格，以相同的方法插入函数 AVERAGEIF，在弹出的窗口输入以下参数：

- Range 参数框：输入 "C5:C36"；
- Criteria 参数框：输入 "女"；

- Average_range 参数框：输入 "L5:L36"，单击 "确定"。

（6）求成绩排名前五名总分。

单击 K39 单元格，单击 "公式" → "函数库" → "数学和三角函数" → "统计" → "SUMIF"，在弹出的窗口输入以下参数：

- Range 参数框：输入 "M5:M36"；
- Criteria 参数框：输入 "＜＝5"；
- Sum_range 参数框：输入 "L5:L36"；单击 "确定"。

（7）保存文件，效果如图 5-3-16 所示。

开课部门：	软件学院				考核方式：		考查		班级：	17健康信息技术	
课程名称：	计算机应用基础				课程性质：		必修课		填表日期：	2018年5月2日	
学号	姓名	性别	作业1	作业2	作业3	作业4	作业5	平时表现	平时成绩	期末成绩	总评成绩	排名
1703001	李迪旭	男	85	85	95	97	87	76	84	83	84	7
1703002	陈桂彬	男	87	76	92	84	83	77	81	66	74	20
1703003	苏燕辉	男	76	93	93	82	88	73	81	64	73	22
1703004	彭晓材	男	78	72	83	69	80	74	75	90	83	8
1703005	刘洁敏	女	84	99	84	84	96	91	90	64	77	16
1703006	吕磊淼	男	86	64	62	60	78	84	76	88	82	9
1703007	庞妍廷	男	81	69	73	66	83	71	73	80	77	17
1703008	尹晓晴	女	81	66	90	93	89	72	79	65	72	23
1703009	蔡玉涛	男	82	67	65	95	72	82	79	84	81	10
1703010	李倩雯	女	75	79	77	73	73	87	80	96	88	5
1703011	邬炼嘉	女	79	66	81	94	75	76	78	47	39	30
1703012	周永佩	女	70	77	75	77	76	75	75	34	38	31
1703013	肖勤丽	女	80	96	88	74	81	81	83	74	78	14
1703014	赵小雯	女	89	99	85	98	00	90	90	52	45	25
1703015	叶庆宏	男	77	64	97	77	73	85	81	96	88	4
1703016	胡文冰	女	80	96	84	69	78	95	87	75	81	12
1703017	郑子燕	女	88	95	72	82	65	77	79	93	86	6
1703018	祝金怡	女	75	63	91	79	70	83	79	44	39	28
1703019	林照聪	男	89	79	90	91	93	88	88	98	93	1
1703020	马兆宝	男	82	60	90	78	78	80	79	57	39	28
1703021	谢小婕	女	44	61	86	76	51	94	76	73	74	19
1703022	朱芝霞	女	35	62	99	82	41	85	72	65	69	24
1703023	陈小弋	女	79	88	98	81	78	80	83	79	81	11
1703024	吕菁怡	女	75	70	73	98	72	96	85	92	88	3
1703025	吴昱燕	女	76	66	97	60	76	70	73	44	37	32
1703026	郑健民	男	80	75	87	61	87	95	85	93	89	2
1703027	彭松婷	女	83	99	64	61	77	83	79	58	40	27
1703028	宋晓扬	女	85	76	89	87	79	79	82	54	41	26
1703029	周子萍	女	81	69	81	84	72	79	78	68	73	21
1703030	罗漫环	女	82	86	83	73	75	78	79	70	75	18
1703031	王玉燕	女	77	95	84	94	73	78	82	79	80	13
1703032	赵文新	男	81	62	77	85	85	78	75	81	78	15
总评成绩分析											
百分制	百分比	人数	及格率	优秀率	最高分	最低分	平均分	平均分(男)	平均分(女)	成绩排名前五名总分	
85分及以上	19%	6	75%	19%	93	37	70	78	65	447	
60--84分	56%	18									
59分及以下	25%	8									

图 5-3-16　最终效果

任务小结

在本任务中，对 "学生成绩表" 进行了统计和分析，涉及条件格式的使用以及 IF 函数、COUNTIF 函数、COUNTIFS 函数、MAX 函数、MIN 函数、AVERAGE 函数、SUM 函数、SUMIF 函数的使用方法。

任务拓展

任务简述：Excel 函数拓展

1. 查找函数

VLOOKUP 函数是 Excel 中的一个纵向查找函数，可以用来核对数据，具有在多个表格之间快速导入数据等函数功能。按列查找，最终返回该列所需查询列序所对应的值；与之对应的 HLOOKUP 是按行查找的。

其表达式为：VLOOKUP(lookup_value,table_array,col_index_num,range_lookup)

其中：lookup_value——要查找的值；

table_array——要查找的区域；

col_index_num——返回数据在查找区域的第几列；

range_lookup——一逻辑值，指明是精确匹配或近似匹配。

（1）打开素材：模块 5 任务 3-拓展任务.xlsx，选择工作表"查找函数"。

（2）计算总分：选中"H2 单元格"，单击"公式"→"函数库"→"自动求和"，选择 D2:G2 单元格区域，按回车键确定。拖动 H2 单元格的填充句柄至 H201 单元格。

（3）插入 VLOOKUP 函数：选中 K18 单元格，单击"公式"→"函数库"→"查找与引用"→"VLOOKUP"，如图 5-3-17 所示。

● 在弹出的对话框中的 Lookup_value 参数框中输入"J18"（或直接鼠标单击 J18 单元格）。

● 在 Table_array 参数框中输入"$B$1:$H$201"（或用鼠标选择工作表区域 B1:H201，并加上绝对引用）。

● 在 Col_index_num 参数框中输入数字"7"。

● 在 Range_lookup 参数框中输入数字"0"（或"FALSE"）。

● 单击"确认"按钮，如图 5-3-18 所示。

● 拖动 K18 单元格的填充句柄至 K28 单元格。

图 5-3-17　插入 VLOOKUP 函数

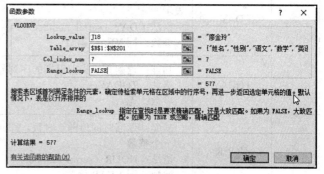

图 5-3-18　VLOOKUP 函数的参数

2. 日期与时间函数

日期与时间函数是指在公式中用来分析和处理日期值与时间值的函数。例如要显示当前时间的年、月、日、时、分、秒等日期和时间信息等，如表 5-3-7 所示。

打开素材：模块 5 任务 3-拓展任务.xlsx，选择工作表"日期与时间函数"。

● 在 C4 单元格输入"=YEAR（B4）"。

● 在 D4 单元格输入"=MONTH（B4）"。

● 在 E4 单元格输入"=DAY（B4）"。

● 在 F4 单元格输入"=HOUR（B4）"。

- 在 G4 单元格输入"=MINUTE（B4）"。
- 在 H4 单元格输入"=SECOND（B4）"。

表 5-3-7   日期与时间函数

分类	函数名称	说明
日期函数	DATE	功能：返回代表特定日期的序列号 语法：DATE（year，month，day） 参数：year 为一到四位，根据使用的日期系统解释该参数。month 代表每年中月份的数字。如果所输入的月份大于 12，将从指定年份的一月份执行加法运算。day 代表在该月份中第几天的数字。当 day 大于该月份的最大天数时，将从指定月份的第一天开始往上累加。 注意：Excel 按顺序的序列号保存日期，这样就可以对其进行计算。工作簿默认使用的是 1900 日期系统，Excel 会将 1900 年 1 月 1 日保存为序列号 1。同理，会将 2018 年 4 月 1 日保存为序列号 43191，因为该日期距离 1900 年 1 月 1 日为 43 190 天
	YEAR	功能：返回某日期的年份。其结果为 1 900 到 9 999 之间的一个整数 语法：YEAR（serial_number） 参数：Serial_number 是一个日期值，其中包含要查找的年份。日期有多种输入方式：带引号的文本串（如"1998/01/30"）、序列号（如 43191 表示 2018 年 4 月 1 日）
	MONTH	功能：返回以序列号表示的日期中的月份，它是介于 1（一月）和 12（十二月）之间的整数 语法：MONTH（serial_number） 参数：同 YEAR 函数
	DAY	功能：返回用序列号（整数 1 到 31）表示的某日期的天数，用整数 1 到 31 表示 语法：DAY（serial_number） 参数：同 YEAR 函数
	TODAY	功能：返回系统当前日期的序列号 语法：TODAY() 参数：无
时间函数	HOUR	功能：返回时间值的小时数。即介于 0（12:00 AM）到 23（11:00 PM）之间的一个整数 语法：HOUR（serial_number） 参数：同 YEAR 函数
	MINUTE	功能：返回时间值中的分钟，即介于 0 到 59 之间的一个整数 语法：MINUTE（serial_number） 参数：同 YEAR 函数
	SECOND	功能：返回时间值的秒数（为 0 至 59 之间的一个整数） 语法：SECOND（serial_number） 参数同 YEAR 函数
	NOW	功能：返回当前日期和时间所对应的序列号 语法：NOW() 参数：无

3. 文本函数

Excel 的 LEFT、RIGHT、MID 函数可以帮助我们取得某个数值或者文本数据中需要特定值。LEFT 是从左边的第一位开始取值，RIGHT 从右边开始取值，MID 则从指定位置开始取值。文本函数如表 5-3-8 所示。

表 5-3-8 文本函数

分类	函数名称	说明
文本函数	LEFT	功能：从一个文本字符串的第一个字符开始返回指定个数的字符 语法：LEFT（text，[num_chars]） 参数：其中 text 为要取得给定值的文本数据源，num_chars 表示需要从左开始算提取几个字符数，其中每个字符按 1 计数
	RIGHT	功能：从一个文本字符串的最后一个字符开始返回指定个数的字符 语法：RIGHT（text，[num_chars]） 参数：其中 text 为要取得给定值的文本数据源，num_chars 表示需要从右开始算提取几个字符数，其中每个字符按 1 计数
	MID	功能：从文本字符串中指定的起始位置起返回指定长度的字符 语法：MID（text，start_num，num_chars） 参数：其中 text 为要取得给定值的文本数据源，start_num 表示指定从第几位开始提取，num_chars 表示需要从指定位置开始算提取几个字符数，其中每个字符按 1 计数

例如，在文本"广东省广州市天河区食品药品职业学院软件学院"中提取出省、市、区、学校名、学院名等信息，具体步骤如下。

打开素材：模块 5 任务 3-拓展任务.xlsx，选择工作表"文本函数"。

- 在 C5 单元格输入"=LEFT（$B$5，3）"。
- 在 D5 单元格输入"=MID（$B$5，4，3）"。
- 在 E5 单元格输入"=MID（$B$5，7，3）"。
- 在 F5 单元格输入"=MID（$B$5，10，8）"。
- 在 G5 单元格输入"=RIGHT（$B$5，4）"。
- 提取后的结果如图 5-3-19 所示。

文本信息	省份	城市	区(县)	学校	学院
	left	mid	mid	mid	right
广东省广州市天河区食品药品职业学院软件学院	广东省	广州市	天河区	食品药品职业学院	软件学院

图 5-3-19 从单元格中提取部分文本信息

也可用文本连接符"&"将不同单元格中的文本信息连接到一个单元格中。在"B17 单元格"中输入"=C17&D17&E17&F17"，即可连接相应的文本信息，其结果如图 5-3-20 所示。

地址	省份	城市	区(县)	街道
广东省广州市天河区龙洞北路321号	广东省	广州市	天河区	龙洞北路321号

图 5-3-20 将离散文本信息连接完整

4. 财务函数

财务函数可以进行一般的财务计算，如确定贷款的支付额、投资的未来值或净现值，以及债券或息票的价值。财务函数有很多，本任务仅介绍最常用的 3 个函数，分别是 FV 函数、PV 函数、PMT 函数。

● FV 函数：可以返回基于固定利率和等额分期付款方式的某项投资的未来值。

其表达式为：FV（rate，nper，pmt，pv，type）

其中：rate——利率；

nper——投资期数；

pmt——各期支出金额；

pv——该投资开始计算时已入账的金额；

type——只有 0 和 1 两个值，用于指定付款时间是期初还是期末，1 为期初，0 或缺省为期末。

● PV 函数：可以返回投资的现值。例如，贷款的现值为所借入的本金数额。

其表达式为：PV（rate，nper，pmt，fv，type）

其中：fv——未来值，即在最后一期付款后获得的一次性偿还额。

● PMT 函数：基于固定利率及等额分期付款方式返回贷款的每期付款额。

其表达式为：PMT（rate，nper，pv，fv，type）

下面通过具体实例进行说明：

任务 1：某人每月月末存入 3 000 元，累计存款 10 年（120 个月），存款年利率为 1.75%，计算其最终存款额。

🖰 操作步骤

打开素材：模块 5 任务 3-拓展任务.xlsx，选择工作表"财务函数"。

插入 FV 函数：选中 C5 单元格，单击"公式"→"函数库"→"财务函数"→"FV"，在弹出的对话框中输入如下信息。

● 单击 Rate 参数框，输入"C2/12"（原利率为年利率，需转换为月利率）。

● 单击 Nper 参数框，输入数字"C3"（或用鼠标单击 C3 单元格）。

● 单击 Pmt 参数框，输入数字"C4"（或用鼠标单击 C4 单元格）。

● 其他项为空（可在 Pv 项输入 0，表示已存储的金额为 0；在 Type 项输入 0，表示补充存款在每月月末存入），如图 5-3-21 所示。单击"确认"按钮。

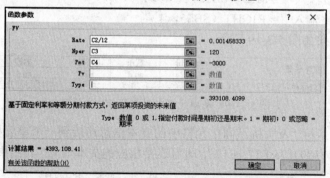

图 5-3-21　FV 函数的参数

任务 2：某人计划一项投资项目，预计在 10 年后资产数额达到 1 000 000 元，每月月初追加投入 5 000 元，年收益为 4%，计算现在已投入的金额。

🖰 操作步骤

打开素材：模块 5 任务 3-拓展任务.xlsx，选择工作表"财务函数"。

插入 PV 函数：选中 C13 单元格，单击"公式"→"函数库"→"财务函数"→"PV"，在弹出的对话框中输入如下信息。

- 单击 Rate 参数框，输入"C9/12"（原利率为年利率，需转换为月利率）。
- 单击 Nper 参数框，输入数字"C10"（或用鼠标单击 C10 单元格）。
- 单击 Pmt 参数框，输入数字"C11"（或用鼠标单击 C11 单元格）。
- 单击 Fv 参数框，输入数字"C12"（或用鼠标单击 C12 单元格）。
- 单击 Type 参数框，输入数字"1"（表示每月追加投资时间是在"月初"）。
- 单击"确认"按钮（图 5-3-22）。

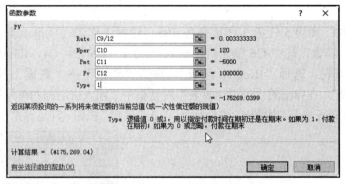

图 5-3-22 PV 函数的参数

任务 3：某人欲购房，向银行商业贷款 1 000 000 万元，贷款年限为 30 年，房贷基准年利率为 4.9%，计算每月应还款数额。

操作步骤

打开素材：模块 5 任务 3-拓展任务.xlsx，选择工作表"财务函数"。

插入 PMT 函数：选中 C20 单元格，单击"公式"→"函数库"→"财务函数"→"PMT"，在弹出的对话框中输入如下信息。

- 单击 Rate 参数框，输入"C17/12"（原利率为年利率，需转换为月利率）。
- 单击 Nper 参数框，输入数字"C18*12"（原贷款期限单位为"年"，需转换为"月"）。
- 单击 Pv 参数框，输入数字"C19"（或用鼠标单击 C19 单元格）。
- 其他项为空（也可在 Fv 项输入 0，表示期满后最后一次追加还款金额为 0；在 Type 项输入 0，表示补充存款在每月月末存入），如图 5-3-23 所示。单击"确认"按钮。

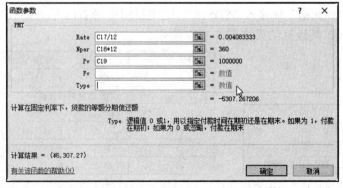

图 5-3-23 PMT 函数的参数

5. 模拟运算

模拟运算表是一个单元格区域，它可显示一个或多个公式中替换不同值时的结果。有两种类型的模拟运算表：单变量模拟运算表和双变量模拟运算表。单变量模拟运算表中，用户可以对一个变量键入不同的值，从而查看它对一个或多个公式的影响。双变量模拟运算表中，用户对两个变量输入不同值，而查看它对一个公式的影响。

任务 1：（单变量模拟运算表）例：某人计划一项投资项目，每月月末投入 3 000 元，累计 10 年（120 个月），当投资的年收益发生变化时，计算其投资结束后回报额的变化情况。

 **操作步骤**

（1）打开素材：模块 5 任务 3-拓展任务.xlsx，选择工作表"模拟运算表"。

（2）插入 FV 函数：选中 C6 单元格，输入"＝FV（B6/12，C4，C3）"。

（3）模拟运算表：选择"B6:C10 区域"，单击"数据"→"数据工具"组→"模拟分析"→模拟运算表"，在弹出的"模拟运算表"对话框中"输入引用列的单元格"项输入"$B$6（或用鼠标单击 B6 单元格）"，如图 5-3-24 所示，单击"确定"按钮。其运算结果如图 5-3-25 所示。

单变量模拟运算表	
每期投资额	¥-3,000.00
期数（月）	120
年收益	投资回报总额
4%	¥441,749.41
5%	¥465,846.84
6%	¥491,638.04
7%	¥519,254.42
8%	¥548,838.11

图 5-3-24　单变量模拟运算表的参数　　　图 5-3-25　单变量模拟运算表的结果

任务 2：（双变量模拟运算表）例：某人计划购房，欲贷款 500 000 元，当贷款的利率和贷款期限均发生变化时，计算其投资结束后回报额的变化情况。

（1）打开素材：模块 5 任务 3-拓展任务.xlsx，选择工作表"模拟运算表"。

（2）插入 PMT 函数：在"B17 单元格"，输入"＝PMT（$B$15/12，$D$15*12，$C$15）"，并复制到 E15 单元格。

（3）模拟运算表：选择 B17：E20 区域，单击"数据→数据工具→模拟分析→模拟运算表"，在弹出菜单中的"输入引用行的单元格"项输入"$B$15"（或用鼠标单击 B15 单元格），在"输入引用列的单元格"项输入"$D$15"（或用鼠标单击 D15 单元格），如图 5-3-26 所示，单击"确定"按钮。其运算结果如图 5-3-27 所示。

年利率	贷款总额	年限	月偿还金额
4.90%	500000	3	¥-14,963.01
双变量模拟运算表			
¥-14,963.01	4.50%	6.50%	8.00%
10	¥-5,181.92	¥-5,677.40	¥-6,066.38
15	¥-3,824.97	¥-4,355.54	¥-4,778.26
20	¥-3,163.25	¥-3,727.87	¥-4,182.20

图 5-3-26　双变量模拟运算表的参数　　　图 5-3-27　双变量模拟运算表的结果

任务4　制作广州房产分析图表

任务介绍

图表是利用工作表中的数据将这些数据形象化为点的高度、线段的长度、圆圈的面积等直观形象的方式,能更加生动地说明数据表中大量的数据内涵以及不同数据之间的对比关系,是 Excel 的一大特色功能。

Excel 2010 提供了多种多样的图表样式供使用者选择,每种图表所突出的数据信息不尽相同,所以要分析数据的特点,选择正确的图表是有效表达数据含义的一个重要条件。

老张是一个市场调查员,常常需要根据一些统计数据制作图表用于情况汇报,本次任务需要制作有关广州房地产方面的数据分析图表。

任务分析

在本任务中,需要使用不同的数据创建柱形图、折线图和饼图,并进行编辑和美化。
基本方法是:
- 通过"插入"→"图表"组,选择不同的图表类型快速创建图表。
- 通过"选择数据源"对话框,向已经创建好的图表中添加或删除相关数据。
- 通过"设计"选项卡中的相关命令,可以重新选择图表的数据、更换图表布局、更改图表类型、移动图表等。
- 通过"布局"选项卡中的相关命令,对图表进行格式化处理。

本任务路线如图 5-4-1 所示。

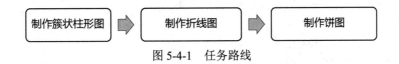

图 5-4-1　任务路线

完成本任务的相关知识点:
(1) 图表创建(图表类型、图表数据、图表位置)、迷你图查看数据。
(2) 图表修改 [插入/编辑/删除/修改图表(包括图表布局、图表类型、图表标题、图表数据、图例格式等)]。
(3) 图表格式的设置。

任务实现

【任务 4-1】簇状柱形图

图表的基本元素如图 5-4-2 所示,包括图表区、绘图区、图例、图标标题、网格线、数据标签、刻度、横/纵坐标轴等。在本任务中需要制作一个簇状柱形图直观地显示 2018 年广州各区新房的均价,并设置相应元素的格式,如更改图表标题、关闭图例、添加数据标签、设置图表背景等。

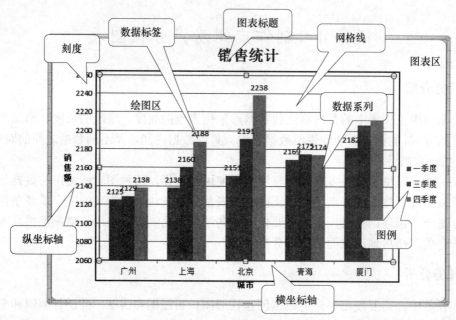

图 5-4-2　图表的基本元素

🖱 操作步骤

（1）打开素材：模块 5 任务 4.xlsx，选择工作表"2018 年广州各区新房均价表"。

（2）插入二维簇状柱形图：选择数据区域 B2:C13，依次单击"插入"→"图表"→"柱形图"→"二维柱形图"→"簇状柱形图"，如图 5-4-3 所示。拖动图表区的右下角控制点，调整图表的大小，并移动到合适的位置。

图 5-4-3　插入二维簇状柱形图

（3）修改图表标题：选中图表，这时选项卡会出现"图表工具"的新区域；依次单击"图表工具"→"布局"→"标签"组→"图表标题"→"图表上方"，将标题文字修改为"2018 年广州各区新房均价表"。

（4）设置图例及模拟运算表。

① 选中图表，依次单击"图表工具"→"布局"→"标签"组→"图例"→"无"，可以关闭图例。

② 依次单击"图表工具"→"布局"→"标签"→"模拟运算表"→"其他模拟运算表选项"；在弹出的"设置模拟运算表格式"对话框中设置格式：

a. 设置为纯色填充，填充颜色为"标准色黄色，透明度 30%"，如图 5-4-4 所示。

b. 设置边框颜色为"实线，标准色红色"，如图 5-4-5 所示。

c. 设置阴影为"预设—外部—向下偏移"，如图 5-4-6 所示；单击"关闭"。

（5）添加数据标签：选中图表，依次单击"图表工具"→"布局"→"标签"组→"数据标签"→"其他数据标签选项"，在标签选项中选择"值"，标签位置为"数据标签外"，如图 5-4-7 所示，边框颜色为"无线条"，如图 5-4-8 所示，单击"关闭"按钮。

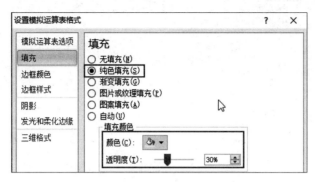

图 5-4-4　设置模拟运算表格式-纯色填充

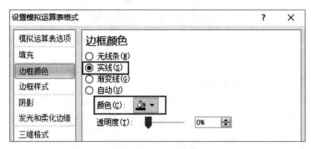

图 5-4-5　设置模拟运算表格式-边框颜色

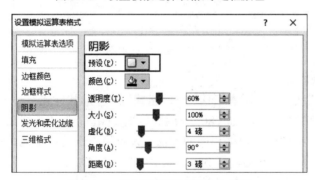

图 5-4-6　设置模拟运算表格式-阴影

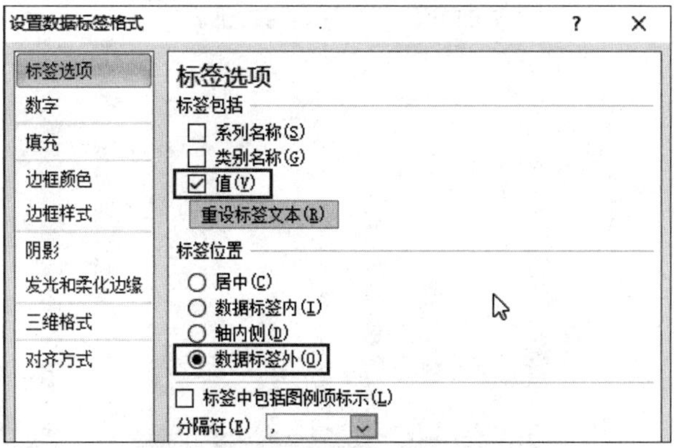

图 5-4-7　设置数据标签格式-标签选项

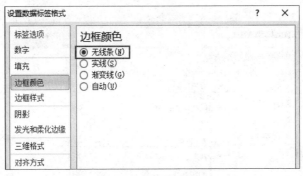

图 5-4-8　设置数据标签格式-边框颜色

（6）设置坐标轴刻度：选中图表，依次单击"图表工具"→"布局"→"坐标轴"→"主要纵坐标轴"→"其他主要纵坐标轴选项"，将坐标轴选项中的最大值改为"固定值 80 000"，主要刻度单位改为"固定值 20 000"，如图 5-4-9 所示，单击"关闭"按钮。

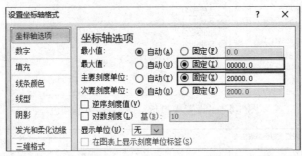

图 5-4-9　设置坐标轴刻度

（7）设置背景颜色。

① 选中图表，依次单击"图表工具"→"格式"→"形状样式"→"形状填充"，选择填充颜色：蓝色，强调文字颜色 1，淡色 80%（或其他填充颜色：RGB，红 220，绿 230，蓝 242）。

② 选择图表中的绘图区，根据相同的方法，设置填充颜色：橙色，强调文字颜色 6，淡色 40%（或其他填充颜色：RGB，红 250、绿 192、蓝 144）。

（8）保存文件，效果如图 5-4-10 所示。

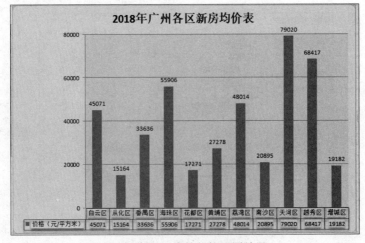

图 5-4-10　二维簇状柱形图效果

知识点

图表相关概念

● 图表类型：Excel 提供了 11 种不同的图表类型。在选取类型的时候，应根据图表要表达的意思而选择合适的图表类型。常用的图表类型有：柱形图、饼图、折线图、条形图等。

● 柱形图：是以宽度相等的条形高度或长度的差异来显示统计指标数值多少或大小的一种图形，用于显示同一类型数据变化及各数据之间的比较情况。

● 数据标签：在 Excel 图表中，数据标签用于表示数据系列的实际数值，用户可以对数据标签的样式进行设置，如设置其文字的样式、为其添加背景图案以及设置标签数据格式和显示的位置等。

● 主次坐标轴：在 Excel 图表中，主次坐标轴是图表制作中的常客，因为两种数据的不同对比，无法在一个坐标轴上体现，那么次坐标轴就显得尤为重要，能更加清晰直观地显示。

● 嵌入式图表与独立图表：嵌入式图表是将图表看作一个图形对象插入工作表中，可以与工作表数据一起显示或打印；独立式图表是将创建好的图表放在一张独立的工作表中，与数据分开显示在不同的工作表上。可通过"图表工具"→"设计"→"位置"→"移动图表"进行切换。

【任务 4-2】折线图

折线图是排列在工作表的列或行中的数据可以绘制到折线图中。折线图可以显示随时间（根据常用比例设置）而变化的连续数据，因此非常适用于显示在相等时间间隔下数据的趋势。

本任务是利用折线图直观地显示广州各区 10 年间房价的走势，并进行数据选择、套用图表布局、套用图表样式、设置图例、添加趋势线等操作。

操作步骤

（1）打开素材：模块 5 任务 4.xlsx，选择工作表"广州各区房产均价表"。

（2）选择数据区域 A2:K13，依次单击"插入"→"图表"→"折线图"→"二维折线图"→"折线图"，如图 5-4-11 所示。拖动图表区的右下角控制点调整图表的大小，并移动到合适的位置。

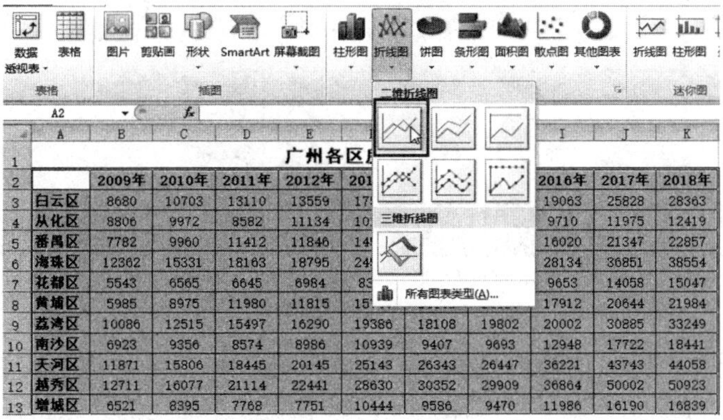

图 5-4-11　插入折线图

（3）增加删除数据：右键单击图表，在快捷菜单中选择单击"选择数据"命令；在弹出的对话框中单击"切换行/列"；在图例项选择删除"从化区""番禺区""花都区""南沙区""增城区"，单击"确定"，如图5-4-12所示。

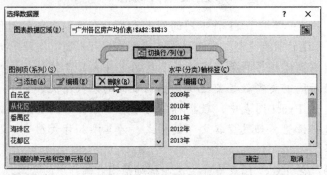

图 5-4-12　删除部分图例项

（4）套用图表布局：依次单击"图表工具"→"设计"→"图表布局"→布局1"，如图5-4-13所示。

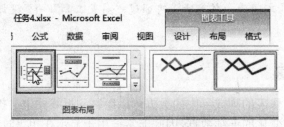

图 5-4-13　套用图表布局

（5）套用图表样式：依次单击"图表工具"→"设计"→"图表样式"，在下拉菜单中，选择"样式26"，如图5-4-14所示。

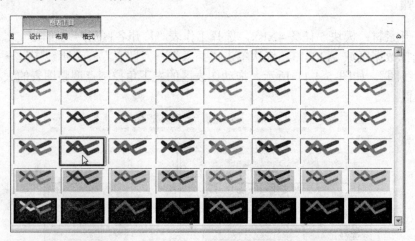

图 5-4-14　套用图表样式

（6）修改标题：将图表标题修改为"广州市主城区近十年房价走势图"；右击"坐标轴标题"，选择"设置坐标轴标题格式"，如图5-4-15所示，在弹出的对话框中选择"对齐方式"，修改文字方向为"横排"，如图5-4-16所示，将坐标轴标题修改为"均价（元）"。

（7）设置图例：双击"图例"，在弹出的"设置图例格式"对话框中，设置图例位置为"靠上"，如图 5-4-17 所示。

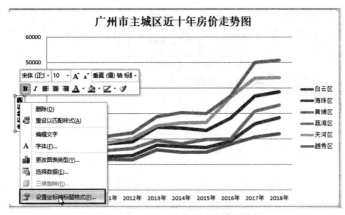

图 5-4-15 设置坐标轴标题格式　　　　图 5-4-16 坐标轴标题文字方向

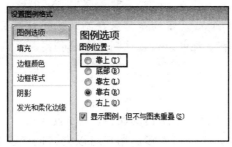

图 5-4-17 "设置图例格式"对话框

（8）为"越秀区"数据添加趋势线：单击"图表工具"→"布局"→"分析"组→"趋势线"→"指数趋势线"，如图 5-4-18 所示，在弹出的菜单中选择"越秀区"，单击"确定"，如图 5-4-19 所示。

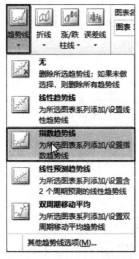

图 5-4-18 添加趋势线

图 5-4-19 选择趋势线

（9）保存文件，效果如图 5-4-20 所示。

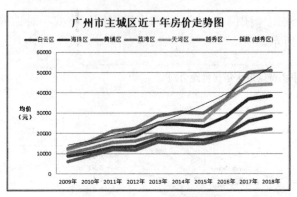

图 5-4-20　二维折线图效果

知识点

趋　势　线

趋势线是绘制数据走势的线。目的是用来预测未来的数据变化。用户可以在条形图、柱形图、折线图、股价图等图表中为数据系列添加趋势线。

【任务 4-3】饼图

饼图适合表达各个成分在整体中所占的比例。为了便于展示，饼图包含的项目不宜太多，原则上不要超过 5 个扇区，如果项目太多，用户可以尝试把一些不重要的项目合成"其他"，或者选择条形图代替饼图。

本任务要求制作饼图，直观地显示 2017 年度广州各房地产企业的市场份额。

操作步骤

（1）打开素材：模块 5 任务 4.xlsx，选择工作表"2017 广州房地产企业销售额"。

（2）插入饼图：选择区域 B2:C13，依次单击"插入"→"图表"→"饼图"→"三维饼图"→"分离型三维饼图"，如图 5-4-21 所示，拖动图表区的右下角控制点调整图表的大小，并移动到合适的位置。

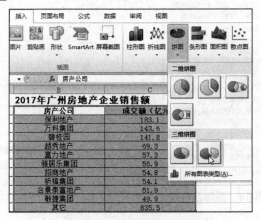

图 5-4-21　插入分离的三维饼图

（3）修改标题：将图表标题改为"2017年广州房地产企业销售金额统计"。

（4）添加数据标签：单击图表，依次单击"图表工具"→"布局"→"标签"组→"数据标签"→"其他数据标签选项"，在弹出的对话框中选中"百分比""显示引导线"，标签位置为"数据标签外"，如图 5-4-22 所示，单击"关闭"。

（5）切换成独立图表：单击图表，单击"图表工具"→"设计"→"位置"→"移动图表"，在弹出的对话框中选择"新工作表"复选框，并输入工作表名称"2017 年广州房产企业销售分布图"，如图 5-4-23 所示。

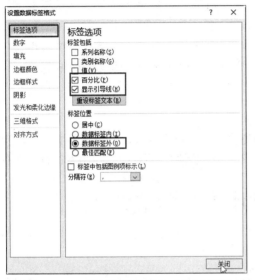

图 5-4-22　"设置数据标签格式"对话框

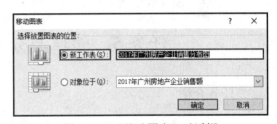

图 5-4-23　"移动图表"对话框

（6）保存文件，效果如图 5-4-24 所示。

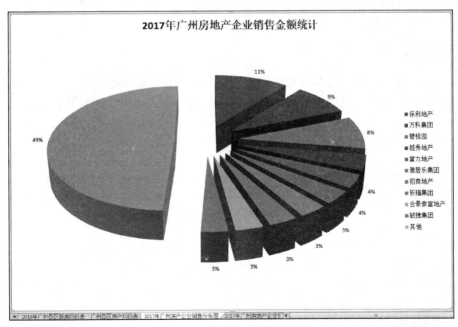

图 5-4-24　分离的三维饼图效果

知识点

饼 图

● 饼图：将排列在工作表的一列或一行中的数据绘制到饼图中。饼图显示一个数据系列中各项的大小与各项总和的比例。饼图中的数据点显示为整个饼图的百分比。

● 饼图的数据系列：在图表中绘制的相关数据点，这些数据源自数据表的行或列。图表中的每个数据系列具有唯一的颜色或图案，并且在图表的图例中表示。可以在图表中绘制一个或多个数据系列。饼图只有一个数据系列。

● 饼图的数据点：在图表中绘制的单个值，这些值由条形、柱形、折线、饼图或圆环图的扇面、圆点和其他被称为数据标记的图形表示。相同颜色的数据标记组成一个数据系列。

 任务小结

在本任务中，分别针对 2018 年广州各区新房均价表、广州各区房产均价表和 2017 年广州房地产企业销售额等数据创建了簇状柱形图、折线图和三维饼图，并对相应的图表进行了美化。

任务5　管理与分析计算机考试数据

 任务介绍

本学期的计算机统考成绩已经公布，作为一名任课教师，李老师会对考试成绩进行整理和分析，为教学工作提供数据支持，对此他需要借助 Excel 强大的数据管理功能实现目标。

Excel 的数据管理主要是对数据进行排序、筛选、分类汇总和数据透视，将工作表中存放的数据进行处理和应用的过程。

 任务分析

本任务中，首先需要学习数据的排序方法，包括关键字排序、多关键字排序和自定义排序，其次需要掌握数据筛选中的自动筛选及高级筛选功能，最后学习对数据的综合分析，包括分类汇总与数据透视。

本任务路线如图 5-5-1 所示。

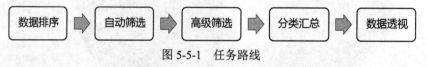

图 5-5-1　任务路线

完成本任务的相关知识点：

（1）数据排序。

（2）数据筛选。

（3）分类汇总。

（4）数据透视。

任务实现

【任务 5-1】数据排序

排序是指按指定的字段的字段值重新调整记录的顺序，这个指定的字段称为排序关键字。通常数字由小到大、文本按照拼音字母顺序、日期从最早的日期到最晚的日期称为升序，反之称为降序。另外如果排序的字段中含有空白单元格，则该行数据总是排在最后。

本任务需要对计算机考试成绩工作表中的各系学生成绩进行排序，以便于查看各系学生的成绩分布情况。

🖰 操作步骤

（1）打开素材：模块 5 任务 5.xlsx，选择"计算机考试成绩"工作表，建立该工作表副本放置在工作表的后面，并重命名为"数据排序"。切换到"数据排序"工作表。

（2）对成绩从高到低排序（单关键字排序）：选中 E 列（成绩列）中的任意数据单元格，单击"数据"→"排序和筛选"组，如图 5-5-2 所示，单击"降序"按钮，则数据自动按照 E 列数据降序排列。

图 5-5-2　"排序和筛选"选项组

（3）对各系学生按成绩降序排序（多关键字排序）。

排序要求：先按照系别进行排序，系别名称笔画多的排在前面，相同系别的按专业升序进行排序，专业相同的按成绩进行排列，成绩高的排在前面。

① 选中"数据排序"工作表中任意数据单元格，单击"数据"→"排序和筛选"组→"排序"，弹出"排序"对话框。

② 在对话框中单击"主要关键字"下拉菜单，选择"系别"，排序依据选择"数值"，次序选择"降序"，如图 5-5-3 所示。

③ 单击"选项"按钮，在弹出的"排序选项"对话框中点选"笔画排序"，如图 5-5-4 所示。

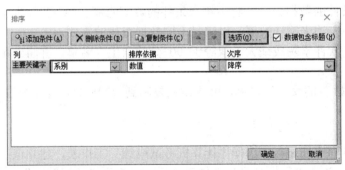

图 5-5-3　"排序"对话框

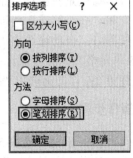

图 5-5-4　按笔画排序

④ 单击"添加条件"，单击"次要关键字"下拉菜单，选择"专业"，排序依据选择"数值"，次序选择"升序"。

⑤ 再次单击"添加条件"，单击新的"次要关键字"下拉菜单选择"成绩"，排序依据选择"数值"，次序选择"降序"，如图 5-5-5 所示。

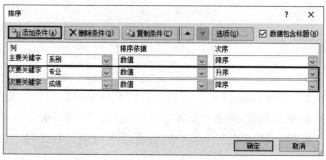

图 5-5-5　自定义排序—次要关键字

排序后的部分数据效果如图 5-5-6 所示。

性别	成绩	准考证号	系别	专业	年级
男	88	1257301751648	管理学院	电子商务	2017
男	83	1257301751800	管理学院	电子商务	2017
男	80	1257301751767	管理学院	电子商务	2017
女	77	1257301750186	管理学院	电子商务	2017
男	71	1257301751210	管理学院	电子商务	2017
女	66	1257301751463	管理学院	电子商务	2017
男	66	1257301751500	管理学院	电子商务	2017
男	39	1257301751435	管理学院	电子商务	2017
女	89	1257301750488	管理学院	市场营销	2017
男	80	1257301750441	管理学院	市场营销	2017
男	78	1257301750267	管理学院	市场营销	2017
男	77	1257301751384	管理学院	市场营销	2017
男	73	1257301751013	管理学院	市场营销	2017
男	72	1257301750518	管理学院	市场营销	2017
女	71	1257301751495	管理学院	市场营销	2017
男	68	1257301750464	管理学院	市场营销	2017
男	37	1257301751105	管理学院	市场营销	2017
女	20	1257301750999	管理学院	市场营销	2017
男	94	1257301751610	管理学院	国际贸易	2017
男	87	1257301751704	管理学院	国际贸易	2017
女	86	1257301750671	管理学院	国际贸易	2017
女	84	1257301751274	管理学院	国际贸易	2017
男	83	1257301751145	管理学院	国际贸易	2017

图 5-5-6　排序后的部分数据效果

【任务 5-2】自动筛选

数据筛选是找出符合条件的数据记录，将不符合条件的数据隐藏。Excel 提供了"自动筛选"和"高级筛选"两种方法来筛选数据，以满足不同数据查找的需要。

任务 1：自动筛选出"软件学院成绩大于或等于 90 分的学生"名单，并将结果复制到 A215 单元格开始的区域。

任务 2：自动筛选出"姓王的女生"名单，并将结果复制到 A225 单元格开始的区域。

操作步骤

（1）打开素材：模块 5 任务 5.xlsx，选择"计算机考试成绩"工作表，建立该工作表副本并重命名为"数据筛选"，放在"数据排序"工作表之后。切换到"数据筛选"工作表。

（2）自动筛选：筛选出软件学院成绩大于或等于 90 分的学生。

① 选中工作表中任意数据单元格，单击"数据"→"排序和筛选"组→"筛选"，如图 5-5-7 所示；此时，各列标题字段的右侧均出现了下拉菜单。

② 单击"系别"字段的下拉菜单选中"软件学院"复选框，去除其他学院的复选框，如图 5-5-8 所示，单击"确定"。

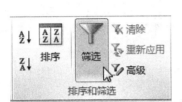

图 5-5-7　"筛选"按钮

图 5-5-8　数据筛选—系别

③ 单击"成绩"字段的下拉菜单选择"数字筛选"→"大于或等于"命令，如图 5-5-9、图 5-5-10 所示，在弹出的对话框的右侧输入"90"，如图 5-5-11 所示，单击"确定"，筛选后的结果如图 5-5-12 所示。

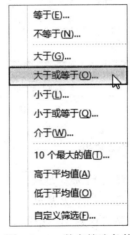

图 5-5-9　数据筛选—数字筛选

图 5-5-10　数字筛选条件

图 5-5-11　输入数字筛选条件

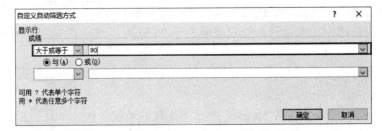

A	B	C	D	E	F	G	H	I
考试科目	学号	姓名	性别	成绩	准考证号	系别	专业	年级
计算机应用（2010）	117824413017	杨俊俐	男	91	1257301750954	软件学院	卫生信息	2017
计算机应用（2010）	117824413008	张佩微	男	91	1257301750994	软件学院	信息服务	2017
计算机应用（2010）	117824413005	陈雨豪	男	96	1257301751666	软件学院	信息服务	2017
计算机应用（2010）	117824413021	钟佳锋	男	98	1257301751686	软件学院	移动应用	2017
计算机应用（2010）	117824413025	苏璇越	女	94	1257301751835	软件学院	移动应用	2017

图 5-5-12　筛选后的结果

④ 选择筛选后的结果，右键单击，在快捷菜单中选择"复制"，再选中 A215 单元格，右击选择"粘贴"。

（3）自动筛选：筛选出姓王的女学生。

① 单击"筛选"按钮，能将全部数据恢复显示。

② 再次选中"数据筛选"工作表中任意数据单元格，单击"数据"→排序和筛选"组→"筛选"。

③ 单击"性别"字段的下拉菜单选中"女"复选框，去除"男"复选框，单击"确定"。

④ 单击"姓名"字段的下拉菜单选择"文字筛选"→"包含"命令，在弹出的对话框的右侧输入"王*"，如图 5-5-13 所示，单击"确定"。

⑤ 选择筛选后的结果，右键单击，在快捷菜单中选择"复制"，再选中 A225 单元格，右击选择"粘贴"，筛选后的结果如图 5-5-14 所示。

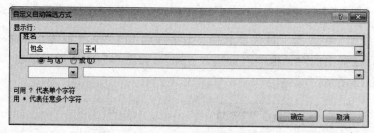

图 5-5-13　文本筛选

225	考试科目	学号	姓名	性别	成绩	准考证号	系别	专业	年级
226	计算机应用（2010）	117767213003	王琦娥	女	36	1257301750487	食品学院	保健品开发	2017
227	计算机应用（2010）	117767213040	王灵玲	女	87	1257301751719	食品学院	食品安全	2017

图 5-5-14　筛选后的结果

【任务 5-3】高级筛选

对于更复杂的条件筛选及要求，自动筛选已经无法满足需要，因此需要高级筛选来帮助完成。高级筛选应用前必须预先建立一个条件区域，在条件区域内放置筛选条件，筛选条件必须包含需要筛选的字段名称。

任务 1：高级筛选出食品学院成绩不及格的学生名单。

任务 2：高级筛选出艺术设计专业或成绩大于 95 分的学生名单。

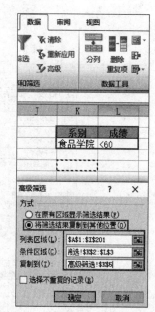

操作步骤

（1）打开素材：模块 5 任务 5.xlsx，选择"计算机考试成绩"工作表，建立该工作表副本并重命名为"高级筛选"，放在"数据筛选"工作表之后。切换到"高级筛选"工作表。

（2）高级筛选——"与"条件（图 5-5-15）。

利用高级筛选选出"系别为食品学院"且"成绩不及格"的学生（注：两个条件需同时满足），并将高级筛选的条件放在 K2:L3，筛选的结果位置以 K6 开始。

图 5-5-15　高级筛选——"与"条件

① 将 G1 单元格复制到"K2 单元格",将 E1 单元格复制到"L2 单元格",在 K3 单元格输入"食品学院",在 L3 单元格输入"<60"(注意"<"符号为英文格式,不输入引号)。

② 单击"数据"→"排序和筛选"→"高级",列表区域选择整个数据表,条件区域选择 K2:L3 单元格区域,复制到 K5 单元格,单击"确定"。高级筛选结果如图 5-5-16 所示。

图 5-5-16　高级筛选结果

(3) 高级筛选——"或"条件。

利用高级筛选选出"专业为艺术设计"或者"成绩>=95"的学生(注:两个条件满足一个即可),并将高级筛选的条件放在 K16:L18,筛选的结果位置以 K20 开始。

① 将 H1 单元格复制到"K16 单元格",将 E1 单元格复制到"L16 单元格",在 K17 单元格输入"艺术设计",在 L18 单元格输入">=95"(注意">="符号为英文格式)。

② 单击"数据"→"排序和筛选"→"高级",列表区域选择整个数据表,条件区域选择 K16:L18 单元格区域,复制到 K20 单元格,单击"确定",如图 5-5-17 所示。高级筛选结果如 5-5-18。

图 5-5-17　高级筛选——"或"条件　　　　图 5-5-18　高级筛选结果

▶ 操作技巧

对于高级筛选条件区域的建立需要注意以下几点:

(1) 条件区域中使用的列标题必须与数据区域中的列标题完全相同,最好采用复制的方法获取。

(2) 条件区域不必包含数据区域中的所有列标题。

（3）具体条件内容及表达式放置在列标题的下方。

（4）对于多重条件，在同一行表示条件之间的逻辑"与"关系，在不同行表示逻辑"或"关系。

（5）如果需要含有相似的记录，可使用通配符"*"、"？"，"*"号表示任何字符，"？"表示任何单个字符。

【任务 5-4】分类汇总

分类汇总是指根据指定的类别将数据以指定的方式进行统计，快速将大型表格中的数据汇总与分析，获得所需的统计结果。插入分类汇总前，必须先将数据区域按分类汇总字段排序，从而使相同关键字的行排列在相邻行中。

本任务要求对工作表按各专业学生的平均值进行分类汇总，用以比较各系别、各专业学生的成绩。

操作步骤

（1）打开素材：模块 5 任务 5.xlsx，选择"计算机考试成绩"工作表，建立该工作表副本并重命名为"分类汇总"，放在"高级筛选"工作表之后。切换到"分类汇总"工作表。

（2）按"专业"和"系别"排序：选中数据表内任意单元格，单击"数据"→"排序和筛选"组，选择"排序"按钮，在对话框中设置主要关键字为"系别"，次要关键字为"专业"，均设置升序排列，即可将同类记录排列在相邻行中。

（3）分类汇总：

① 选中数据表内任意单元格，单击"数据"→"分级显示"组→"分类汇总"，打开"分类汇总"对话框。

② 在对话框中，设置分类字段为"专业"，汇总方式为"平均值"，在选定汇总项中去除其他复选框，仅勾选"成绩"，其他选项为默认值，单击"确定"，如图 5-5-19 所示。

（4）显示分类汇总：单击分级显示符号"2"显示分类汇总结果，单击 E 列，设置单元格格式为"数值，保留小数位数为1"。汇总结果如图 5-5-20 所示。

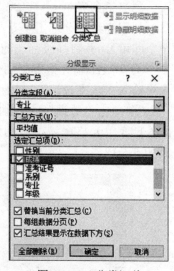

图 5-5-19 分类汇总

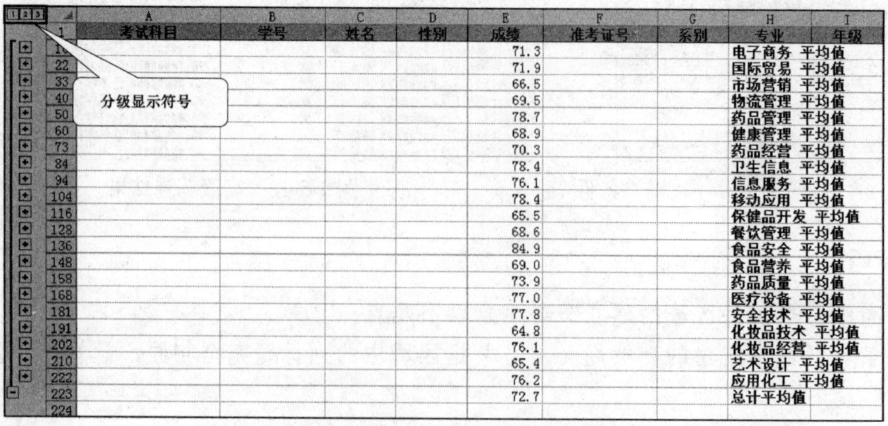

图 5-5-20 按"专业"分类汇总结果

（5）修改分类汇总：再次单击"数据"→"分级显示"组→"分类汇总"，打开"分类汇总"对话框；将分类字段修改为"系别"，去除"汇总结果显示在数据下方"复选框。结果如图 5-5-21 所示。

	考试科目	学号	姓名	性别	成绩	准考证号	系别	专业	年级
1									
2					72.7		总计平均值		
3					71.6		管理学院	平均值	
48					69.7		国际学院	平均值	
70					77.7		软件学院	平均值	
99					70.7		食品学院	平均值	
140					73.9		药品学院	平均值	
150					77.0		医械学院	平均值	
160					72.9		艺术学院	平均值	
210									
211									

图 5-5-21　按"系别"分类汇总结果

▶ 操作技巧

如果想删除分类汇总，无法通过"撤销"命令来恢复，必须再次打开"分类汇总"对话框，单击"全部删除"按钮返回工作表即可。

【任务 5-5】数据透视

数据透视能够将大量数据快速汇总并建立交互式表格，可以转换行以查看数据源的不同汇总结果，可以显示不同页面以筛选数据。

本任务需要利用数据透视表统计各系男女生的平均成绩，并用数据透视图直观地显示。

🖱 操作步骤

（1）打开素材：模块 5 任务 5.xlsx，找到"计算机考试成绩"工作表，建立该工作表副本并重命名为"数据透视"，放置在"高级筛选"工作表之后。切换至"数据透视"工作表。

（2）建立数据透视表。

建立数据透视表，要求按性别显示各系别成绩的平均分。

① 选中 K1 单元格，单击"插入"→"数据透视表"，弹出"创建数据透视表"对话框。

② 在"选择一个表或区域"项中设置区域为表中所有的数据（数据透视! $A$1:$I$201），如图 5-5-22 所示，单击"确定"。

③ 在工作表的右侧出现数据透视表设计界面，如图 5-5-23 所示。

④ 确定数据透视表字段：在"选择要添加到报表的字段"列表框中勾选"性别、成绩、系别、专业"，如图 5-5-24 所示。

⑤ 确定数据透视表结构：将"性别"字段拖动到"列标签"框，"系别"拖动至"报表筛选"框，"专业"字段放在"行标签"框，如图 5-5-25 所示。

⑥ 单击数值项中的"求和项：成绩"后面的下拉菜单选择"值字段设置"，如图 5-5-26 所示。在弹出的对话框中，设置"计算类型"为"平均值"，"自定义名称"改为"平均成绩"，数字格式选择"数值，小数位数为 1"，单击"确定"，如图 5-5-27 所示。数据透视图效果如图 5-5-28 所示。

图 5-5-22 插入数据透视表

图 5-5-23 数据透视表设计界面

图 5-5-24 选择需要添加的字段

图 5-5-25 拖动字段至设计框中

图 5-5-26 选择值字段设置

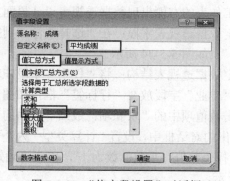

图 5-5-27 "值字段设置"对话框

⑦ 单击数据透视表中"系列"右侧的下拉箭头，在下拉菜单中只勾选"软件学院"，数据透视表就只会统计软件学院的相关数据，如图 5-5-29 所示。使用同样的方法可以筛选显示需要的数据。

系列	(全部)		
平均值项:成绩	列标签		
行标签	男	女	总计
安全技术	80.2	75.5	77.8
保健品开发	82.8	55.6	65.5
餐饮管理	56.0	73.4	68.6
电子商务	71.2	71.5	71.3
国际贸易	73.0	71.0	71.9
化妆品技术	87.0	62.0	64.8
化妆品经营	80.0	75.7	76.1
健康管理	70.3	68.2	68.9
食品安全	89.5	78.7	84.9
食品营养	77.3	65.9	69.0
市场营销	69.3	60.0	66.5
卫生信息	77.7	78.7	78.4
物流管理	88.0	60.3	69.5
信息服务	80.4	70.8	76.1
药品管理	84.2	71.8	78.7
药品经营	56.5	77.1	70.3
药品质量	67.8	86.0	73.9
医疗设备	82.0	75.6	77.0
移动应用	79.0	77.8	78.4
艺术设计	66.3	64.3	65.4
应用化工	75.3	76.7	76.2
总计	74.9	71.2	72.7

图 5-5-28 数据透视图效果

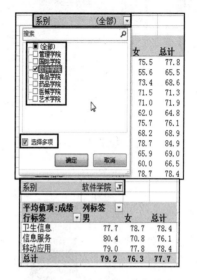

图 5-5-29 筛选显示数据内容

（3）修改数据透视表。

① 使用数据透视表设计界面，更改添加到报表的字段可以更改数据透视表的内容；拖动行标签、列标签字段，甚至交互位置，可以更改数据透视表报表布局。

② 使用数据透视表工具中的"设计"选项卡，如图 5-5-30 所示，可以对数据透视表的布局、样式等进行修改。

③ 使用数据透视表工具中的"选项"选项卡，可以对数据透视表的名称、数据分组、数据源、位置等进行修改。

图 5-5-30 数据透视表中的"设计"选项卡

（4）创建数据透视图。

数据透视图与普通图表最大的不同在于数据透视图具有交互性功能，在数据透视图表中可以筛选需要的数据进行直观查看。

① 单击数据透视表的任意单元格，选择"数据透视表工具"→"选项"选项卡→"工具"组→"数据透视图"，如图 5-5-31 所示。

② 在"插入图表"对话框中选择"簇状柱形图"，会自动创建一个图表类型为簇状柱形图的数据透视图，如图 5-5-32 所示。

③ 在数据透视图上，出现"系列""专业""性别"三个交互按钮，单击按钮，可选择需要显示的数据类别，根据选择的不同内容，图表会自动发生改变。需要说明的是，数据透视图与数据透视表是相互关联的，数据透视图发生了改变，数据透视表的内容也会发生一致

性的改变。

（5）保存文件。

图 5-5-31　添加数据透视图

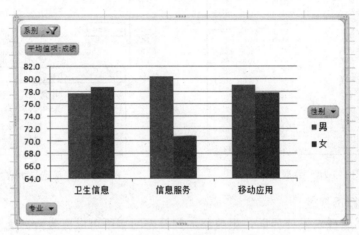

图 5-5-32　数据透视图效果

任务小结

在本任务中，针对计算机考试成绩表进行数据排序、自动筛选、高级筛选、分类汇总、数据透视等数据管理操作。掌握好相关知识和操作对解决今后工作中遇到的数据处理问题有很大的帮助。

任务拓展

任务简述：工作表的打印

工作表、图表等若制作完毕，一般都需要将其打印出来，在正式打印前，一般先进行页面设置，再进行打印预览，最后再在打印机上打印出来。如果工作表很大，只需打印其中的一部分，还需要进行分页打印或设置打印区域，下面以打印"计算机考试成绩"工作表为例，学习一下这些方面的知识。

1. 页面设置

（1）打开素材：模块 5 任务 5 拓展任务.xlsx，找到"计算机考试成绩"工作表。

（2）单击"页面布局"→"页面设置"组，单击"页面设置"对话框启动器，打开"页面设置"对话框，如图 5-5-33 所示。

（3）设置纸张大小与方向：在"页面"选项卡中，设置纸张大小为 B5（18.2 厘米×25.7厘米），方向为"横向"。

（4）设置页边距：在"页边距"选项卡中，设置上下左右边距均为 2 厘米，页眉页脚位置均为 1 厘米，并勾选居中方式为"水平"，如图 5-5-34 所示。

（5）设置页眉与页脚：在"页眉/页脚"选项卡中，设置页脚为预设的"第 1 页，共？页"，单击"自定义页眉"，设置自定义页眉为：中间显示"计算机水平考试成绩汇总"，右侧显示日期，如图 5-5-35、图 5-5-36 所示。

（6）单击"视图"→"工作簿视图"组→"页面布局"，可直接在页面上设置页眉和页脚，单击该组"普通"按钮，可还原为普通视图。

（7）设置打印区域：在"工作表"选项卡中，设置打印区域为 B1:I94，只有"管理学院""国际学院"和"软件学院"的数据。设置打印"网格线"，如图 5-5-34 所示，设置打印区域的数据周围会出现一个黑色的虚线框。单击"页面布局"→"打印区域"→"取消打印区域"可以取消区域设置。

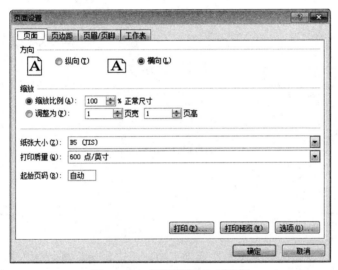

图 5-5-33　"页面设置"对话框

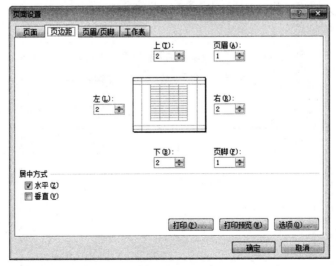

图 5-5-34　设置"页边距"

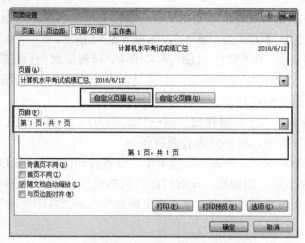

图 5-5-35 设置页眉与页脚

图 5-5-36 设置自定义页眉

（8）设置打印标题：在"工作表"选项卡中，单击顶端标题行输入框，在工作表中单击第一行，这样就设置第一行为打印标题，如图 5-5-37 所示。打印标题的作用是，让每一页都有相同的标题行，类似于 Word 表格中的标题行重复功能，在 Excel 中不仅可以设置顶端标题行，还可以设置左端标题列。

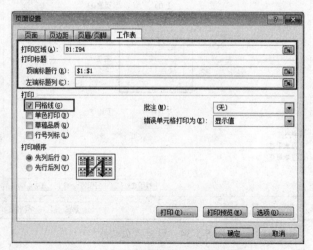

图 5-5-37 设置打印区域、打印标题

2．工作表分页

Excel 与 Word 相似，也提供了插入分页符功能，让数据即使不满一页也可分页打印。

（1）分别在 B46 和 B67 单元格要分页符的单元格位置，用于区分不同的系别，单击"页面布局"→"页面设置"组→"分隔符"，选择"插入分隔符"，B4 和 B67 所在行的上方出现分页线，这时如果打印即按分页线，分页打印，不同系别的数据会分开打印。

（2）若要删除分页符，只需要选中分页符下方或右方的单元格，单击"页面布局"→"页面设置"组→"分隔符"，选择"删除分页符"命令即可。

3．分页预览

分页预览功能是指用鼠标直接拖动分页符和打印区域的边界，系统就可以自动调整打印区域的大小，使其适合打印页面。

（1）单击"视图"→"工作簿视图"组→"分页预览"，可预览分好的页面，如图 5-5-38 所示。

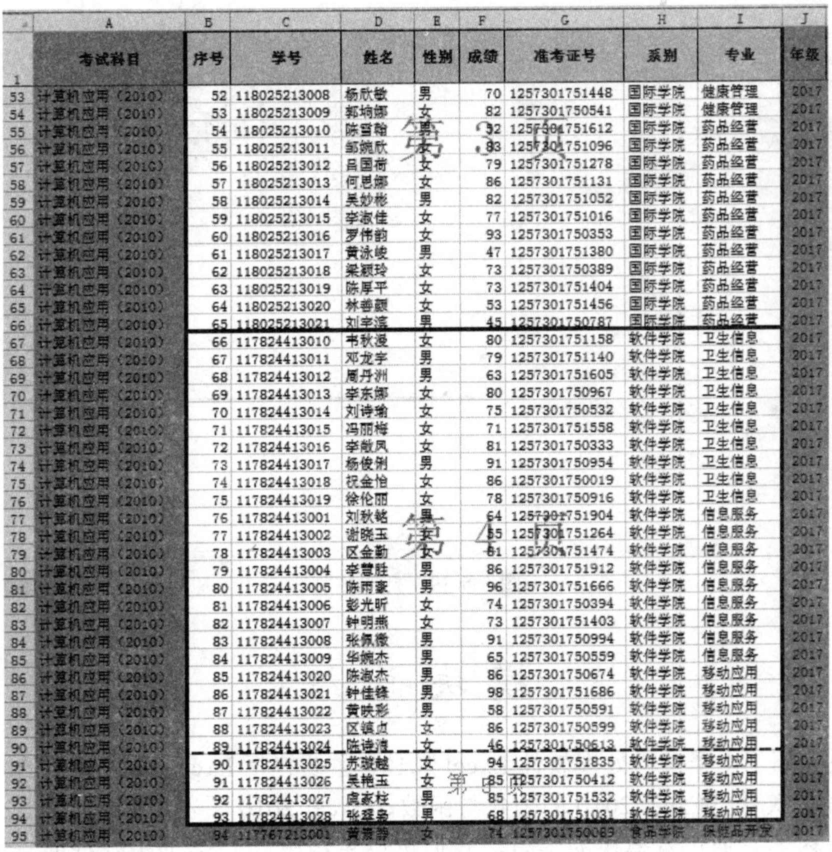

图 5-5-38　分页预览

（2）图中打印区域为白色背景，页面上有暗灰色页码显示，如"第 3 页、第 4 页……"

（3）将鼠标移至打印区域的边界或分页线上，指针变为双箭头，这时拖动鼠标可调整设置。例如可调整第 4 页和第 5 页之间的虚线，将其拖至尾部，可将第 5 页的内容与第 4 页内容一起打印。

（4）单击"视图"→"工作簿视图"组→"普通"则回到普通视图。

4. 打印预览

在"页面设置"对话框中，单击"打印预览"按钮或者单击"文件"→"打印"，均可在屏幕上显示打印预览状态。单击右下角"显示边距"按钮🔲，会出现边距线，通过鼠标拖动，可以调整页面的边距（图 5-5-39）。

5. 打印工作表

单击"文件"→"打印"，在对话框中可以设置打印的份数、打印机连接、打印的范围等。关于打印的内容，与 Word 打印类似，可参看 Word 任务 5 知识拓展部分，此处不再赘述。

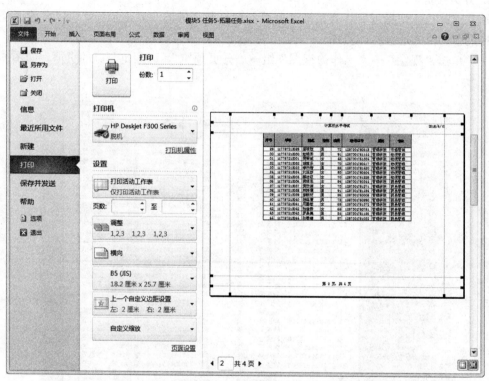

图 5-5-39　打印预览

模 块 总 结

本模块介绍了电子表格处理软件 Excel 2010，主要包括 Excel 2010 界面的介绍、Excel 2010 工作表的美化、Excel 2010 的公式与函数、Excel 2010 图表制作、Excel 2010 数据管理与分析等内容，通过本模块的学习，我们可以总结出 Excel 处理数据的一般流程，如图 5-5-40 所示。

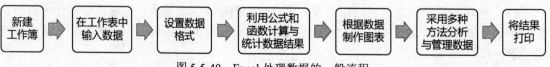

图 5-5-40　Excel 处理数据的一般流程

习题在线测试

习　题

一、单选题

1. Excel 中也可以用_____表示 sheet2 工作表的 B9 单元格。

A. Sheet2！B9　　　　B. Sheet2$B9　　　　C. Sheet2:B9　　　　D. Sheet2.B9

2. 已知工作表中 C3 单元格的值为 80，C4 单元格中为公式"＝if（C3＞＝60，"合格"，"不合格"）"，则 C4 单元格显示的内容为_____。

A. 60　　　　　　　　B. 80　　　　　　　　C. 合格　　　　　　　D. 不合格

3. Excel 工作簿中 Sheetl 的 A1 单元格中的公式"＝average（Sheet3！B1:b10）"表示_____。

A. 计算本工作簿 Sheet3 表中的（B1:b10）区域数值的和，并填写到 sheet1 的 A1 单元格中

B. 计算本工作簿 Sheet1 表中的（B1:b10）区域数值的平均值，并填写到 sheet1 的 A1 单元格中

C. 计算本工作簿 Sheet3 表中的（B1:b10）区域数值的平均值，并填写到 sheet1 的 A1 单元格中

D. 计算本工作簿 Sheet3 表中的（B1:b10）区域数值的平均值，并填写到 sheet3 的 A1 单元格中

4. Excel 中高级筛选功能需要建立条件区域，条件区域至少由 2 行组成，第 1 行为_____，从第 2 行起输入查找条件。

A. 列标　　　　　　　B. 逻辑运算符　　　　C. 行号　　　　　　　D. 字段名

5. Excel 表格的分类汇总功能中，按某字段进行分类汇总前，必须对该字段进行_____。

A. 筛选　　　　　　　B. 排序　　　　　　　C. 求和　　　　　　　D. 分类

6. 已知工作表中 C3 单元格与 D4 单元格的值均为 0，C4 单元格中为公式"＝C3＝D4"，则 C4 单元格显示的内容为_____。

A. #N/A　　　　　　B. 0　　　　　　　　C. C3＝D4　　　　　　D. TRUE

7. 已知工作表中 C3 单元格的值为 15，D3 单元格的值为 9，E3 单元格中为公式"＝C3＞D3"，则 E3 单元格显示的内容为_____。

A. #N/A　　　　　　B. C3＞D3　　　　　　C. TRUE　　　　　　D. FALSE

8. Excel 工作簿中 sheet1、sheet2 等表示_____。

A. 工作表名　　　　　B. 工作簿名　　　　　C. 文件名　　　　　　D. 单个数据

9. 在 Excel 中输入身份证号码时，应首先将单元格数据类型设置为_____以保证数据的准确性。

A. "文本"　　　　　　B. "日期"　　　　　　C. "货币"　　　　　　D. "特殊"

10. 将 C1 单元中的公式＝A1＋B2 复制到 E5 单元中之后，E5 单元中的公式是_____。

A. ＝C3＋D4　　　　　B. ＝C3＋A4　　　　　C. ＝A3＋B4　　　　　D. ＝C5＋D6

11. 使用 Excel 新建的文件是_____。

　　A. 编辑区域　　　　　B. 所有选项都是　　　C. 工作表　　　　　D. 工作簿

12. 在 Excel 工作表中，如果输入单元格中的数值太长，单元格不能完整显示其内容时，应_____。

　　A. 适当减少列宽　　　B. 适当减少行高　　　C. 适当增加行高　　　D. 适当增加列宽

13. 如果想要当 Excel 中表格的列宽变窄时，文字就换到下一行，必须先设置_____。

　　A. 合并单元格　　　　B. 自动换行　　　　　C. 垂直对齐　　　　　D. 纵向文本

14. 在 Excel 中，如果单元格 B2 中为星期一，那么向下拖动填充柄到 B4，则 B4 中应为_____。

　　A. 星期三　　　　　　B. 星期二　　　　　　C. 星期一　　　　　　D. 星期四

15. Excel 中的货币格式除了可以在数字前加人民币符号外，还有_____格式也可以在数字前加人民币符号。

　　A. 数值　　　　　　　B. 常规　　　　　　　C. 特殊　　　　　　　D. 会计专用

16. 在 Excel 中定义公式时使用功能键_____来对单元格的引用进行切换。

　　A. F3　　　　　　　　B. F2　　　　　　　　C. F1　　　　　　　　D. F4

17. 在 Excel 中，如果单元格 B2 中为甲，那么向下拖动填充柄到 B4，则 B4 中应为_____。

　　A. 甲　　　　　　　　B. 不能填充　　　　　C. 丙　　　　　　　　D. 丁

18. 关于删除工作表的叙述错误的是_____。

A. 工作表的删除是永久性删除，不可恢复

B. 误删了工作表可单击工具栏的"撤销"按钮撤销删除操作

C. 右击当前工作表标签，再从快捷菜单中选"删除"可删除当前工作表

D. 执行"编辑/删除工作表"菜单命令可删除当前工作表

19. 在 Excel 中，关于图表的错误叙述是_____。

A. 图表可以放在一个新的工作表中，也可嵌入在一个现有的工作表中

B. 只能以表格列作为数据系列

C. 当工作区域中的数据发生变化时，由这些数据产生的图表的形状会自动更新

D. 选定数据区域时最好选定带表头的一个数据区域

20. 在 Excel 单元格中输入字符型数据，当宽度大于单元格宽度时正确的叙述是_____。

　　A. 必须增加单元格宽度后才能录入　　　　B. 右侧单元格的数据不会丢失

　　C. 右侧单元格的数据将丢失　　　　　　　D. 多余部分会丢失

21. 在关于 Excel 的说法中，下面叙述中，_____是不正确的。

A. Excel 应用程序可同时打开多个工作簿文档

B. 在同一工作簿文档窗口中可以建立多张工作表

C. Excel 新建工作簿的缺省名为"文档 X"

D. 在同一工作表中可以为多个数据区域命名

22. 对 Excel 单元格数据的字体和大小设定，以下叙述中正确的是_____。

A. 字符型数据允许改变其中一部分字符的字体和大小

B. 日期型数据不能改变字体和大小

C. 数值型数据不能改变字体和大小

D. 时间型数据不能改变字体和大小

23. 在 Excel 中，有时需要对不同的文字标示，使其满足同一标准。为此，Excel 提供了三个特殊的符号，来执行这一工作。"？"是三个特殊的符号之一。该符号表示_____。

A. 只有该符号后面的文字符合准则

B. 除了该符号后面的文字外，其他都符合准则

C. 任一字符

D. 一个或任意个字符

24. 在 Excel 中，有时需要对不同的文字标示，使其满足同一标准。为此，Excel 提供了三个特殊的符号，来执行这一工作。"*"是三个特殊的符号之一。该符号表示_____。

A. 只有该符号后面的文字符合准则

B. 任一字符

C. 除了该符号后面的文字外，其他都符合准则

D. 一个或任意个字符

25. 在向 Excel 工作表的单元格里输入公式，运算符有优先顺序，下列_____说法是错误的。

A. 乘和除优先于加和减　　　　　　　　B. 字符串连接优先于关系运算

C. 乘方优先于负号　　　　　　　　　　D. 百分比优先于乘方

26. 在 Excel 中，在选择了内嵌图表后，改变它大小的方法是_____。

A. 用鼠标拖拉图表边框上的控制点　　　B. 用【↑】键或【↓】键

C. 用鼠标拖拉它的边框　　　　　　　　D. 按【＋】号或【-】号

27. 在 Excel 中，保持工作簿时屏幕若出现"另存为"对话框，则说明_____。

A. 该文件未保存过　　　　　　　　　　B. 该文件已经保存过

C. 该文件不能保存　　　　　　　　　　D. 该文件作了修改

28. 当向 Excel 工作表单元格输入公式时，使用单元格地址 D$2 引用 D 列 2 行单元格，该单元格的引用称为_____。

A. 交叉地址引用　　　B. 相对地址引用　　　C. 绝对地址引用　　　D. 混合地址引用

29. 在 Excel 中，设 A1 单元格中的公式为＝AVERAGE（C1:E5），将 C 列删除后，A1 单元格中的公式将调整为_____。

A. ＝AVERAGE（D1:E5）　　　　　　B. ＝AVERAGE（C1:D5）

C. 出错　　　　　　　　　　　　　　　D. ＝AVERAGE（C1:E5）

30. 在 Excel 工作表中，已知 D2 单元格的内容为＝B2*C2，当 D2 单元格被复制到 E3 单元格时，E3 单元格的内容为_____。

A. ＝C3*D3　　　　　B. ＝C2*D2　　　　　C. ＝B2*C2　　　　　D. ＝B3*C3

二、操作题

1. 多重 IF 函数

打开"模块 5 操作题"，切换到"IF 函数"工作表，在 C3:C12 单元格区域中使用"IF（）函数"对考生成绩评定等级，其中（0，425）为"没通过考试"，（425，520）为"通过考试"，（520，720）为"可报名参加口语考试"。

2. 排名函数

打开"模块 5 操作题",切换到"RANK 函数"工作表,在表中 F3:F12 单元格区域按比赛成绩计算排名,按降序排名。

3. 财务函数

打开"模块 5 操作题",切换到"财务函数"工作表,完成以下任务:

(1)现在每年年初存入 1 000 元,利用"FV 函数"在表中 E3 单元格计算 10 年后存款及利息收益(银行年利率为 5%)。

(2)年利率为 5%,计划三年存储 70 000 元,用"PMT 函数"在表中 C8 单元格输出每月应存数额。

4. 模拟运算表

打开"模块 5 操作题",切换到"模拟运算表"工作表,根据工作表中提供的数据,用模拟运算表求出当年利率和年限改变时每月的偿还金额。

操作提示:

(1)选择区域 A5:D8。

(2)单击"数据"→"数据工具"→"模拟分析"→"模拟运算表"。

(3)在"输入引用行的单元格"输入"$A$2",在"输入引用列的单元格"输入"$C$2"。

(4)单击"确定"。

5. 混合引用

打开"模块 5 操作题",切换到"混合引用"工作表,用混合引用构造九九乘法表。

操作提示:

(1)在 B3 单元格中输入"=$A3*B$2"。

(2)选中 B3 单元格,使用填充句柄拖至 J3。

(3)选择 B3:J3 区域,使用填充句柄拖至 J11。

6. 迷你图

打开"模块 5 操作题",切换到"迷你图"工作表,进行如下操作:

(1)在 L3 单元格插入迷你折线图,数据范围为 B3:K3,显示迷你折线图的标记。

(2)在 L4 单元格插入迷你柱形图,数据范围为 B4:K4,标记高点为红色。

操作提示:

(1)选中 L3 单元格,单击"插入"→"迷你图"→"折线图",选择数据范围"B3:K3"并确定,单击"迷你图工具"→"设计"→"显示"→"标记"。

(2)选中 L4 单元格,单击"插入"→"迷你图"→"折线图",选择数据范围"B4:K4"并确定,单击"迷你图工具"→"设计"→"样式"→"标记颜色"→"高点"→"标准色"→"红色"。

模块 6

演示文稿 PowerPoint 2010

● **本模块知识目标**

- 了解演示文稿制作软件 PowerPoint 2010 的主要应用范围。
- 了解 PowerPoint 2010 作品的基本结构。
- 掌握演示文稿的创建、打开与保存的方法和步骤。
- 熟悉演示文稿基本编辑及美化的基本方法与步骤。
- 掌握 PowerPoint 2010 中占位符、版式、主题、母版、模板等基本概念。
- 掌握演示文稿的切换效果、动画效果、超链接、动作按钮、幻灯片放映的方法与步骤。
- 掌握演示文稿的打包、打印的基本方法与步骤。

● **本模块技能目标**

- 能够在 PowerPoint 2010 工作界面中快速找到相应功能按钮。
- 能够熟练使用 PowerPoint 2010 制作电子演示文稿。
- 能够对制作完成的演示文稿进行美化。
- 能够对 PowerPoint 演示文稿的放映进行有效控制。
- 能够输出及打印演示文稿。

PowerPoint 2010 是 Microsoft Office 2010 办公套装软件中的一个重要组成部分，该软件与 Word、Excel 等办公软件具有相似的操作界面，功能实用，操作简单，特别在个人演讲、工作汇报、会议流程、广告宣传、产品演示及教学课件等方面有着广泛的应用。由 PowerPoint 制作的演示文稿通常称为 PPT，PPT 演示文稿由多个单页即"幻灯片"组成，故 PowerPoint 演示文稿也称为"电子幻灯片"，幻灯片可包含文字、图片、图表、声音、视频及其他元素等。

任务 1　认识 PowerPoint 2010

任务介绍

小张进入新的工作岗位后，发现工作中需要使用到演示文稿的地方很多，但自己还不太会做，因此需要尽快掌握制作演示文稿的操作技能。

任务分析

为了顺利完成本任务，首先需要熟悉 PowerPoint 2010 的基本工作界面、掌握创建与保存演示文稿的多种方法并能很好地管理相应的幻灯片。

本任务路线如图 6-1-1 所示。

图 6-1-1　任务路线

完成本任务的相关知识点：

（1）PowerPoint 2010 工作界面。

（2）演示文稿视图的种类；幻灯片版式、幻灯片模板的概念。

（3）演示文稿的创建、保存及关闭。

（4）幻灯片的管理，包括选择、新建、删除、移动、复制幻灯片及将幻灯片组织成节。

【任务 1-1】了解 PowerPoint 2010 工作界面

在制作一个完整的演示文稿之前，首先需要熟悉 PowerPoint 2010 的界面。

操作步骤

从很多方面来看，PowerPoint 的界面都与典型的 Windows 程序无异，它与 Word、Excel 等办公软件，具有相似的操作界面。PowerPoint 2010 窗口包含如图 6-1-2 所示元素。

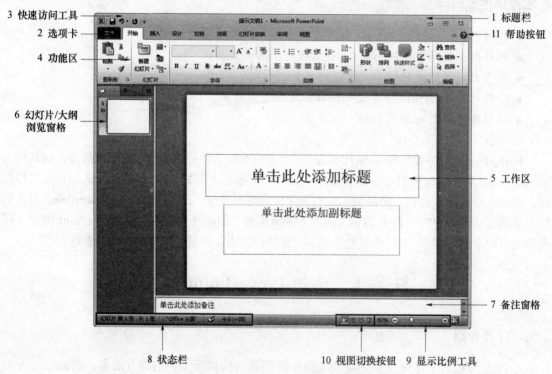

图 6-1-2　PowerPoint 2010 工作界面

（1）标题栏。标题栏主要用于标识正在运行的程序（PowerPoint）和活动演示文稿的名称。还可拖动标题栏来移动窗口，标题栏还包括"最小化"按钮、"最大化/向下还原"按钮和"关闭"按钮。

（2）选项卡。其与 Word 界面中的选项卡类似，主要包括"文件""开始""插入""设计"

"切换""动画""幻灯片放映""审阅""视图"等。

（3）快速访问工具栏。快速访问工具栏由最常用的工具按钮组成。如"保存"按钮、"撤销"按钮和"恢复"按钮等。单击快速访问工具栏中的相应按钮，可以快速实现其相应的功能，单击快速访问工具栏右侧的下拉按钮，弹出"自动以快速访问工具栏"下拉菜单，在下拉菜单中，可自行添加或删除相应的功能按钮到快速访问工具栏中。

（4）功能区。功能区将控件对象分为多个选项卡，然后在选项卡中将控件细化为不同的组。选项卡分为固定选项卡和隐藏式选项卡，根据不同的功能应用，隐藏选项卡才会显示。

（5）工作区。工作区显示活动 PowerPoint 幻灯片的位置。图 6-1-2 显示的是"普通视图"，但也可使用其他视图，在其他视图中，工作区的显示也会有所不同。

（6）幻灯片/大纲浏览窗格。在窗格中有"幻灯片"和"大纲"两个选项卡，其中"幻灯片"选项卡显示的是"幻灯片"窗格中显示的每个完整大小幻灯片的缩略图，方便观看任何设计更改的效果。"大纲"选项卡则以大纲形式显示幻灯片文本，有助于编辑演示文稿的内容或移动幻灯片。

（7）备注窗格。"备注"窗格可以键入关于当前幻灯片的备注。具体应用时，可以将备注分发给观众，也可以在播放演示文稿时查看"演示者"视图中的备注。

（8）状态栏。状态栏给出有关演示文稿的信息，如当前文档页、总页数、改幻灯片使用的主题、输入法状态等，并提供更改视图和显示比例的快捷方式。

（9）显示比例工具。拖动滑块可用于设置在编辑的文档的显示比例。

（10）视图切换按钮。通过"普通视图按钮""幻灯片浏览按钮""阅读视图按钮"和"幻灯片放映按钮"可以在不同的视图中预览演示文稿。

（11）帮助按钮。按下 F1 键或单击"帮助"按钮（问号），就会进入 PowerPoint 的帮助系统，在系统中用户几乎可以查到能想象到的任何 PowerPoint 任务，并按照分步的指导来执行任务。

💬 知识点

演示文稿视图

PowerPoint 2010 中用于编辑、打印和放映演示文稿的视图包括普通视图、幻灯片浏览视图、备注页视图、幻灯片放映视图、阅读视图和母版视图。

（1）普通视图：普通视图是 PowerPoint 2010 默认视图方式，也是主要的编辑视图，它集合了幻灯片、大纲浏览和备注页窗格，既可以撰写和设计演示文稿，也可以输入备注信息。单击 普通视图按钮，或选择"视图"→"普通视图"命令，都可以切换到普通视图方式，如图 6-1-3 所示。

（2）幻灯片浏览视图：在演示文稿窗口，单击 幻灯片浏览视图按钮，或选择"视图"→"幻灯片浏览"命令，都可以切换到幻灯片浏览视图方式，如图 6-1-4 所示。通过幻灯片浏览视图，用户可以轻松对演示文稿的顺序进行组织和排列。

（3）备注页视图：备注页视图主要用于显示用户在幻灯片中的备注，可以是文字、图片、图表或者表格等。选择"视图"→"备注页"命令可以切换到备注页视图方式，如图 6-1-5 所示。此时"幻灯片"窗格在上方显示，"备注"窗格在其下方显示。在"备注"窗格中输入了要应用于当前幻灯片的备注后，可以在备注页视图中显示出来，也可以将备注页打印出来并在放映演示文稿时进行参考。

图 6-1-3　普通视图

图 6-1-4　幻灯片浏览视图

（4）幻灯片放映视图：单击状态栏上"幻灯片放映"按钮 ，或选择"幻灯片放映"选项卡，在"开始放映幻灯片"命令组内选择相应按钮，即可进入幻灯片放映状态，在这种视图方式下，可以全屏查看演示文稿实际的放映效果。放映完毕后，视图恢复到原来状态，如果想中途退出放映，则可按 ESC 键回到普通视图。

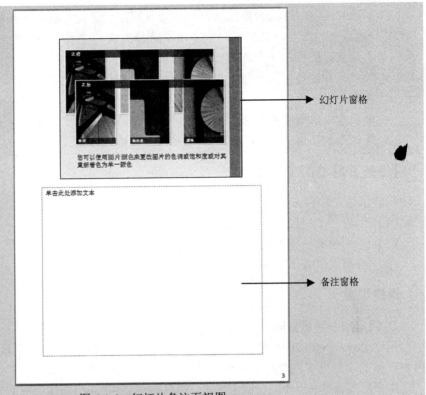

图 6-1-5　幻灯片备注页视图

（5）阅读视图：阅读视图是一种特殊查看模式，在阅读视图下，演示文稿中的幻灯片内容以全屏的方式显示出来，一般用于幻灯片的简单预览，如图 6-1-6 所示。选择"视图"→"阅读版式视图"或者单击状态栏上的 📖 阅读视图按钮，都可以切换到阅读视图模式，如果要退出阅读视图，可单击右下角状态栏的其他视图按钮。

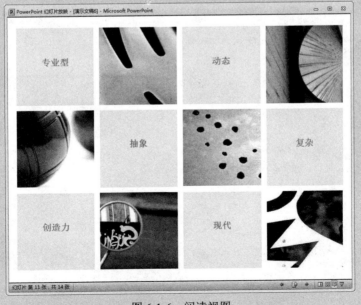

图 6-1-6　阅读视图

（6）母版视图：母版视图包括幻灯片母版视图、讲义母版视图和备注母版视图。选择"视图"选项卡，在"母版视图"命令组中选择所需的母版视图，即可切换到相应视图模式。关于母版的使用，会在后面的章节加以介绍。

● 幻灯片母版视图用于设置幻灯片的样式，可供用户设定各种标题文字、背景、属性等，只需要更改一项内容就可更改所有的幻灯片设计。

● 讲义母版视图：主要用于打印输出时定义每页有多少张幻灯片和打印版式。

● 备注母版视图：用于定义备注视图的母版格式。

【任务 1-2】创建演示文稿

创建演示文稿有三种方式：

（1）创建一个空白的 PowerPoint 演示文稿。

（2）运用模板创建演示文稿。

（3）根据现有演示文稿创建新演示文稿。

操作步骤

1. 创建空白演示文稿

启动 PowerPoint 2010 时，带有一张幻灯片的新空白演示文稿将自动打开。只需添加你的内容，按需添加更多幻灯片、更改格式，然后就可以使用了。

如果需要新建另一个空白演示文稿，可单击"文件"→"新建"→"空白演示文稿"→"创建"，如图 6-1-7 所示，系统将新建一个名为"演示文稿 2"的空白文档。

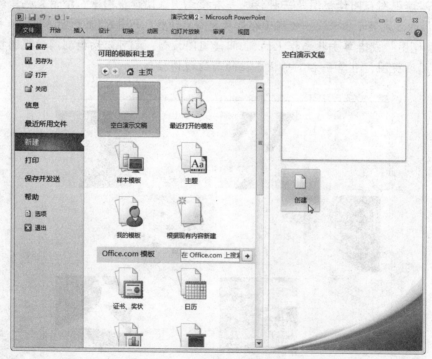

图 6-1-7　新建空白演示文稿

▷ **操作技巧**

按下 Ctrl+N 快捷键可新建演示文稿。

2. 运用模板创建演示文稿

所谓模板，是指在外观或内容上已经为用户进行了一些预设的文件。这些模板文件大都是用户经常使用的类型或专业的样式。通过模板创建演示文稿时就不需要用户从头开始制作，从而节省了制作的时间，提高了工作效率。

在 PowerPoint 2010 中有可用的模板和主题、Office.com 模板两种类型的模板，创建的方式如下：

（1）可用的模板和主题。

选择"文件"→"新建"命令，在"可用的模板和主题"栏中选择"最近打开的模板""样本模板""主题"选项都可以快速创建带有样式的演示文稿，如果选择"我的模板"选项，可以打开用户自己设计和保存的模板。图 6-1-8 所示为选择"样本模板"中的"都市相册"模板，单击"创建"按钮，一份以该模板为基础的新演示文稿就会被打开。

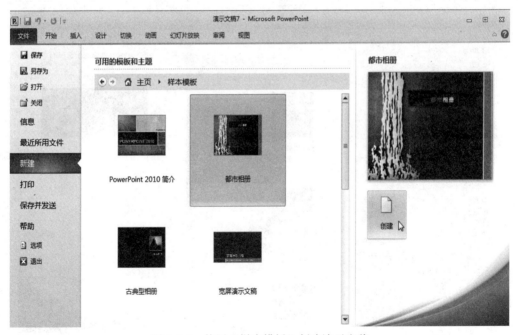

图 6-1-8　使用"样本模板"创建演示文稿

（2）Office.com 模板。

单击"文件"→"新建"，在"模板"列表的"Office.com 模板"部分中单击所需模板的类别，如："业务"类别，如图 6-1-9 所示。依次选择子类别列表，如"业务"→"公司手册"，如图 6-1-10 所示，单击"下载"，此时将以该模板为基础创建一份新演示文稿。

图 6-1-9　选择"Office.com 模板"

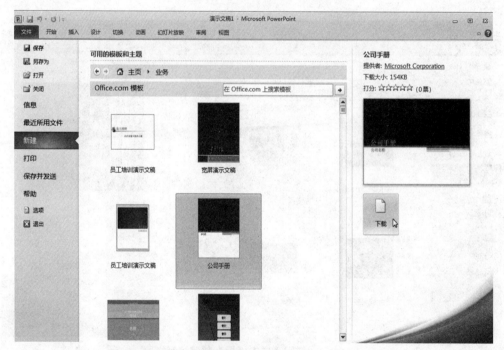

图 6-1-10　依次选择"Office.com 模板"中的子类别列表

3. 根据现有演示文稿创建新演示文稿

如果已有的某个演示文稿与需要创建的新演示文稿类似，那么可以根据现有内容新建演示文稿。

（1）单击"文件"→"新建"→"根据现有内容新建"，如图 6-1-11 所示。

（2）在"根据现有演示文稿新建"对话框中选择包含现有演示文稿的位置，选中它后，单击"新建"按钮，如图 6-1-12 所示。

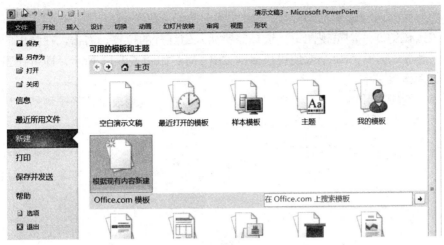

图 6-1-11　选择"根据现有内容新建"演示文稿

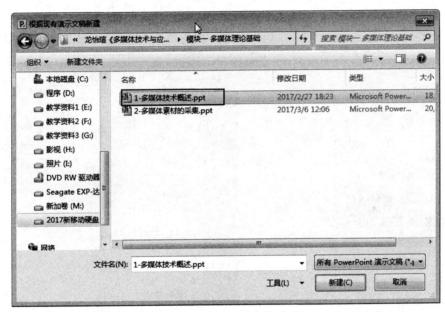

图 6-1-12　选择已有演示文稿

【任务 1-3】管理幻灯片

一般来说，演示文稿中会包含多张幻灯片，用户需要对这些幻灯片进行相应的管理。

操作步骤

1. 选择幻灯片

如果只选择单张幻灯片，使用鼠标单击即可。被选中的幻灯片的四周会出现亮边，若选择一组连续的幻灯片，可单击第一张幻灯片，然后按住 Shift 键，单击最后一张要选择的幻灯片。若要选择多张不连续的幻灯片，则需要按住 Ctrl 键，然后分别单击要选中的幻灯片。

2. 新建幻灯片

方法 1：在普通视图的幻灯片窗格中，单击某张幻灯片，按回车（Enter）键，即可在当前幻灯片的后面插入一张新的幻灯片。

方法 2：在幻灯片浏览视图下，选择需要插入幻灯片的位置，右击，在弹出的快捷菜单中，选择"新建幻灯片"命令或使用快捷键 Ctrl+M，如图 6-1-13 所示，即可在当前位置增加一张幻灯片。

方法 3：选择"开始"→"新建幻灯片"命令，在下拉列表中选择一种幻灯片版式，如图 6-1-14 所示，即可插入一张新的幻灯片。

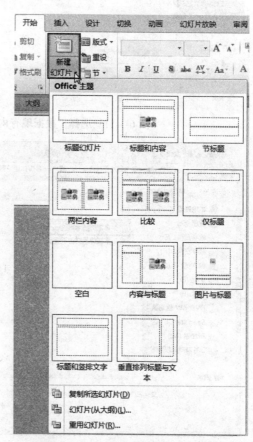

图 6-1-13 "新建幻灯片"快捷菜单　　　　　图 6-1-14 "新建幻灯片"下拉列表

📋 知识点

幻灯片版式

幻灯片版式包含要在幻灯片上显示的全部内容的格式设置、位置和占位符。占位符是版式中的容器，可容纳如文本（包括正文文本、项目符号列表和标题）、表格、图表、SmartArt 图形、影片、声音、图片及剪贴画等内容。而版式也包含幻灯片的主题、字体和背景。

PowerPoint 中包含 11 种内置幻灯片版式，也可以创建满足用户特定需求的自定义版式，并与使用 PowerPoint 创建演示文稿的其他人共享。图 6-1-15 显示了 PowerPoint 中内置的幻灯片版式。

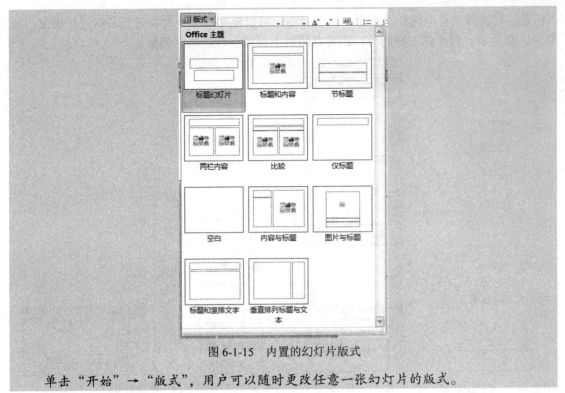

图 6-1-15　内置的幻灯片版式

单击"开始"→"版式"，用户可以随时更改任意一张幻灯片的版式。

3. 删除幻灯片

用鼠标选择要删除的幻灯片，然后按下键盘上的 Del 键即可。或者右击选定幻灯片的缩略图，从快捷菜单中选择"删除幻灯片"命令，如图 6-1-16 所示。

4. 复制幻灯片

方法 1：在普通视图的"幻灯片/大纲浏览窗格"中，右击需要复制的幻灯片，在快捷菜单中选择"复制幻灯片"命令或使用快捷键 Ctrl＋D，此时会在当前幻灯片后面插入一张与当前幻灯片同样的幻灯片。

方法 2：在普通视图或幻灯片浏览视图下，右击需要复制的幻灯片，在快捷菜单中选择"复制"命令或使用快捷键 Ctrl＋C，再将鼠标移到粘贴的位置，右击，在快捷菜单中选择"粘贴"命令或使用快捷键 Ctrl＋V。

5. 移动幻灯片

移动幻灯片的方法与复制幻灯片十分类似，可以用"剪切"和"粘贴"命令来改变顺序。还可以在幻灯片浏览视图下，选

图 6-1-16　"删除幻灯片"命令

择要移动的幻灯片，按住鼠标左键，拖动幻灯片到需要的位置，松开鼠标左键，即可将幻灯片移到新的位置。

6. 将幻灯片组织成节

幻灯片的节的建立有利于管理多张幻灯片，在普通视图下，在需要添加节的位置右击。选择"新增节"命令（图 6-1-17），会添加一个无标题节，该节下方的所有幻灯片都属于本节；而该节上方会自动新建一个默认节，将上方的所有幻灯片归入默认节，如图 6-1-18 所示。右

击标题，在快捷菜单中选择"重命名节"命令，可以根据幻灯片内容对节名称进行修改，如图 6-1-19 所示。对于建立好的节，还可以随时上移或下移，甚至删除。

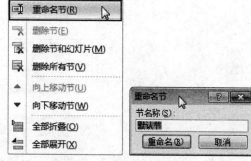

图 6-1-17　新增节快捷菜单　　图 6-1-18　新增节　　　　　图 6-1-19　重命名节

【任务 1-4】保存和关闭演示文稿

在创建和编辑演示文稿的同时可对其进行保存，以避免其中的内容丢失。当不需要进行编辑时，可关闭演示文稿。

操作步骤

（1）选择"文件"→"保存"命令，弹出"另存为"的对话框，如图 6-1-20 所示。

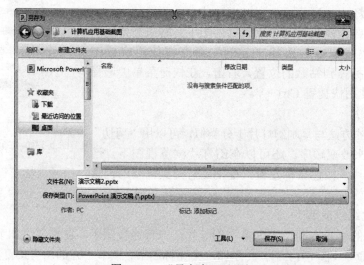

图 6-1-20　"另存为"对话框

（2）在"另存为"对话框中，键入保存的文件名，选择正确的保存类型及存放的位置，单击"保存"按钮即可。默认情况下，PowerPoint 2010 默认的保存格式为".pptx 格式"，还可以将演示文稿保存为其他形式，如".ppsx 格式"，可用于直接播放；".potx 格式"，用于保存演示文稿模板；还可以保存为网页形式，甚至可以另存为视频文件，如".wmv 格式"等，如图 6-1-21 所示。

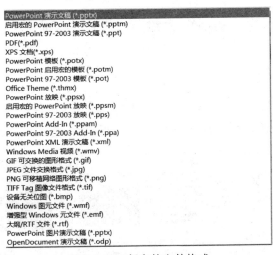

图 6-1-21　保存的文件格式

▶ **操作技巧**

● 使用 Ctrl＋S 快捷键可快速保存演示文稿。
● 在"快速访问工具栏"中单击"保存"按钮，如图 6-1-22 所示，也可以快速保存文件。

图 6-1-22　"快速访问工具栏"中的保存按钮

（3）选择"文件"→"关闭"命令，如图 6-1-23 所示，可以关闭当前打开的演示文稿。

图 6-1-23　关闭演示文稿

任务小结

通过本任务的学习，我们首先熟悉了 PowerPoint 2010 工作界面（包括界面的组成、各类视图等）。其次学习了创建演示文稿的三种方法以及演示文稿的关闭及保存。最后掌握了幻灯片的管理方法，如插入、复制、删除、移动幻灯片及将幻灯片组织成节等。

任务 2　制作"魅力广州"演示文稿

任务介绍

广州的发展日新月异，作为一名大学生志愿者，小王为社团制作了一个宣传广州的演示文稿，效果如图 6-2-1 所示，可以帮助外地的同学进一步了解广州，认识广州。

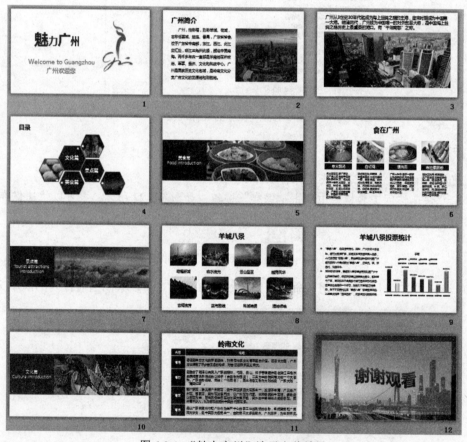

图 6-2-1　"魅力广州"演示文稿效果

任务分析

对于初学 PPT 的新手来说，尽量不要马上就做，在动手之前，要经过思考，一个好的PPT 作品是经过策划及设计的。要根据不同的演示目的、不同的演示文稿、不同的受众对象、不同的使用环境，决定 PPT 的结构、色彩、节奏和动画效果等。

PPT 制作水平的高低可以从内容和外观两个方面来衡量。准备 PPT 制作与写文章类似，要先确定主题，列出大纲，收集文字素材、图片素材及其他素材后再动手制作。

一套完整的 PPT 作品一般包含：片头页、目录页、转场页、内容页、片尾页等，再配以文字、图片、形状、图表、动画、声音、影片等素材进行丰富。

由于 PowerPoint 与 Word、Excel 同属 Office 组件，因此在文字格式、图片格式、表格格式及图表格式设置等方面非常相似，具体设置方法请查阅前面的章节，本章节不再赘述。

本任务路线如图 6-2-2 所示。

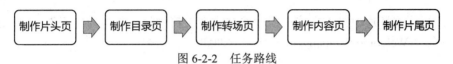

图 6-2-2 任务路线

完成本任务的相关知识点：
（1）版式、占位符等基本概念。
（2）设置演示文稿页面大小及幻灯片背景。
（3）编辑与格式化文本。
（4）在幻灯片中插入各类对象（如图片、形状、SmartArt、图表、表格等）。
（5）设置各类对象的大小、样式、排列、效果等属性。

 **任务实现**

【任务 2-1】制作片头页

演示文稿的片头页，也称为标题幻灯片，相当于一本书的封面，十分重要，用于吸引观看者的兴趣，通常会选择一个标志性的图形和对应的主题文字，如图 6-2-3 所示。

图 6-2-3 片头页效果

🖱 **操作步骤**

（1）启动 PowerPoint 2010，进入 PowerPoint 2010 工作界面，新建一个空白演示文稿。
（2）设置页面大小：单击"设计"→"页面设置"，在页面设置对话框中，选择幻灯片大小为"全屏显示（16:9）"，幻灯片方向为"横向"，如图 6-2-4 所示。

图 6-2-4 "页面设置"对话框

（3）在标题幻灯片中输入文字：在标题文本占位符中输入"魅力广州"，在副标题文本占位符中输入"Welcome to Guangzhou 广州欢迎您"。

🗨 知识点

占 位 符

占位符是一种带虚线的边框，用来存储文字和图形的容器，类似于文本框，但是占位符并不影响幻灯片放映的效果，其本身是构成幻灯片内容的基本对象，具有自身的属性。用户可以对其中的文字进行操作，也可以对占位符本身进行大小调整、移动、复制、粘贴及删除等操作。

占位符分为文本占位符（图 6-2-5）与项目占位符（图 6-2-6）两类。

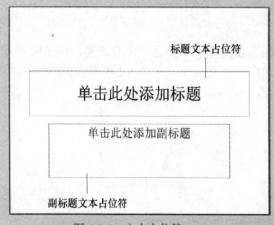

图 6-2-5 文本占位符

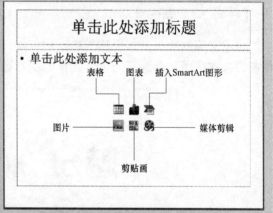

图 6-2-6 项目占位符

文本占位符又分为标题占位符（单击此处添加标题）、副标题占位符（单击此处添加副标题）和普通文本占位符（单击此处添加文本），在其中可直接输入文本内容。

项目占位符用于显示图片、图表、表格、SmartArt 图形和媒体剪辑等对象，在项目占位符中将显示一个快捷工具箱，单击其中不同的按钮并进行设置后即可插入相应的对象。

（4）设置文本的大小字体及颜色：设置标题文本"魅力广州"字号大小为 40，加粗，字体为微软雅黑，颜色为 RGB（220，0，0），其中"魅"和"广"两个字的字号大小分别为 72 和 66；设置副标题文本"Welcome to Guangzhou 广州欢迎您"字号大小为 32，字体为微软雅黑，颜色为 RGB（137，137，137），适当调整占位符的大小及位置。

操作技巧

● 选择"字体"组中的"增大字号" **A**˄ 和 "减小字号"按钮 **A**˅，可以根据自己的需要任意增大或减小字号，这在幻灯片文本编辑中会经常使用。

● PowerPoint 2010 在颜色的选择中，经常不会使用标准的颜色，而会设置自定义的 RGB 数值，单击"字体"→"其他颜色"，在"颜色"对话框中，选择"自定义"选项卡，设置相应数值，其中 R 代表红色，G 代表绿色，B 代表蓝色，数值范围在 0～255，如图 6-2-7 所示。

图 6-2-7 自定义颜色设置

（5）插入图片并设置透明色：

① 单击"插入"→"图片"，选择相应的图片素材，并适当调整图片的位置及大小。

② 单击"图片工具"→"格式"→"调整"→"颜色"→"设置透明色"，在图片背景上单击，可快速将图片的背景设置为透明，如图 6-2-8 所示。

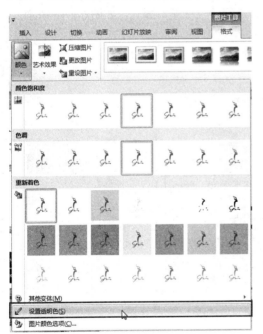

图 6-2-8 设置图片背景为透明色

（6）适当调整占位符及图片的位置。

【任务 2-2】制作目录页

制作演示文稿的目录页，采用 SmartArt 图形的方式，让幻灯片的内容更生动、易懂，如图 6-2-9 所示。

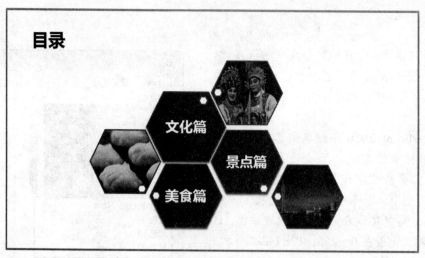

图 6-2-9　目录页效果

操作步骤

（1）新建一张幻灯片，在标题文本占位符中输入文字"目录"，设置文字大小为 30，字体为"微软雅黑"，加粗，左对齐。

（2）更改幻灯片版式：单击"开始"→"版式"，选择"仅标题"版式，如图 6-2-10 所示。

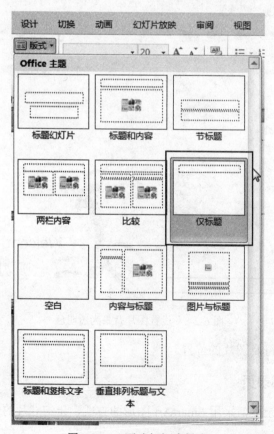

图 6-2-10　更改幻灯片版式

（3）插入 SmartArt 图形：单击"插入"→"SmartArt 图形"，弹出"选择 SmartArt 图形"对话框，如图 6-2-11 所示，选择"图片"类中的"六边形群集"，单击"确定"按钮。

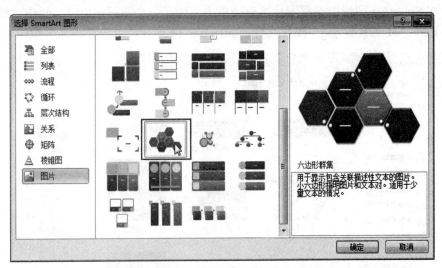

图 6-2-11　"选择 SmartArt 图形"对话框

（4）在 SmartArt 图形中输入文本：在 SmartArt 图形相应的位置上输入文本内容，如图 6-2-12 所示。如果目录的项目较多，可以单击"SmartArt 工具"→"设计"，在"创建图形"组中，选择"添加形状"，根据实际的情况，在后面或前面添加形状，添加后还可通过"上移"或"下移"按钮，调整项目的顺序，如图 6-2-13 所示。

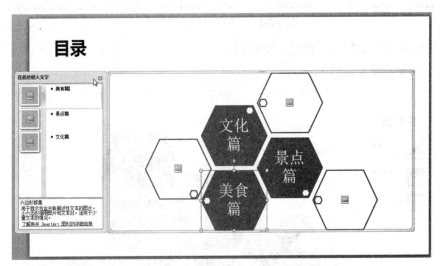

图 6-2-12　在 SmartArt 图形中输入相应的文本

图 6-2-13　在 SmartArt 图形中添加形状

（5）设置文字格式：选择整个 SmartArt 图形，适当调整其大小和位置，整体设置文字格式为"微软雅黑"，字号为 24，加粗。

（6）在 SmartArt 图形中设置图片填充：单击左边第一个图形占位符，弹出"插入图片"对话框，选择"J1 美食篇.jpg"图片文件，如图 6-2-14 所示，单击"插入"按钮。

图 6-2-14　"插入图片"对话框

（7）依次单击其他图形占位符，使用相同的方法插入"J2 景点篇.jpg""J3 文化篇.jpg"图片文件。效果如图 6-2-15 所示。

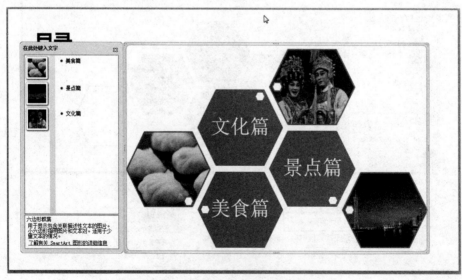

图 6-2-15　在 SmartArt 图形中设置图片填充

（8）设置 SmartArt 样式及颜色。

① 设置整体颜色：依次单击"SmartArt 工具"→"设计"→"更改颜色"→"强调文字颜色 2"，选择第 2 个选项，如图 6-2-16 所示。

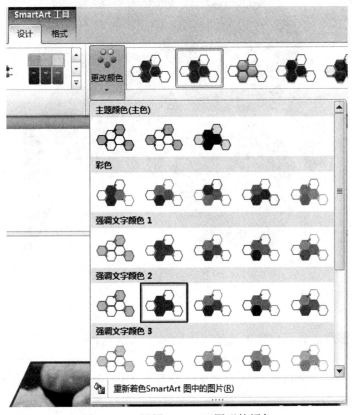

图 6-2-16　设置 SmartArt 图形的颜色

② 设置样式：依次单击"SmartArt 工具"→"设计"→"SmartArt 样式"→"白色轮廓"，如图 6-2-17 所示。

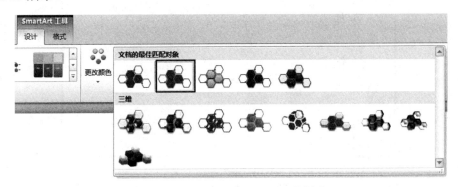

图 6-2-17　设置 SmartArt 图形的样式

③ 设置部分形状填充与轮廓颜色：单独选择中间的三个形状，设置其形状填充颜色为RGB（222，0，0），效果如图 6-2-18 所示。

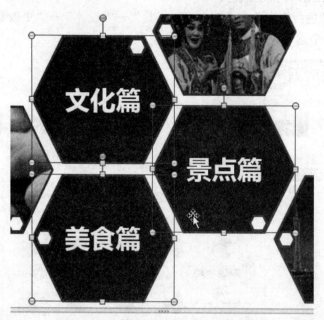

图 6-2-18　设置部分形状填充与轮廓颜色

▶▷ 操作技巧

1. **SmartArt** 图形也可以由文本直接转换获得，方法如下：

（1）新建一个版式为"标题与内容"的幻灯片。

（2）在文本占位符中输入相应的文字，如图 6-2-19 所示，如果输入文字较多，可以通过单击"开始"→"段落"组中的"提高列表级别"按钮 ，设置文字的级别。

目录

- 美食篇
- 景点篇
- 文化篇

图 6-2-19　输入相应的文字

（3）右键单击文本，选择"转换为 SmartArt 图形"→"其他 SmartArt 图形"命令，如图 6-2-20 所示，在弹出的"选择 SmartArt 图形"对话框中，选择"图片"类中的"六边形群集"，单击"确定"按钮，即可将文本转换为 SmartArt 图形。

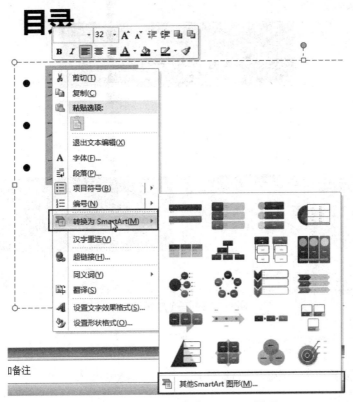

图 6-2-20　将文本转换为 SmartArt 图形

2. SmartArt 图形布局的更改，方法如下：

单击"SmartArt 工具"→"设计"→"布局"，在布局列表中，选择希望更改的类型即可，如图 6-2-21 所示。

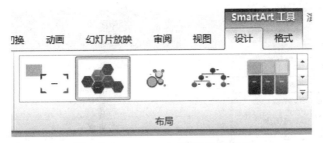

图 6-2-21　SmartArt 图形布局更改

【任务 2-3】制作转场页

根据目录的内容，主要是介绍广州的"美食篇""景点篇"和"文化篇"，在每一个部分的开头，都插入一个转场页，用于区分每个部分，如第 5、第 7 和第 10 张幻灯片。效果如图 6-2-22 所示。

三个转场页基本的表现形式是相同的，均是三幅图片放置在幻灯片的正中间，在图片的左边均有一个红色的矩形，矩形区域内输入相应的文字内容。

图 6-2-22　三个转场页效果

操作步骤

（1）新建一张版式为"空白"的幻灯片。

（2）插入图片：

① 在幻灯片中插入图片素材"转场图 1.jpg"，并适当调整图片的位置及大小。

② 单击"图片工具"→"格式"→"排列"组→"对齐"，设置"左右居中"及"上下居中"，如图 6-2-23 所示，让图片处于幻灯片的正中间。

③ 单击"图片工具"→"格式"→"排列"组→"旋转"→"水平翻转"，如图 6-2-24 所示，设置图片旋转的正确方向。

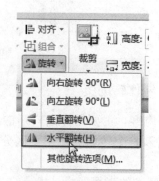

图 6-2-23　设置图片对齐方式
图 6-2-24　设置图片旋转方向

（3）绘制红色矩形：单击"插入"→"形状"→"矩形"，绘制一个高度为 6.97 厘米、宽度为 8 厘米的矩形，无轮廓，填充颜色为 RGB（222，0，0），并设置其左对齐，上下居中，效果如图 6-2-25 所示。

（4）在矩形上输入文字：右键单击红色矩形，选择"编辑文字"命令，如图 6-2-26 所示，在输入点处输入"美食篇 Food introduction"，设置字体为微软雅黑，字号 20，居中对齐。

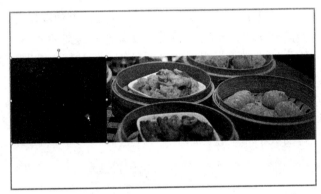

图 6-2-25　绘制红色矩形

图 6-2-26　在矩形上输入文字

（5）其他转场页的制作：

① 复制第一张转场页幻灯片。

② 右击图片，在快捷菜单中选择"更改图片"命令，如图 6-2-27 所示，在"插入图片"对话框中，选择其他转场页的对应图片。

③ 根据转场页的内容，更改红色矩形中的对应文字，最后效果如图 6-2-22 所示。

【任务 2-4】制作内容页

PPT 中的内容页的表现形式多种多样，多数是以文字、图片、图表、表格及文本框等多种元素的相互组合出现。

文本是演示文稿最基本的内容，既可以通过幻灯片默认的占位符输入，也可以在幻灯片的任意位置绘制文本框并在其中输入，然后设置其格式，设置方法与在 Word 和 Excel 中相似。

图 6-2-27　"更改图片"命令

⚙ 操作步骤

1."广州简介"内容页的制作

（1）在片头页之后添加一张幻灯片，版式设置为"两栏内容"，如图 6-2-28 所示，在上方文本占位符输入"广州简介"，设置字体为微软雅黑，字号 32，加粗，左对齐。

图 6-2-28 "两栏内容"版式

（2）输入文字：打开文字素材文件，复制广州简介的相关文字，粘贴至左边项目占位符处。

（3）设置文本格式：设置字体为微软雅黑，根据实际需要设置合适的文字大小。

（4）取消项目符号：单击"开始"→"段落"组中的"项目符号"按钮，取消文本左边的原点●。

（5）设置文本段落格式：单击"开始"→"段落"组右下角的对话框启动器，弹出"段落"对话框，设置行距为 1.5 倍行距，文本之前的缩进为 0，首行缩进 1.27 厘米，如图 6-2-29 所示，适当调整文本占位符的大小和位置。

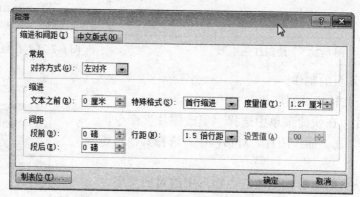

图 6-2-29 设置文本段落格式

（6）插入图片素材：单击右边项目占位符中的"图片"按钮，插入对应的图片素材"pic2.jpg"，适当调整图片大小和位置，效果如图 6-2-30 所示。

图 6-2-30 "广州简介"内容页（第 2 张幻灯片）效果

（7）以类似的方法制作第 3 张幻灯片，效果如图 6-2-31 所示。

广州从3世纪30年代起成为海上丝绸之路的主港，唐宋时期成为中国第一大港。明清两代，广州成为中国唯一的对外贸易大港，是中国海上丝绸之路历史上最重要的港口。有"千年商都"之称。

图 6-2-31　第 3 张幻灯片效果

2. "食在广州"内容页的制作

（1）在第一张转场页的后面，新建一张版式为"仅标题"的幻灯片，输入标题"食在广州"，设置字体为微软雅黑，字号 32，加粗。

（2）同时插入多张图片：单击"插入"→"图片"，在"插入图片"对话框中，按 Ctrl 键同时选择对应的 4 张图片（S1 老火靓汤.jpg，S2 白切鸡.jpg、S3 馄饨面.jpg、S4 布拉蒸肠粉.jpg），单击"插入"按钮，即可在幻灯片中插入多张图片，如图 6-2-32 所示。

图 6-2-32　同时插入多张图片

（3）设置多张图片的格式：同时选择 4 张图片，单击"图片格式"→"工具"→"大小"选项组右下角的对话框启动器 ，弹出"设置图片格式"对话框，设置图片的高度为 3.7 厘米、宽为 5 厘米，取消锁定纵横比，如图 6-2-33 所示。

（4）设置图片对齐排列：将图片按照出现的顺序排列，同时选择 4 张图片，单击"图片工具"→"格式"→"排列"组→"对齐"，设置"对齐幻灯片""顶端对齐"与"横向分布"，让 4 张图片处于同一条水平线上并且图片之间距离相等，效果如图 6-2-34 所示。

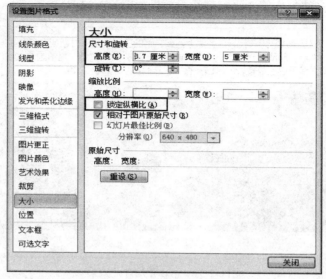

图 6-2-33 "设置图片格式"对话框

图 6-2-34 设置图片对齐排列效果

（5）制作图片标题。

① 绘制一个矩形，高度均为 1 厘米、宽度为 5 厘米，无轮廓，颜色为 RGB（222，0，0）。

② 在矩形中输入文字"老火靓汤"，设置字体为微软雅黑，加粗，字号 18。

③ 按 Ctrl 键，同时拖动，可复制出另外三个矩形，并且排列整齐。

④ 更改相应矩形中的文字，如图 6-2-35 所示。

（6）插入文本框。

① 打开文字素材文件，复制"老火靓汤"的说明文字。

② 单击"插入"→"文本框"→"横排文本框"，绘制一个文本框，将说明文字贴入。

③ 设置字体为微软雅黑，字号为 12，两端对齐，单倍行距，可根据实际情况适当调整文字的大小。

④ 使用相同的方法，完成另外三个文本框。

⑤ 设置四个文本框的高度和宽度均为 5 厘米，并将四个文本框排列整齐，如图 6-2-36 所示。

图 6-2-35　制作图片标题

图 6-2-36　设置文本框对齐效果

3. "羊城八景"内容页的制作

（1）在"景点篇"转场页后面，新建一张版式为"仅标题"的幻灯片，输入标题"羊城八景"，设置字体为微软雅黑，字号32，加粗。

（2）插入图片及设置图片格式：根据"食在广州"内容页的制作方法，在幻灯片中同时插入羊城八景的8张图片，并设置图片高度均为3.8厘米、宽度为4.8厘米，取消锁定纵横比，并排列整齐。

（3）设置图片样式：同时选中8张图片，单击"图片"→"格式"→"图片样式"，在下拉列表中，选择"圆形对角，白色"，如图6-2-37所示，并设置图片边框的粗细为1.5磅。

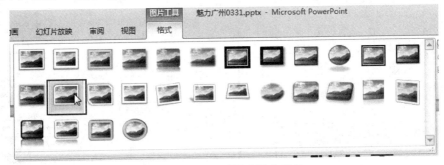

图 6-2-37　设置图片样式列表

（4）在图片的下面插入文本框，输入景点的名称，设置字体为微软雅黑，字号 18，居中，效果如图 6-2-38 所示。

图 6-2-38 "羊城八景"内容页效果

4. "羊城八景数据统计"内容页的制作

（1）在"羊城八景"内容页后面，新建一张版式为"两栏内容"的幻灯片，输入标题"羊城八景投票统计"，设置字体为微软雅黑，字号 32，加粗。

（2）输入文字：在左边占位符中贴入文字素材文件中相关说明文字。

（3）设置文本段落格式：设置行距为 1.5 倍行距，文本之前的缩进与悬挂缩进均为 0.95 厘米，适当调整文本占位符的大小和位置。

（4）插入项目符号和编号。

① 单击"开始"→"段落"组中的"项目符号"按钮，选择"项目符号和编号"命令，如图 6-2-39 所示，在弹出的"项目符号和编号"对话框中选择"自定义"按钮，设置符号大小为"90%字高"，颜色为 RGB（222，0，0），如图 6-2-40 所示。

② 在"符号"对话框中，选择字体为"Wingdings 2"，输入字符代码为 240，单击确定，即可选择"✳"符号，效果如图 6-2-41 所示。

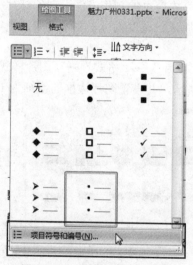

图 6-2-39 设置项目符号列表

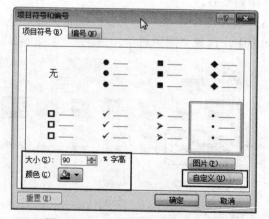

图 6-2-40 项目符号和编号对话框

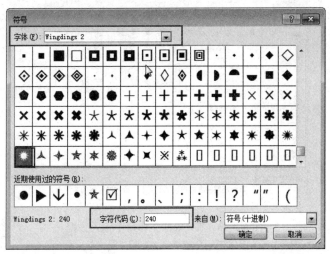

图 6-2-41 "符号"对话框

（5）插入图表。

① 单击右边项目占位符中的"插入图表"按钮 ，或单击"插入"→"图表"，在弹出的"插入图表"对话框中选择"柱形图"→"簇状柱形图"，单击"确定"按钮，如图 6-2-42 所示。

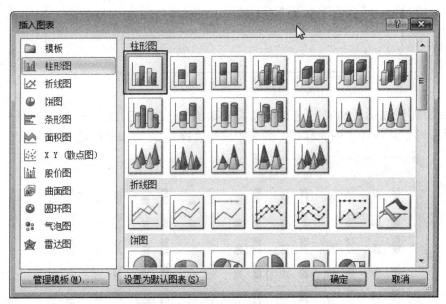

图 6-2-42 插入图表

② 在弹出的 Excel 工作簿中输入数据，如图 6-2-43 所示。

③ 关闭工作表，在幻灯片中就会出现对应的数据图表，如图 6-2-44 所示。

图 6-2-43　在 Excel 工作簿中输入数据

图 6-2-44　生成数据图表

④ 设置图表布局及样式：选择图表，依次单击"图表工具"→"设计"→"图表布局"→"布局 2"，并在"图表样式"列表中应用"样式 27"，如图 6-2-45 所示。

图 6-2-45　设置图表布局及样式

⑤ 设置图表的大小及颜色：选择图表，设置字体为微软雅黑，字号为 10，适当调整图表的位置及大小，根据自己的爱好，可以分别设置柱形图中每个柱子的颜色，效果如图 6-2-46 所示。

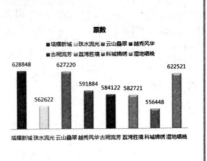

图 6-2-46　设置图表的大小及颜色

5. "岭南文化"内容页的制作

（1）在"文化篇"转场页后面，新建一张版式为"标题与内容"的幻灯片，输入标题"岭南文化"，设置字体为微软雅黑，字号 32，加粗。

（2）插入表格：在内容占位符中单击"表格"对象或单击"插入"→"表格"→"插入表格"，在"插入表格"对话框中输入数据，创建一个 2 列 5 行的表格，并适当调整表格的大小，如图 6-2-47 所示。

（3）在表格中输入文字：打开文字素材文件，复制表格里的内容，选中表格中的所有单元格，右击，在快捷菜单中选择"粘贴"。

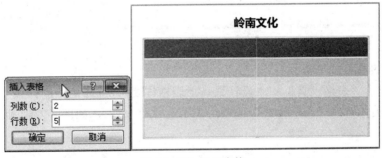

图 6-2-47　插入表格

　**知识拓展**

在 PowerPoint 创建表格

一般情况下，在 PowerPoint 2010 完成创建表格的方法有四种：

● 在 PowerPoint 2010 中直接创建表格。

● 从 Word 中复制表格，在空白处直接粘贴表格。

● 从 Excel 中复制一组单元格，在空白处直接粘贴。

● 在 PowerPoint 中直接插入 Excel 表格，表格会变为 OLE 嵌入对象。

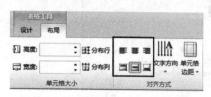

图 6-2-48　设置表格内容对齐方式

（4）设置单元格内容对齐：适当调整文字的大小、表格的列宽，单击"表格工具"→"布局"，在"对齐方式"组中设置对齐方式，如图 6-2-48 所示，让所有文字垂直居中对齐，第一行和第一列的文字水平居中，效果如图 6-2-49 所示。

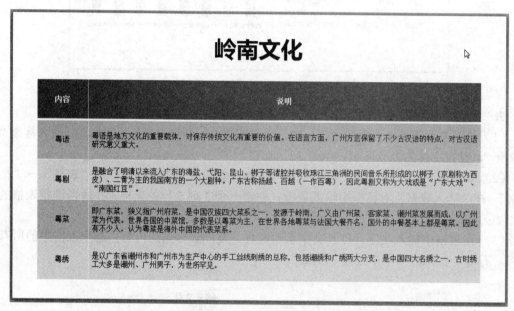

图 6-2-49　表格内容对齐效果

（5）设置表格样式：

① 依次单击"表格工具"→"设计"→"表格样式"，选择"中度样式 2，强调 2"的表格样式进行美化，在"表格样式"选项组中勾选"第一列"，如图 6-2-50 所示。

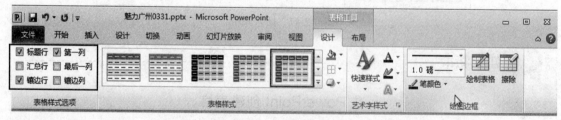

图 6-2-50　表格工具

② 分别设置第一行和第一列的底纹颜色为 RGB（222，0，0）。

③ 设置表格中的文字字体为微软雅黑，字号 16，适当调整表格的行高和列宽，效果如图 6-2-51 所示。

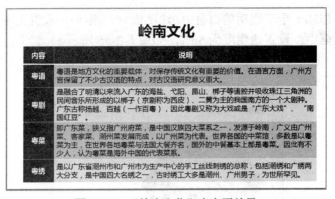

图 6-2-51　"岭南文化"内容页效果

【任务 2-5】制作结束页

每一个 PPT 作品的结尾都需要有一张结束页，通常使用艺术字和图片背景，如图 6-2-52 所示。

图 6-2-52　结束页效果

操作步骤

（1）新建一张版式为"空白"的幻灯片。

（2）设置幻灯片背景：右击幻灯片空白处，在弹出的快捷菜单中选择"设置背景格式"命令，如图 6-2-53 所示，在"设置背景格式"对话框中，如图 6-2-54 所示，单击"填充"→"图片或纹理填充"，选择合适的图片作为幻灯片背景，单击"关闭"按钮。

图 6-2-53　快捷菜单

图 6-2-54　"设置背景格式"对话框

（3）在背景上添加一个半透明的白色矩形：绘制一个矩形，设置无轮廓，颜色为白色，并在"颜色"对话框中，设置透明度为50%，如图6-2-55所示。

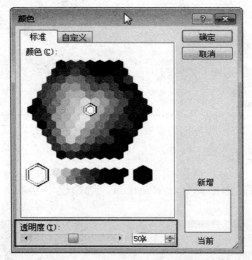

图6-2-55 "颜色"对话框

（4）插入艺术字：单击"插入"→"艺术字"，在下拉列表中选择一种艺术字样式，如图6-2-56所示。在文本框中输入文字"谢谢观看"，设置字体为微软雅黑，字号为60。

（5）设置艺术字的形状与对齐方式。

① 单击"绘图工具"→"格式"→"艺术字样式"组→"文本效果"→"转换"，设置艺术字的形状为"波形1"，如图6-2-57所示。

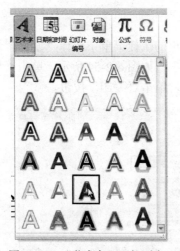

图6-2-56 "艺术字"下拉列表

图6-2-57 设置艺术字形状

② 适当调整艺术字的大小和位置，并设置艺术字左右居中，上下居中。

（6）保存文件，命名为"魅力广州.PPT"，效果如图6-2-52所示。

任务小结

本次任务主要是完成了制作"魅力广州"演示文稿,首先了解了一套完整的 PPT 作品应具有的基本结构,其次通过制作演示文稿,掌握版式、占位符等基本概念,学习了在 PPT 中添加文本的多种方法,熟练了文本编辑的操作技能;掌握在演示文稿中插入图片,甚至多张图片,同时编辑、排列整齐的方法;在制作中还熟练了在演示文稿中绘制图形、插入艺术字、插入 SmartArt 图形、制作表格以及利用数据制作图表的基本方法,同时也对 Word 和 Excel 的类似操作进行了知识回顾。

任务 3 美化"健康饮食"演示文稿

 任务介绍

健康的饮食在生活中十分的重要,作为营养师的小龙需要对社区的居民开展知识普及,制作了一个"健康饮食"PPT,然而技术有限,制作得不够美观,表现也不够生动,要怎么办呢?让我们帮助她来美化"健康饮食"演示文稿,效果如图 6-3-1 所示。

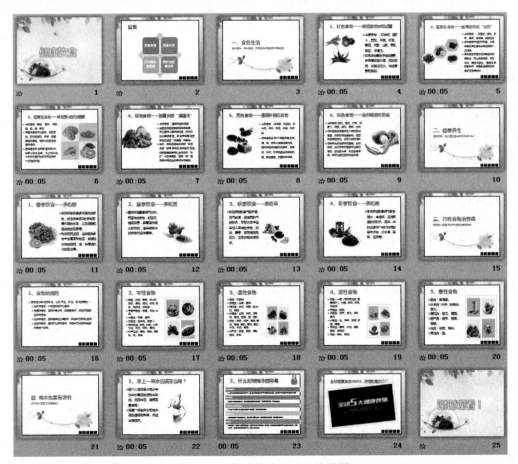

图 6-3-1 "健康饮食"PPT 效果图

任务分析

让 PPT 变得美观大方，生动有趣，通常会从几个方面来入手。首先会根据演示文稿的内容来挑选合适的应用设计主题，其次通过设计幻灯片母版，统一整个文档的风格；对于幻灯片设置切换效果以及对展示的内容设计动画效果；还可以通过插入超链接及动作按钮来实现演示文稿展示的自由跳转，最后为幻灯片再添加一些多媒体的元素，成为图、文、声并茂的演示文稿。

本任务路线如图 6-3-2 所示：

图 6-3-2　任务路线

完成本任务的相关知识点：

（1）主题、母版等基本概念。

（2）幻灯片母版的基本编辑。

（3）幻灯片切换效果与动画效果的设置。

（4）在幻灯片中插入超链接及动作按钮。

（5）在幻灯片中插入多媒体元素。

 任务实现

【任务 3-1】应用设计主题

幻灯片设计主题是指一组统一的设计元素，包括背景颜色、字体格式和图形效果等内容。利用设计主题，可快速对演示文稿进行外观效果的设置。

主题颜色：由八种颜色组成，主要是设置当前文本、背景颜色、文字强调和超链接颜色。单击下拉列表可以看到很多自带的配色组合，还可自定义配色。

主题字体：主要是快速设置母版中标题文字和正文文字的字体格式，自带了多种常用的字体格式搭配，可自由选择。

主题效果：主要是设置幻灯片中图形线条和填充效果的组合，包含了多种常用的阴影和三维设置组合。演示文稿中所有图形都会制作成统一。

PowerPoint 提供了几种内置主题，可以任意应用，也可以根据自己的需要自定义。

由于我们要美化的演示文稿，主要是有关健康饮食方面的内容，因此挑选一种以绿色作为主色的主题来应用，象征生命、健康、希望。然后统一设置背景、颜色及字体。

 操作步骤

（1）打开"健康饮食"演示文稿。

（2）应用默认的设计主题：单击"设计"→"主题"，在主题列表中，应用"奥斯汀"主题，如图 6-3-3 所示。

（3）设置主题颜色：单击"设计"→"颜色"，选择颜色为"茅草"，如图 6-3-4 所示。

图 6-3-3　应用设计主题

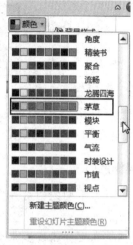

图 6-3-4　设置主题颜色

（4）设置主题字体：单击"设计"→"字体"，选择"视点—微软雅黑—微软雅黑"，如图 6-3-5 所示。

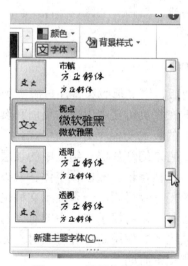

图 6-3-5　设置主题字体

（5）设置主题背景格式：单击"设计"→"背景样式"，在下拉列表中选择"设置背景格式"，如图 6-3-6 所示，在弹出的"设置背景格式"对话框中设置渐变光圈的第 1 个色标为 RGB（242，249，217），第 2 个色标为 RGB（119，183，25），如图 6-3-7 所示，最后单击"全部应用"。

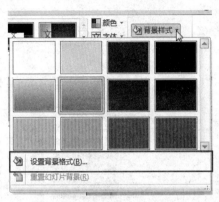

图 6-3-6　背景样式下拉列表

图 6-3-7　"设置背景格式"对话框

▶ 操作技巧

可以为不同的幻灯片应用不同的设计主题，操作方法如下：

（1）选定一张或多张幻灯片。右键选择想要应用的主题，在快捷菜单中选择"应用于选中幻灯片"，如图 6-3-8 所示。

（2）选中的幻灯片的页面就会应用该主题，而其他幻灯片页面不变，以此类推，这样一个演示文稿可以应用多个设计主题。

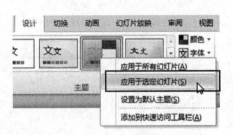

图 6-3-8　为不同的幻灯片应用不同的设计主题

【任务 3-2】编辑幻灯片母版

PowerPoint 母版有幻灯片母版、讲义母版和备注母版三种类型。

讲义母版，用于添加或修改在每页讲义中出现的页眉和页脚信息。

备注母版，用来控制备注页的版式及备注文字的格式。

最常用的则是幻灯片母版，它是幻灯片层次结构中的顶层幻灯片，用于存储有关演示文稿的主题和幻灯片版式的信息，包括背景、颜色、字体、效果、占位符大小和位置等。

每个演示文稿至少包含一个幻灯片母版，一个演示文稿也可以使用多个不同的母版。修改和使用幻灯片母版的主要优点是可以对演示文稿中的每张幻灯片（包括以后添加到演示文稿中的幻灯片）进行统一的样式更改。使用幻灯片母版时，无须在多张幻灯片上重复键入相同的信息，这样可以为用户节省很多时间。

设置在幻灯片母版视图左侧第一张幻灯片的效果，可以对所有幻灯片产生效果，依次下来的幻灯片是不同版式对应的母版。如果演示文稿中有幻灯片应用了不同的设计主题，就会出现多个母版。

在上一任务中，幻灯片设计主题帮助我们统一了标题和正文的字体，也设定了配色的方案、自定义背景格式，但是在设计中，我们会发现还会有一部分效果不能满足需要，因此需要使用幻灯片母版功能完成如下任务：

- 将原主题背景效果中不需要的内容统一删除。
- 调整内容页标题文字的格式、位置及大小及增加背景元素。
- 设计片头页与片尾页的效果。
- 设计转场页的效果。

操作步骤

（1）切换母版视图：单击"视图"→"幻灯片母版"，如图 6-3-9 所示，切换到"幻灯片母版"视图，并在左侧列表中单击第 1 张幻灯片，如图 6-3-10 所示。

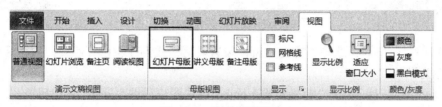

图 6-3-9　切换母版视图

图 6-3-10　幻灯片母版

（2）删除不需要的元素：选择右上角的填充矩形及占位符，按 DEL 键即可删除。

（3）选择"单击此处编辑母版标题样式"标题占位符，设置字体加粗，字号为 38，调整占位符的位置及大小，如图 6-3-11 所示。

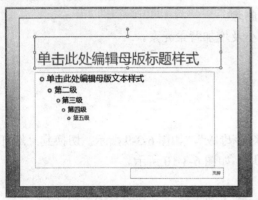 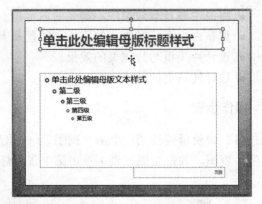

图 6-3-11　设置标题占位符的格式

（4）调整段落格式：选择下方占位符，设置段落格式为 1.5 倍行距，段前段后距离均为 0 磅，其他为默认。

（5）插入图片：插入图片"背景元素 1.png"，设置图片顶端对齐，设置透明色，如图 6-3-12 所示，右击图片，将其置于底层，如图 6-3-13 所示。

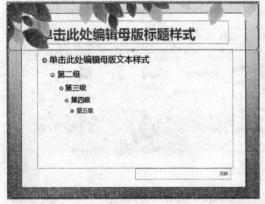 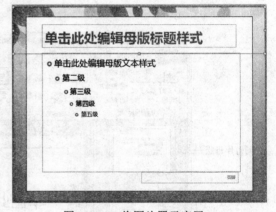

图 6-3-12　插入图片背景元素　　　　　　　　图 6-3-13　将图片置于底层

（6）设置两栏内容版式幻灯片：选择左侧列表中第 5 张幻灯片，调整其占位符的位置及大小，如图 6-3-14 所示。

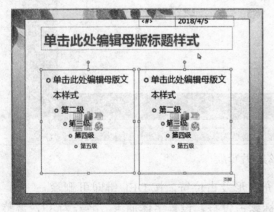 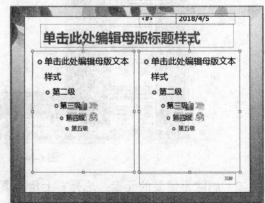

图 6-3-14　调整幻灯片占位符

（7）设计首页与尾页的效果。

① 在幻灯片母版视图中，选择左侧列表中第 2 张幻灯片，即标题幻灯片版式，删除中间的矩形填充及占位符，只保留标题占位符，设置文字大小为 80 磅，文字填充为白色，文本轮廓为"金色—强调颜色 5"，文字效果为发光"金色 8 pt 发光，强调颜色 5"，如图 6-3-15 所示，效果如图 6-3-16 所示。

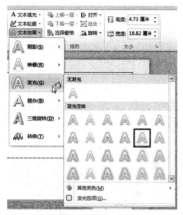

图 6-3-15　设置文字发光

图 6-3-16　文字效果

② 隐藏背景图形：在"幻灯片母版"选项卡的"背景"组，勾选"隐藏背景图形"复选框，以隐藏母版中添加的图形，如图 6-3-17 所示，效果如图 6-3-18 所示。

图 6-3-17　设置隐藏背景图形

③ 设置背景图片：右键单击标题幻灯片母版，在弹出的快捷菜单中选择"设置背景格式"命令，设置"背景 1.jpg"为幻灯片背景，如图 6-3-19 所示。

图 6-3-18　标题幻灯片母版文字效果

图 6-3-19　设置标题幻灯片母版背景

（8）设计转场页的效果。

① 转场页应用的版式是"节标题"，因此在幻灯片母版视图中，选择左侧列表中第 4 张幻灯片，即"节标题"幻灯片版式，调整标题及副标题占位符的位置，标题文字加粗，如图 6-3-20 所示。

② 插入图片"背景元素 2.png"，适当调整图片大小及位置，设置图片透明色并设置其置于底层，如图 6-3-21 所示。

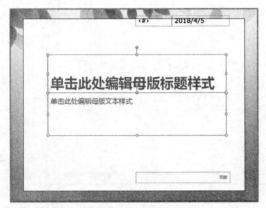
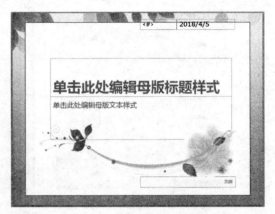

图 6-3-20　调整"节标题"幻灯片占位符　　　　图 6-3-21　插入背景元素图片

（9）单击"关闭母版视图"按钮，如图 6-3-22 所示，幻灯片即可应用对应母版的格式，最后效果如图 6-3-1 所示。

图 6-3-22　关闭母版视图

▶ 操作技巧

幻灯片母版视图可以多次进入，用于重复观察设置的效果，直至满意为止。

幻灯片母版可以批量设置幻灯片的格式，用于提高排版的工作效率，但对于特殊的要求，则需要单独设置该张幻灯片的相应格式。

【任务 3-3】设置幻灯片间切换效果

幻灯片间切换效果是指幻灯片从一张切换到另一张时提供的动态视觉显示方式，使得幻灯片在放映时会更加生动。

PowerPoint 2010 提供了多种精彩的切换效果，甚至还有绚丽的 3D 切换，主要分为细微型、华丽型和动态内容三种类别。

幻灯片的切换，主要是利用"切换"选项卡，如图 6-3-23 所示。

单击"预览"按钮，可以观看切换效果。如果为所有的幻灯片应用相同的切换效果，可以单击"全部应用"按钮。用户可以控制切换效果持续的时间、换片的声音、换片方式以及应用的范围。

图 6-3-23 幻灯片"切换"选项卡

如果设置自动换片时间，可以让幻灯片在放映时无须人工单击鼠标，而自动进行幻灯片切换。

操作步骤

（1）选第 2 张幻灯片，单击"切换"→"翻转"，设置幻灯片切换效果为华丽型的翻转效果，如图 6-3-24 所示。

图 6-3-24 选择切换方式

（2）继续单击"效果"选项中的"向左"设置切换的方向，如图 6-3-25 所示。

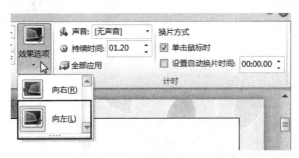

图 6-3-25 设置切换效果选项

（3）在幻灯片浏览视图下，同时选择第 4～9 张幻灯片，设置切换效果为"细微型"—"擦除"，方向为"自左侧"，设置自动换片时间为"00:05:00"秒，表示无须单击鼠标，5 秒后自动换片。

（4）按照同样的方法，给其他幻灯片设置合适的切换方式。

【任务 3-4】设置幻灯片动画效果

为了让幻灯片内容表现得更加生动、活泼，可以为幻灯片中各对象添加合适的动画效果。

操作步骤

1. 分别设置每个对象的动画效果

（1）选择第 4 张幻灯片中的标题占位符，单击"动画"，在动画下拉列表中，选择"飞入"，如图 6-3-26 所示。在"效果选项"中选择方向为"自左侧"，如图 6-3-27 所示。动画效果会自动预览。

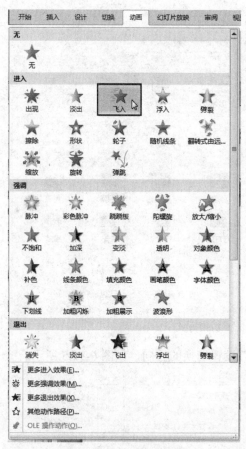

图 6-3-26　动画下拉列表

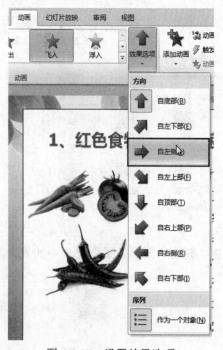

图 6-3-27　设置效果选项

（2）选择第 4 张幻灯片中的图片，单击"动画"，在动画下拉列表中，选择"更多进入效果"，在弹出的"更改进入效果"对话框中，选择动画效果为华丽型的"玩具风车"，如图 6-3-28 所示，单击"预览"按钮，可以观看动画效果。

图 6-3-28 "更改进入效果"对话框

（3）选择第 4 张幻灯片右边的文本占位符，设置其动画效果为"淡出"，效果选项为"按段落"。

知识点

幻灯片动画效果的类型

PowerPoint 2010 中有以下四种不同类型的动画效果，可以单独使用任何一种动画，也可以将多种效果组合在一起：

●"进入"效果：表示元素进入幻灯片的方式。例如，可以使对象逐渐淡入焦点、从边缘飞入幻灯片或者跳入视图中。

●"退出"效果：表示元素退出幻灯片的动画效果，这些效果包括使对象飞出幻灯片、从视图中消失或者从幻灯片旋出。

●"强调"效果：表示元素突出显示的效果，这些效果包括使对象缩小或放大、更改颜色或沿着其中心旋转。

● 动作路径：表示元素可以在幻灯片上按照某种路径舞动的动画效果，使用这些效果可以使对象上下移动、左右移动或者沿着星形或圆形图案移动。

另外，动画的下拉列表框中只列出了常用的几种动画效果，单击"更多……"，如图 6-3-29 所示，能选择其他的动画效果，分为基本型、细微型、温和型和华丽型四种。

选择"添加动画"按钮，如图 6-3-30 所示，还可以为同一对象添加多种动画效果。

图 6-3-29   更多动画效果命令   图 6-3-30   "添加动画"按钮

2. 同时设置多个对象或多张幻灯片的动画效果

（1）使用快捷键 Ctrl+A，同时选择第 5 张幻灯片中的所有对象（包括图片和占位符），设置动画效果为"随机线条"，垂直方向。

（2）切换至母版视图中，设置标题幻灯片母版中标题占位符的动画效果为"缩放"。

3. 管理动画效果和顺序

幻灯片对象添加了动画效果后，系统自动在对象的左上角出现"0""1""2""3"…的编号，表示各对象动画播放的次序，如图 6-3-31 所示。如果幻灯片中只有一个动画效果，系统会为幻灯片中的所有元素添加一个 1 的编号。

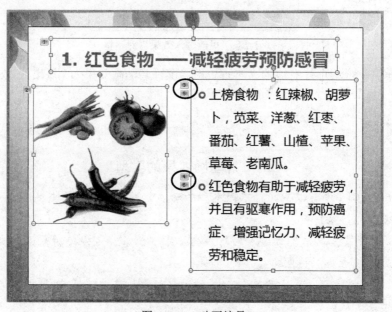

图 6-3-31   动画编号

在设置了多个对象动画效果的幻灯片中，若想改变某个对象的动画在整个幻灯片的播放顺序，可以选择该对象或对象前的编号、单击"动画窗格"中"重新排序"的两个按钮 ⬆ 和 ⬇ 来调整，同时对象前的编号会随着位置的变化而变化。在"重新排序"列表框中，所有对象始终按照"0""1""2"…或"1""2""3"…的编号排序。

（1）选中第 4 张幻灯片，选择"动画"选项卡，在"高级动画"组中单击"动画窗格"按钮 ，显示"动画窗格"对话框，如图 6-3-32 所示。

（2）拖动编号为 3 的动画效果至编号为 2 的图片动画效果之前，可以改变动画的顺序和编号。

（3）单击编号为 4 的"Picture 2"的图片动画效果下拉列表箭头，在菜单中选择"从上一项之后开始"选项，如图 6-3-33 所示，表示编号 4 动画是在上一个编号动画执行完毕之后开始执行的。如果选择"从上一项开始"，表示两个动画效果是同时执行的。

图 6-3-32 "动画窗格"对话框

图 6-3-33 设置动画出现方式

（4）继续在该下拉菜单中选择"计时"命令，在弹出"玩具风车"的对话框中，设置延迟时间为 1 秒，如图 6-3-34 所示。说明图片的动画效果是在上一动画完成后 1 秒后自动播放，无须鼠标单击。在此对话框中，还可以设置执行速度和重复等参数。切换到"效果"选项卡，可以设置效果增强参数：声音、动画播放后等效果，如图 6-3-35 所示。

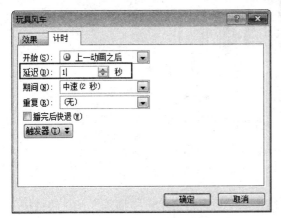

图 6-3-34 "玩具风车"计时设置对话框

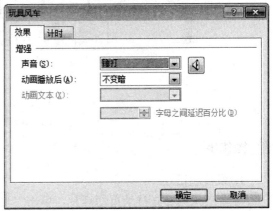

图 6-3-35 "玩具风车"动画效果设置对话框

（5）依照同样的方法，根据需要设置其他幻灯片内容的动画效果，为了能提高工作效率，可以利用动画刷功能，对动画进行复制。

4. 删除动画效果

方法 1：选定要删除动画效果的对象，在"动画样式"列表中选择"无"选项。

方法 2：在"动画窗格"中，在列表区域右击要删除的动画，在快捷菜单中选择"删除"命令。

▶▶ **操作技巧**

如果需要为演示文稿中多个幻灯片对象应用相同的动画效果，依次添加会非常麻烦，而且浪费时间，这时可以使用动画刷快速复制动画效果，然后应用于幻灯片对象即可。

动画刷的使用与格式刷的使用方法类似，方法如下：

（1）在幻灯片中选择已经设置动画效果的对象，单击"动画"选项卡，在"高级动画"组中，单击"动画刷"按钮，此时光标将变成如图 6-3-36 所示的形状。

（2）将鼠标光标移动到需要应用动画效果的对象上，然后单击鼠标，即可为该对象应用复制的动画效果。

（3）如果需要复制到多个对象上，可以双击动画刷。若取消复制，则需取消"动画刷"按钮。

图 6-3-36　动画刷按钮及光标图样

【任务 3-5】插入超链接与动作按钮

创建交互式演示文稿，可以通过对幻灯片对象设置超链接以及添加动作按钮等方法让观看者直接跳转至需要观看的内容，不必按顺序观看。

本任务中，需要达到下列目标：

（1）可以通过分别单击目录页中的四项内容，直接观看到相应内容。

（2）除了第一张和最后一张幻灯片之外的所有幻灯片，其右下角均有一组动作按钮，可以自由向前或向后跳转，甚至可以返回到目录页，如图 6-3-37 所示。

图 6-3-37　动作按钮

🖰 **操作步骤**

1. 设置超链接

（1）选择第 2 张目录页幻灯片，单击"食色生活"矩形框，单击"插入"→"超链接"，如图 6-3-38 所示。或右击，在弹出的快捷菜单中选择"超链接"命令。

图 6-3-38　设置超链接

（2）在弹出的"插入超链接"对话框中，选择"本文档中的位置"→"3.一、食色生活"（第 3 张幻灯片），如图 6-3-39 所示，然后再单击"屏幕提示"按钮，在弹出的对话框中，输入屏幕提示文字为"食色生活"，如图 6-3-40 所示，最后单击"确定"按钮。

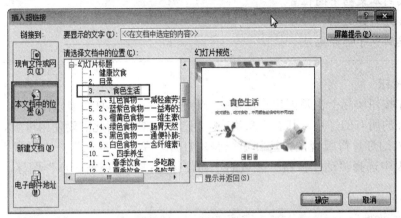

图 6-3-39　选链接目标

（3）依照相同的方法，设置目录页中另外三项内容的超链接与屏幕提示文字，如图 6-3-41所示。

图 6-3-40　设置超链接屏幕提示

图 6-3-41　放映时目录链接效果

 知识拓展

在 PowerPoint 中创建超链接

（1）一般情况下，如果选择文本添加超链接，文字下方会产生下划线效果，但是如果选择的是文本所在的占位符或文本框，插入超链接后，文本下方将不会产生下画线效果。

（2）超链接在幻灯片放映的情况下才会有效，当鼠标移至超链接文本时，鼠标将变成手形指针。

（3）只有幻灯片中的对象才能添加超链接，备注、讲义等内容不能添加超链接。

（4）设置超链接后，在该超链接上单击鼠标右键，在弹出的快捷菜单中选择"打开超链接"命令，可快速切换到对应的页面中，以测试超链接的正确性。

（5）在设置的超级链接上单击右键，在弹出的快捷菜单中选择"删除超链接"命令，可删除超链接，选择"编辑超链接"命令，可以重修修改超链接。

（6）PowerPoint 2010 创建超链接可以选择不同的目标位置，有如下几种：

● 链接到现有文档或网页。

● 链接到本文档中的位置。

● 链接到新建文档。

● 链接到电子邮件地址。

2. 动作按钮

添加动作按钮实际上也是创建超链接的一种方法。由于本任务要求除了第一张和最后一张幻灯片之外的所有幻灯片，其右下角均有一组动作按钮，因此需要使用母版。

（1）进入幻灯片母版视图，选择第一张幻灯片，单击"插入"→"形状"按钮，在弹出的下拉列表中选择"动作按钮"区域的"动作按钮：后退或前一项"图标，如图 6-3-42 所示。

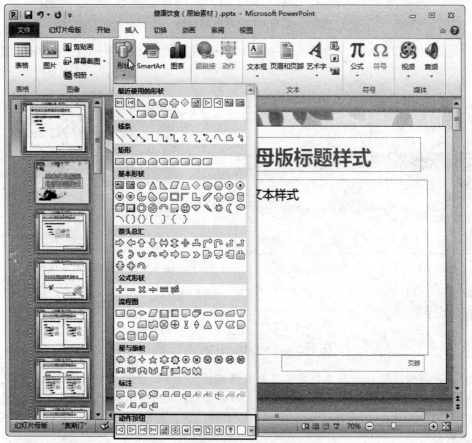

图 6-3-42　插入动作按钮

（2）在幻灯片适当的地方单击并拖动左键绘制图形，释放左键弹出"动作设置"对话框，单击"单击鼠标"→"超链接到"→"上一张幻灯片"，如图 6-3-43 所示，单击"确定"按钮，即可完成动作按钮的创建。

图 6-3-43　完成动作按钮的创建

（3）根据相同的方法，在幻灯片母版中插入另外 4 个动作按钮，分别链接至"下一张幻灯片""2. 目录""第一张幻灯片"和"结束放映"，如图 6-3-44 所示。

图 6-3-44　插入 5 个动作按钮

（4）设置动作按钮的样式。

① 同时选择 5 个动作按钮，设置所有动作按钮的高和宽均为 0.8 厘米，顶端对齐，横向分布，放置在幻灯片母版的右下角。

② 设置动作按钮的形状轮廓为黑色，粗细为 0.25 磅，形状填充为白色，最终效果如图 6-3-37 所示。

③ 关闭母版视图后，除了第一张和最后一张幻灯片以外，其他所有的幻灯片的右下角均会出现 5 个动作按钮。

▶ 操作技巧

任何对象，包括图片、图形、文字等都可以成为动作按钮。这些对象也可以通过动作设置添加超链接，方法如下：

（1）选择幻灯片对象，单击"插入"→"动作"，在弹出的"动作设置"对话框中单击"单击鼠标"→"超链接到"→"幻灯片..."，如图 6-3-45 所示。

（2）在"超链接到幻灯片"对话框中，选择链接的幻灯片，如图 6-3-46 所示，单击"确定"按钮，这样就为所选对象创建了动作，让其成为动作按钮。

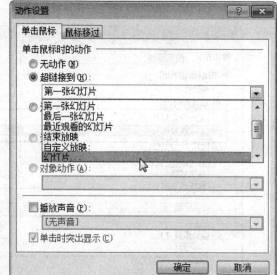

图 6-3-45 动作设置

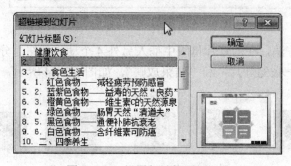

图 6-3-46 设置超链接到幻灯片

【任务 3-6】添加多媒体元素

随着幻灯片的动态切换，再配上一段美妙的音乐，在演示文稿中添加一小段视频，可以让演示文稿更生动有趣，容易吸引观众，不会觉得枯燥乏味。

操作步骤

1. 添加背景音乐

PowerPoint 可以插入剪贴画中的音频，还可以插入文件中的音频，并可以根据演示文稿的内容录制音频。

（1）选择第一张幻灯片，单击"插入"→"音频"→"文件中的音频"，如图 6-3-47 所示；在"插入音频"对话框中选择音乐文件，选择"插入"按钮，按钮右下角下拉菜单，可选择"插入"或"链接到文件"，如图 6-3-48 所示。

（2）在幻灯片中出现喇叭的标志，如图 6-3-49 所示，表示音频已经插入至幻灯片。

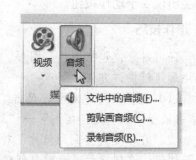

图 6-3-47 插入"文件中的音频"

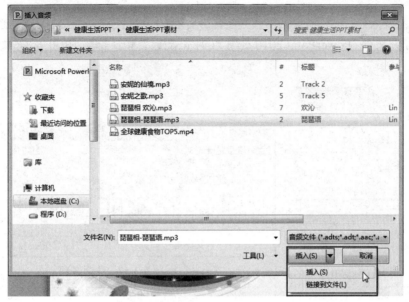

图 6-3-48　"插入音频"对话框

（3）选择小喇叭，单击"播放"→"跨幻灯片播放"，勾选"循环播放，直到停止"，勾选"播完返回开头"，如图 6-3-50 所示。

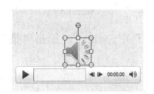

图 6-3-49　音频标志　　　　　　　　　图 6-3-50　设置音频播放参数

知识拓展

PowerPoint 的音频设置

PowerPoint 2010 支持的声音格式较多，表 6-3-1 所示的音频格式文件都可以被添加到 PowerPoint 2010 演示文稿中。

表 6-3-1　PowerPoint 2010 支持的音乐格式

音频文件	音频格式
AIFF 音频文件（aiff）	*.aif、*.aifc、*.aiff
AU 音频文件（au）	*.au、*.snd
MIDI 文件（midi）	*.mid 或 *.midi、*.rmi
MP3 音频文件（mp3）	*.mp3、*.m3u
Windows 音频文件（wav）	*.wav
Windows Media 音频文件（wma）	.wma、*.wax

对于音频文件,PowerPoint 2010 还可以调节音量及剪裁音频,如图 6-3-51、图 6-3-52 所示。

图 6-3-51　调节音频音量大小

图 6-3-52　剪裁音频

2. 添加视频

为丰富幻灯片的内容,可将视频也放入演示文稿中,同时给视频加上一个好看的封面。

(1) 在最后一张幻灯片之前,新建一张版式为"标题与内容"的幻灯片,标题占位符上输入文字"全球健康食物 TOP5,没想到是它们!"。

(2) 单击"插入"→"视频"→"文件中的视频",如图 6-3-53 所示。

(3) 在"插入视频文件"对话框中选择视频文件"全球健康食物 TOP5.wmv",单击"插入"按钮,所需的视频文件会直接插入幻灯片中,如图 6-3-54 所示。

图 6-3-53　文件中的视频

图 6-3-54　插入视频文件

(4) 设置视频参数:单击插入的视频,在"播放"选项卡中,可以对视频进行相应的参数设置,如自动播放视频,全屏播放等,设置如图 6-3-55 所示。

(5) 设置视频外观:在"格式"选项卡中,可以根据实际的需要设置视频的外观,如视频样式、视频形状、视频边框、视频效果等,如图 6-3-56 所示。设置视频样式为"旋转白色",效果如图 6-3-57 所示。

图 6-3-55　设置视频播放参数

图 6-3-56　设置视频格式参数

图 6-3-57　设置视频样式

（6）为视频添加封面：播放视频，从视频中选择一帧效果较好的画面，暂停，单击"视频工具"→"格式"选项卡中的"标牌框架"，在下拉列表中选择"当前框架"，如图 6-3-58 所示，即可使用该画面作为封面，当然也可另选图片文件作为封面。

图 6-3-58　设置标牌框架

 知识拓展

PowerPoint 的视频设置

PowerPoint 2010 支持的视频格式也较多，表 6-3-2 所示的视频格式文件都可以被添加到 PowerPoint 2010 演示文稿中。

表 6-3-2   PowerPoint 2010 支持的视频格式

视频文件	视频格式
Adobe Flash Media	*.swf
Windows Media 文件	*.asf、*.asx、*.wpl、*.wm、*.wmx、*.wmd、*.wmz、*.dvr-ms
Windows 视频文件	*.avi
电影文件（mpeg）	*.mpeg、*.mpg、*.mpe、*.mlv、*.m2v、*.mod、*.mp2、*.mpv2、*.mp2v、*.mpa
Windows Media Video 文件	*.wmv、*.wvx

对于视频文件，PowerPoint 2010 同样也可以调节视频音量及剪裁视频，如图 6-3-59、图 6-3-60 所示。

图 6-3-59   调节视频音量大小

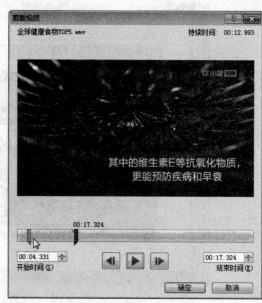

图 6-3-60   剪裁视频

在 PowerPoint 2010 中插入的视频和音频或图片一样会直接嵌入演示文稿中。当需要移动演示文稿时，不必像以前的 PowerPoint 2003 或 2007 那样需同时复制源视频文件，只要直接复制演示文稿即可。

 任务小结

本次任务主要是完成了对"健康饮食"演示文稿的美化。为了提高工作效率，首先从幻

灯片设计主题、幻灯片母版入手，统一演示文稿的风格，根据演示文稿的结构及幻灯片版式设计效果；其次为幻灯片切换设置了精彩的切换效果，为幻灯片内容对象设置动画效果、设计自定义动画效果；再次在目录页，根据演示文稿内容，设置超链接，每一页幻灯片均有一组动作按钮，实现让观众无须按顺序观看，可以自主选择内容进行跳转；最后在幻灯片的首页插入了音乐文件，可以伴随幻灯片的播放，在文稿结束前，加入一段视频，作为内容的补充，并为视频添加了封面，更为美观。

任务拓展

任务简述：利用 PowerPoint 制作一个电子相册

我们在生活中，会用手机拍摄很多的照片，怎么样能使用 PowerPoint 将这些照片制作一个电子相册呢，以制作"羊城八景"电子相册为例，让我们来学习一下。

（1）新建一个 PowerPoint 文档，单击"插入"→"相册"→"新建相册"，如图 6-3-61 所示。

图 6-3-61　新建相册

（2）打开"相册"对话框，单击"文件/磁盘"按钮，如图 6-3-62 所示。

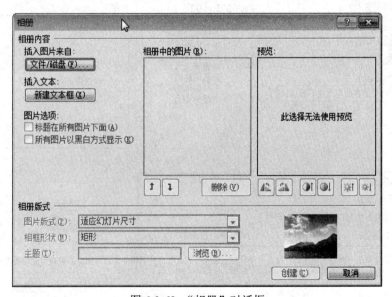

图 6-3-62　"相册"对话框

（3）在"插入新图片"对话框中，从素材文件夹中选择需要插入的图片（可以一幅幅选择图片，也可以按住 Shift 键或 Ctrl 键同时选择多张图片，如果全部选择则按 Ctrl＋A），单击"插入"，如图 6-3-63 所示。

图 6-3-63 将所有照片素材导入相册

（4）在"相册版式"选项区域的"图片版式"下拉列表中选择"1 张图片"，在"相框形状"下拉列表中，选择"简单棚架，白色"选项，图片选项处勾选"标题在所有图片下面"，如图 6-3-64 所示，相册图片的顺序可以自行调整。

图 6-3-64 在"编辑相册"对话框设置相册版式

（5）选择"主题"右边的"浏览"按钮，选择"主题"为 Black Tie.thmx，如图 6-3-65 所示；单击"选择"按钮，返回"相册"对话框。

图 6-3-65 "选择主题"对话框

（6）单击"创建"按钮，自动创建包含所有图片的电子相册，共 9 张幻灯片，如图 6-3-66 所示。

图 6-3-66 电子相册效果

（7）为幻灯片添加编号：单击"插入"→"幻灯片编号"，在弹出的"页眉与页脚"对话框中，选择"幻灯片编号"和"标题幻灯片中不显示"复选框，在"页脚"输入"羊城八景"，如图 6-3-67 所示。这样在除了第一张幻灯片以外的所有幻灯片的页脚位置都会出现相应文字，编号位置会出现幻灯片的编号。

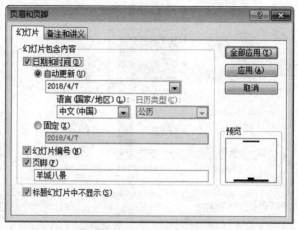

图 6-3-67　添加页眉和页脚

任务 4　放映与输出演示文稿

 任务介绍

制作演示文稿的最终目的是放映给观众看，小龙虽然制作好了"健康饮食"演示文稿，但不能立即放映给社区的居民看，还需要做一些放映准备，因为不同的放映场合，对演示文稿的放映要求会有所不同，因此在放映之前还需要对演示文稿进行一些放映设置，使其更符合放映的场合。

在展示前，可以为观众准备打印好的讲义资料，还可以将演示文稿输出为不同的文件类型，以备不时之需。

 任务分析

在放映演示文稿之前，需要正确设置放映参数，使其更适应放映的场合，如排练计时、录制旁白、自定义放映及设置放映方式等。

在放映演示文稿中，还可以根据展示的需要，随时定位某张幻灯片，或者在讲演过程中，对某张幻灯片添加屏幕注释等。

对制作好的演示文稿输出为不同的文件格式，如图片、视频或者低版本的 PPT，最后掌握演示文稿打包和打印的基本方法。

本任务路线如图 6-4-1 所示。

图 6-4-1　任务路线

完成本任务的相关知识点：

（1）设置放映方式、排练计时、自定义放映、录制旁白。

（2）放映演示文稿、定位幻灯片与添加屏幕注释。

（3）演示文稿的打包与打印。

 任务实现

【任务 4-1】设置放映参数

在放映演示文稿之前，先对演示文稿的演示进行演练，如进行排练计时、录制旁白、自定义放映等，然后了解一下放映的场合，决定放映的类型、放映选项、放映范围及换片方式等。

设置放映参数主要在幻灯片放映选项卡进行设置，如图 6-4-2 所示。

图 6-4-2　"幻灯片放映"选项卡

🖱 操作步骤

1. 设置排练计时

作为演讲者，在公共场合演示时需要掌握好演示的时间，为此需要测定幻灯片放映时的停留时间，排练计时可实现此功能，对每一张幻灯片中的动画效果设置具体的播放时间，使演示文稿自动放映，无须手动单击。

（1）选择"幻灯片放映"→"排练计时"命令，在放映窗口出现"录制"工具栏，如图 6-4-3 所示。

（2）当幻灯片放映完毕后，显示一个消息框，显示当前幻灯片放映的总时间，单击"是"，完成幻灯片的排练计时，如图 6-4-4 所示。

图 6-4-3　"录制"工具栏　　　　　图 6-4-4　"Microsoft Office PowerPoint"对话框

2. 录制旁白

在放映演示文稿时，可以通过录制旁白的方法事先录制好解说词，这样播放时会自动播放。需注意的是：在录制旁白前，需要保证计算机已安装了声卡和麦克风，且两者处于工作状态，否则将不能进行录制或录制的旁白无声音。

下面在第 23 张幻灯片中录制旁白，介绍"什么时候喝水最排毒"，操作如下：

（1）选择第 23 张幻灯片，选择"幻灯片放映"选项卡，在"设置"组中单击"录制幻灯片演示"按钮右侧的下拉按钮，在弹出的列表中选择"从当前幻灯片开始录制"选项，如图 6-4-5 所示。

（2）在"录制幻灯片演示"对话框中，取消"幻灯片和动画计时"复选框，单击"开始录制"按钮，如图 6-4-6 所示。

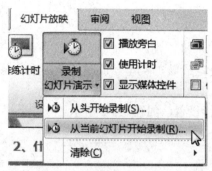

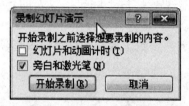

图 6-4-5 "录制幻灯片演示"按钮　　　　图 6-4-6 "录制幻灯片演示"对话框

（3）此时进入幻灯片录制状态，在幻灯片左上角会出现"录制"工具栏，此时开始对录制旁白进行计时，此时录制所准备好的演说词。录制完成后按 ESC 键退出幻灯片录制状态，返回幻灯片普通视图，此时录制旁白的幻灯片中将会出现声音文件图标，如图 6-4-7 所示，通过控制栏可试听旁白语音效果。

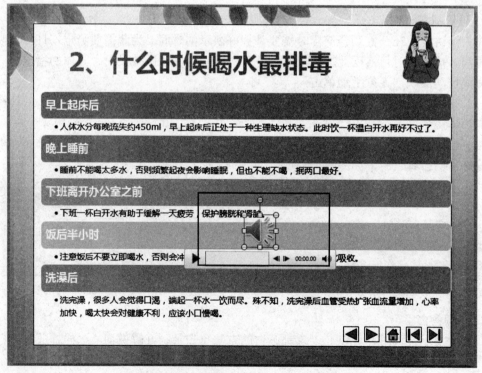

图 6-4-7 "录制旁白"声音文件图标

▶ **操作技巧**

如果放映幻灯片时，不需要使用录制的排练计时和旁白，可在"幻灯片放映"选项卡的"设置"组中撤销选中"播放旁白"和"使用计时"复选框，这样不会删除录制的旁白和计时。

如果需要把录制的旁白和计时全部删除，可以单击"录制幻灯片演示"按钮右侧的下拉按钮，在弹出的列表中选择"清除"选项，在弹出的子列表中选择相应选项即可。

3. 自定义放映

制作好一个演示文稿后，在某些特定环境下可能只需放映演示文稿中的一部分幻灯片，这时就可以通过创建幻灯片的自定义放映来达到该目的。

例如：放映"健康饮食"演示文稿中的第 1 张幻灯片及"巧吃食物治百病"部分的幻灯片，并且将"温性食物"与"凉性食物"放映顺序调换，操作步骤如下：

（1）选择"幻灯片放映"→"自定义放映"命令，打开"自定义放映"对话框，如图 6-4-8 所示。

（2）单击"新建"按钮，打开"定义自定义放映"对话框，在"幻灯片放映名称"文本框中输入自定义放映名称，如"巧吃食物治百病"，在左侧列表框中选择第 1 张幻灯片，单击"添加"按钮。

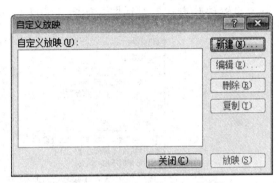

图 6-4-8　"自定义放映"对话框

（3）按照相同方法，将左侧列表框中需要放映的幻灯片添加到右侧列表框中，设置如图 6-4-9 所示。

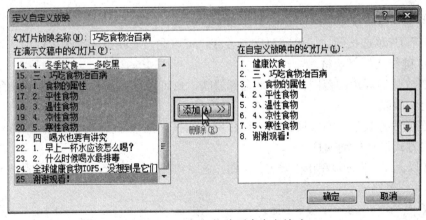

图 6-4-9　添加幻灯片至自定义放映

（4）选择右侧列表框中需调整顺序的幻灯片，单击 ⬆ 按钮或 ⬇ 按钮可以调整幻灯片自定义放映的顺序。

（5）单击"确定"按钮，返回"自定义放映"对话框，这时"自定义放映"列表框中已经显示出刚才创建的自定义放映名称，如图 6-4-10 所示，单击"放映"按钮，系统就会自动按设置的幻灯片内容进行放映。

图 6-4-10　完成自定义放映设置

4. 设置放映方式

（1）打开"健康饮食"演示文稿，选择"幻灯片放映"→"设置幻灯片放映"命令，打开"设置放映方式"对话框，如图 6-4-11 所示。

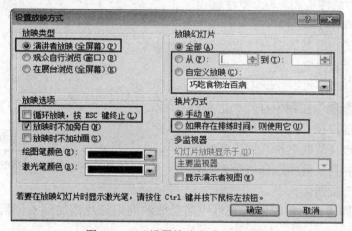

图 6-4-11　"设置放映方式"对话框

（2）由于"健康饮食"演示文稿是需要演讲者的，因此在"放映类型"中选择"演讲者放映（全屏幕）"单选按钮，如果需要重复放映，可以在"放映选项"组合框中选择"循环放映，按 ESC 键终止"复选框。

（3）在放映幻灯片的范围，默认是全部放映，也可以选择从某张幻灯片到某张幻灯片或者设置自定义放映。

（4）在换片方式中，如果设计了幻灯片切换效果，就会存在排练时间，当然也可以通过排练计时的方式进行自动换片。

设置了以上四个方面，单击"确定"按钮，返回到演示文稿中，即可完成放映方式的设置。

📃 知识点

幻灯片放映方式

● 演讲者放映方式：演讲者放映方式是最常用的放映方式，在放映过程中以全屏显示幻灯片。演讲者能控制幻灯片的放映，暂停演示文稿，添加会议细节，还可以录制旁白。

● 观众自行浏览：可以在标准窗口中放映幻灯片。在放映幻灯片时，可以拖动右侧的滚动条，或滚动鼠标上的滚轮来实现幻灯片的放映。

● 在展台浏览：在展台浏览是三种放映类型中最简单的方式，这种方式将自动全屏放映幻灯片，并且循环放映演示文稿，在放映过程中，除了通过超链接或动作按钮来进行切换以外，其他的功能都不能使用，如果要停止放映，只能按【Esc】键来终止。

【任务 4-2】控制演示文稿的放映

作为演讲者，掌握演示文稿的放映技能十分重要，演讲者可以有选择地放映演示文稿，也可以在放映过程中定位某个幻灯片，甚至在演讲的同时，在幻灯片上留下屏幕的标记。

操作步骤

1. 放映演示文稿

按照设置的效果进行顺序放映，被称为一般放映，是演示文稿最常用的放映方式，PowerPoint 提供了从头开始放映和从当前幻灯片开始放映两种方式。

（1）在"幻灯片放映"选项卡的"开始放映幻灯片"组中单击"从头开始"按钮，如图 6-4-12 所示，或者直接按 F5 键，从演示文稿的开始位置（第一张幻灯片）开始放映。

（2）在"幻灯片放映"选项卡的"开始放映幻灯片"组中单击"从当前幻灯片开始"按钮，如图 6-4-12 所示，或者直接按 Shift+F5 组合键，从演示文稿的当前幻灯片开始放映。

图 6-4-12　放映的两种方式

（3）单击状态栏上的"幻灯片放映"按钮 ，会从当前幻灯片开始放映。

2. 隐藏幻灯片

每个演示文稿都包含多张幻灯片，系统默认依次放映每张幻灯片，如果在实际放映时不想每张幻灯片都被演示，可以通过隐藏幻灯片的方法将其隐藏起来，需要放映时再将它们显示出来。

（1）选中需要隐藏的幻灯片，如第 24 张幻灯片，单击"幻灯片放映"→"隐藏幻灯片"命令，如图 6-4-13 所示。

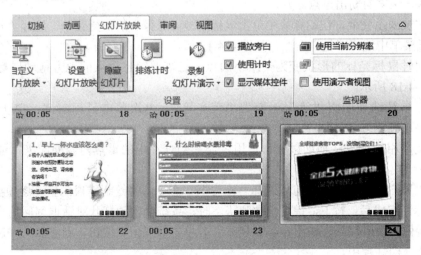

图 6-4-13　隐藏幻灯片

（2）被隐藏的幻灯片，在放映的时候是不会出现的，如果需要显示隐藏的幻灯片，在幻灯片的缩略图上，再次单击"幻灯片放映"→"隐藏幻灯片"命令即可。

3. 定位幻灯片

在幻灯片放映视图中单击鼠标右键，可弹出如图 6-4-14 所示的快捷菜单，或单击屏幕左下角的放映控制按钮，如图 6-4-15 所示。演讲者利用这些命令可以轻松控制幻灯片的放映过程。

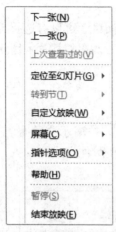

图 6-4-14 "放映控制"快捷菜单

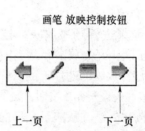

图 6-4-15 "放映控制"按钮

在实际放映中演讲者通常会使用快速定位功能实现幻灯片的定位，这种方式可以实现任意幻灯片之间的切换，如从第 15 张幻灯片"巧吃食物治百病"定位到第 10 张幻灯片"四季养生"等。

（1）放映演示文稿，在幻灯片中单击鼠标右键，在弹出的快捷菜单（图 6-4-14）中，选择"上一张"命令可切换至上一张幻灯片。

（2）如果选择"定位至幻灯片"命令，会出现级联菜单，如图 6-4-16 所示，菜单上可以看到 25 张幻灯片对应的命令，另外被隐藏的第 24 号幻灯片的序号则是用括号括起来。

4. 添加屏幕注释

演讲者若想突出幻灯片中的某些重要内容，着重讲解，可以通过在屏幕上添加下画线或圆圈等注释方法来勾勒出重点。

（1）放映演示文稿，在幻灯片中单击鼠标右键，在弹出的快捷菜单，选择"指针选项"命令，在子菜单中选择"笔"命令，如图 6-4-17 所示。

（2）此时鼠标光标的形状变为一个小圆点，在需要突出重点的地方拖动鼠标绘制下画线，如图 6-4-18 所示。

（3）在指针选项中将"笔"更换为"荧光笔"，再次单击鼠标右键，单击"指针选项"→"墨迹颜色"，选择橙色。

（4）使用相同的方法拖动鼠标，使用荧光笔幻灯片中的重点内容圈起来，最后效果如图 6-4-18 所示。

（5）当用户绘制错误时，可以选择"橡皮擦"命令，将绘制错误的墨迹逐项擦除。

（6）标注完成后，按 Esc 键退出放映状态时，系统会自动打开对话框询问用户是否保留在放映时所做的墨迹注释，如图 6-4-19 所示，若单击"保留"按钮，则添加的墨迹注释转换为图形保留在幻灯片中。

图 6-4-16　定位至幻灯片级联菜单

图 6-4-17　指针选项级联菜单

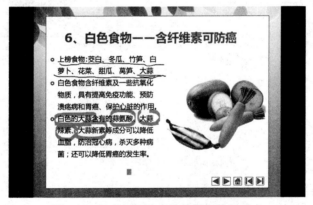

图 6-4-18　在幻灯片中拖动鼠标绘制重点

图 6-4-19　"是否保留墨迹注释"提示框

【任务 4-3】输出演示文稿

不同的用途对演示文稿的格式也会有不同的要求，在 PowerPoint 2010 中可根据不同的需要，将制作好的演示文稿导出为不同的格式，以便实现输出共享的目的。输出的结果可以是图片，也可以是视频等格式。

操作步骤

1. 将演示文稿转换为图片

演示文稿制作完成后，可将其转换为其他格式的图片文件，如 JPG、PNG 等图片文件，这样浏览者能以图片的方式查看演示文稿的内容，操作如下：

（1）单击"文件"→"保存并发送"，在"文件类型"栏中选择"更改文件类型"选项，在右侧"图片文件类型"中选择"JPEG 文件交换格式"，如图 6-4-20 所示。

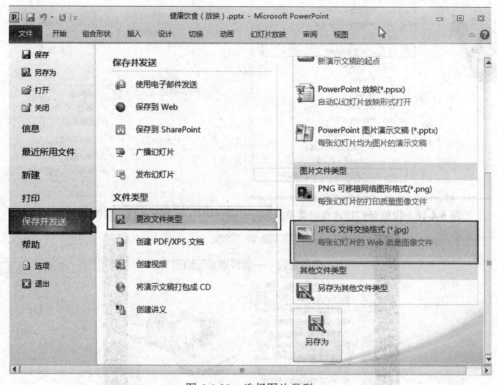

图 6-4-20　选择图片类型

（2）单击"另存为"按钮，打开"另存为"对话框，在地址栏中设置保存位置，在"文件名"文本框中输入文件名，单击"保存"按钮。此时会弹出一个提示对话框，如图 6-4-21 所示，单击"每张幻灯片"按钮，可将演示文稿中所有幻灯片保存为图片。

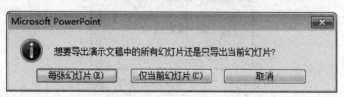

图 6-4-21　转换每张幻灯片

（3）打开保存幻灯片图片的文件夹，在其中可查看图片内容，双击幻灯片图片，在 Windows 照片查看器中打开图片进行查看，如图 6-4-22 所示。

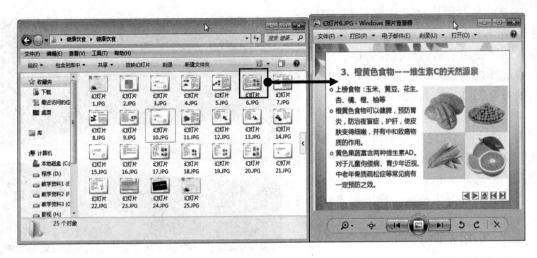

图 6-4-22　查看转换的图片

2. 导出为视频

将演示文稿导出为视频文件，不仅可以观看添加动画效果和切换效果的演示文稿，还可以使浏览者通过任意一款播放器查看演示文稿的内容，操作如下：

（1）单击"文件"→"保存并发送"，在"文件类型"栏中选择"创建视频"选项，如图 6-4-23 所示。

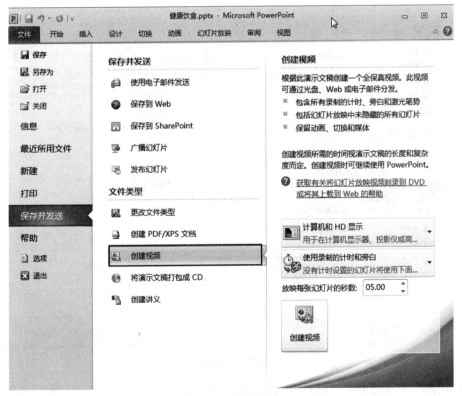

图 6-4-23　创建视频

（2）在右侧选择"计算机和 HD 显示"，在下拉列表中，选择导出视频的分辨率，在"使用录制的计时和旁白"下拉列表中选择是否包含计时和旁白，下方设置放映每张幻灯片的大致时间。

（3）单击"创建视频"按钮，打开"另存为"对话框，在地址栏中设置保存位置，在"文件名"文本框中输入文件名，保存视频的格式为 wmv，单击"保存"按钮。

（4）开始导出视频，导出完成后，在保存位置双击导出的视频文件，将开始播放视频，如图 6-4-24 所示。

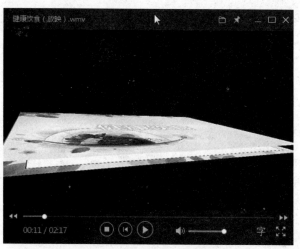

图 6-4-24　将演示文稿导出为视频

3. 创建讲义

在 PowerPoint 2010 中将演示文稿创建为讲义，就是在 PowerPoint 2010 中创建一个包含该演示文档中的幻灯片和备注的 Word 文档，操作如下：

（1）打开"健康饮食"演示文稿，单击"文件"→"保存并发送"→"创建讲义"，单击"创建讲义"按钮，如图 6-4-25 所示。

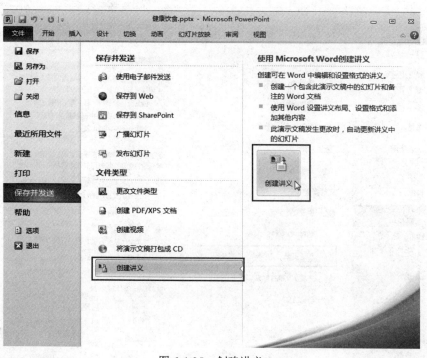

图 6-4-25　创建讲义

（2）在弹出的对话框中，设置讲义的版式，选择"空行在幻灯片旁"，单击"确定"后，即会自动生成一个 Word 文档的讲义，如图 6-4-26 所示。

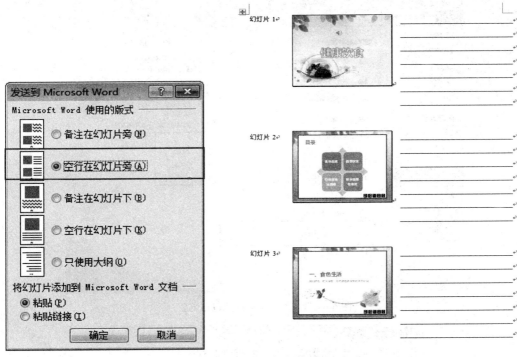

图 6-4-26　生成讲义

4. 输出为其他格式

PowerPoint 演示文稿除了可以输出为图片和视频外，还可以输出为较低版本 PowerPoint 97—2003 演示文稿（*.ppt）、幻灯片模板（*.potx）、自动以幻灯片放映形式打开的 PowerPoint 自动放映（*.ppsx）格式、每张幻灯片均为图片的演示文稿以及 PDF 文档格式，输出方法与转换为图片的方法类似，均是选择"文件"→"保存并发送"，在"文件类型"栏中选择"更改文件类型"选项。

【任务 4-4】演示文稿的打包与打印

如果所使用的计算机上没有安装 PowerPoint 软件或者 PowerPoint 版本较低，PowerPoint 2010 的打包功能可以实现在任意电脑上播放幻灯片的目的。另外演示文稿制作完成后，有时需要将其打印出来，做成讲义或者留作资料备份，此时就需要使用打印设置来完成了。

1. 将演示文稿打包

（1）打开"健康饮食"演示文稿，单击"文件"→"保存并发送"→"将演示文稿打包成 CD"，选择"打包成 CD"按钮，如图 6-4-27 所示。

（2）打开"打包成 CD"对话框，单击"复制到文件夹"按钮，如图 6-4-28 所示。

（3）单击"添加"按钮，选择需要打包的演示文稿，可以添加多个演示文稿。

（4）单击"选项"按钮，弹出"选项"对话框，如图 6-4-29 所示，在对话框中，可以设置打开与修改演示文稿的密码，勾选包含的链接文件，如果幻灯片中的音频、视频和图片是以链接的方式插入的，打包时会自动将链接的文件放入其中。

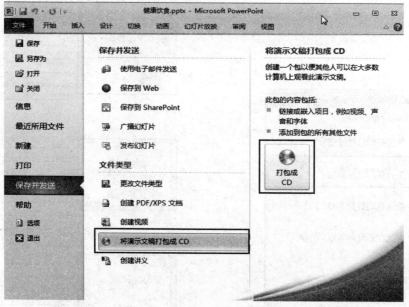

图 6-4-27 将演示文稿打包成 CD

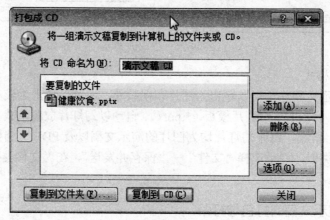

图 6-4-28 "打包成 CD" 对话框

（5）单击"确定"返回"打包成 CD"对话框，单击"复制到文件夹"按钮，在对话框中，如图 6-4-30 所示，设置文件夹名称为"健康饮食"，保存位置在桌面，单击"确定"按钮。

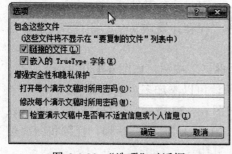

图 6-4-29 "选项"对话框

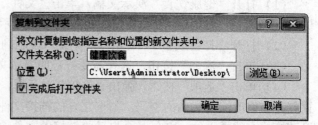

图 6-4-30 "复制到文件夹"对话框

（6）系统开始自动复制文件到文件夹，复制完成后，系统会自动打开生成的 CD 文件夹。

如果所使用的电脑没有安装 PowerPoint，操作系统将自动运行 "AUTORUN.INF" 文件，并自动播放幻灯片文件。打包生成的文件夹内容如图 6-4-31 所示。

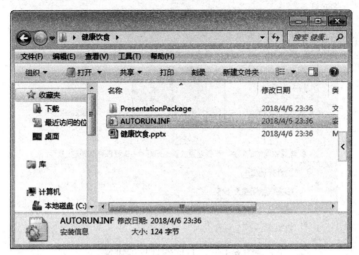

图 6-4-31 打包生成的文件夹内容

2. 演示文稿的打印

（1）单击 "文件"→"打印" 命令，打开打印设置界面，首先可以设置打印份数，如 2 份，如图 6-4-32 所示。

（2）在 "打印机" 列表中，选择正确的打印机型号，在 "设置" 组中，将打印范围设置为 "自定义范围"，输入打印的页码，如 "4-9"，如图 6-4-32 所示。

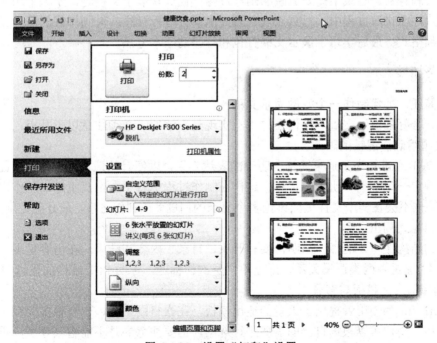

图 6-4-32 设置 "打印" 设置

（3）单击 "整页幻灯片" 右侧的下三角按钮，在弹出的下拉菜单中，选择打印形式，如 "6 张水平放置的幻灯片选项"，如图 6-4-33 所示。

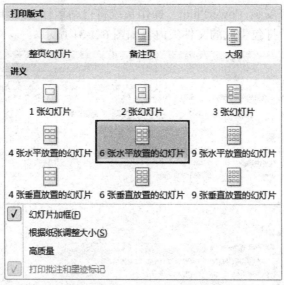

图 6-4-33　打印幻灯片或讲义

（4）在"颜色"选项中，可以选择彩色，灰度和纯黑白的形式打印。

（5）单击"打印"按钮，即可对演示文稿进行打印。

 任务小结

本次任务，我们学习了如何在放映演示文稿前设置放映方式、创建自定义放映、进行排练计时、录制旁白、隐藏不需要放映的幻灯片等；在放映演示文稿时，学习了如何快速定位某张幻灯片，在讲演过程中，对重点内容及突出部分进行标注；对制作好的演示文稿输出为图片、视频格式；最后学习了演示文稿打包和打印的基本方法。

 任务拓展

任务简述：如何制作一个好的演示文稿

制作一个好的演示文稿，仅仅在技术上实现是不够的，必须注意以下几点：

1. 主题明确，逻辑清晰

制作 PPT 通常是为了追求简洁、明确的表达效果，以便有效地协助沟通。因此制作 PPT 之前需要确定一个合理、明确的目标，这样在制作过程中就不会偏离主题，制作出无用内容的幻灯片，也不会在一个文件里面讨论多个复杂的问题。在制作之前，最好确定制作的内容，简单以大纲方式列出。

PPT 的结构逻辑要清晰、简明，要有开头、目录、内容和结束，在内容呈现上基本上使用"并列""递进"两类逻辑关系，通过不同层次的标题，标明 PPT 结构的逻辑关系。

2. 选择适当的模板与背景

PowerPoint 为使用者提供了大量的适用模板，在素材网站上，也有很多美观大方的模板供用户使用。用户可以根据自己的需要进行选用，但要注意的是不能喧宾夺主，重点突出演示内容。

一般用于教学的幻灯片应选择简洁的模板，用于产品展示的可以选择设计活泼的模板。背景与主体色彩对比要鲜明。

如果在投影屏幕上放映，制作时宜选择比较淡的背景，主体颜色应深一些，如果是在电脑屏幕上放映，可以考虑背景颜色稍深一些，主体颜色淡一些。

3. 统一风格

幻灯片的内容（特别是一些图案及图片元素）多种多样，但无论如何，都要使它们看起来协调统一，可以把颜色、字体及版式统一起来。版面的各个主要空间分配要保持一致。

千万不要出现一个演示文稿中应用了多个主题，每张幻灯片都有一个不同的背景。

4. 注意文字的处理

一张幻灯片中放置的文字不宜过多，制作时应尽量精简。一般来说，幻灯片上的文字只是标题和提纲，不要将说明书或者教材上的文字全部照搬到幻灯片上。

一个页面字体使用一般不要超过 3 种，使用太多字体会造成页面的混乱，尽量少用宋体，如果不清楚使用什么字体合适，可以选择安全字体"黑体"，"微软雅黑"也是一个不错的选择。

尽量减少使用艺术字和偏僻字体，以防止显示不清，或放映时出现不正常现象，影响演示效果。

标题字号一般选择 32～36 号字，加粗或加阴影以增强效果，其他内容可根据空间情况从 22～30 号字选择，注意同级字号的一致性。

在设置字体颜色时，可以将标题或需要突出的文字使用不同颜色加以显示，但同一张幻灯片的文字颜色不要超过 3 种，要注意协调，不要将画面弄得五颜六色，让人眼花缭乱。

5. 注意图片处理

根据需要适当地插入图片及文字，注意文字与图片的大小与摆放位置。

尽量选择高清无水印的图片，根据图片要表达的中心内容，可以适当地裁剪图片。另外不要插入与内容无关的图片，这样不仅起不到美化作用，反而会分散观众的注意力，影响演示效果。

由于在演示文稿中插入了较多的图片，会增大演示文稿文件所占的磁盘空间，可以适当对图片进行压缩，方法如下：

（1）选择幻灯片中的某张图片，选择"图片工具"选项卡中的"压缩图片"按钮，在弹出的对话框中选择合适的目标输入分辨率，如用于交换邮件的，可选择"电子邮件（96 ppi）"，如图 6-4-34 所示，取消"仅应用于此图片"复选框，勾选"删除图片的剪裁区域"复选框，单击"确定"按钮。

（2）保存文件。幻灯片中所有插入的图片都会被压缩，演示文稿所占磁盘空间也会减少。

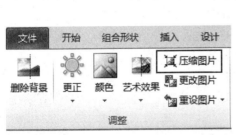
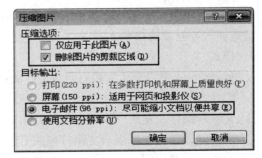

图 6-4-34　压缩图片

6. 适当的动画设置

适当的动画效果对演示内容能起到承上启下、因势利导、激发观众兴趣的作用，尽量不要使用动感过强的动画效果，并注意安排好幻灯片播放的顺序和时间，也不是越多动画越好，有时往往出现文字还没有看清楚，画面已经切换了，需要注意节奏的控制。

模 块 总 结

PowerPoint 用于制作和放映演示文稿，是现在办公行业应用最为广泛的多媒体软件，使用 PowerPoint 软件可以用于制作培训讲义、宣传文稿、课件以及会议报告等各类型的演示文稿。通过多个任务的完成，我们可以总结出 PowerPoint 制作演示文稿的基本流程，如图 6-4-35 所示。

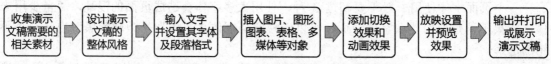

图 6-4-35　PowerPoint 制作演示文稿的基本流程

习　　题

习题在线测试

一、单选题

1. PowerPoint 中插入"动作按钮"，需要执行_____操作。

A. 插入→形状→动作按钮　　　　　　B. 插入→剪贴画→动作按钮

C. 插入→艺术字→动作按钮　　　　　D. 插入→SmartArt→动作按钮

2. PowerPoint 中，下列说法中错误的是_____。

A. 可以动态显示文本和对象

B. 可以更改动画对象的出现顺序

C. 图表中的元素不可以设置动画效果

D. 可以设置幻灯片切换效果

3. PowerPoint 演示文稿中提供了四种不同类型的动画效果，分别是"进入"效果、"退出"效果、动作路径和_____。

A. "弹跳"效果　　　　　　　　　　B. "飞入"效果

C. "旋转"效果　　　　　　　　　　D. "强调"效果

4. 对于 PowerPoint 的幻灯片，_____是指幻灯片上的标题和副标题文本、列表、图表、自选图形等元素的排列方式。

A. 样式　　　　　　B. 版式　　　　　　C. 模版　　　　　　D. 母版

5. PowerPoint 中将演示文稿打包成 CD 的操作是_____。

A. 幻灯片放映→导出→将演示文稿打包成 CD

B. 文件→保存并发送→将演示文稿打包成 CD

C. 文件→另存为→将演示文稿打包成 CD

D. 文件→创建视频→将演示文稿打包成 CD

6. 正常编辑 PowerPoint 幻灯片时，单击文本框会出现的结果是_____。

A. Windows 发出响声　　　　　　　B. 文本框变成红色

C. 文本框会闪烁　　　　　　　　　D. 会显示出文本框的控制点

7. 演示文稿中复制动画，可使用＿＿＿＿＿＿。

A. 样式　　　　　B. 格式刷　　　　　C. 动画刷　　　　　D. 自定义动画

8. PowerPoint 的幻灯片复制过程中，对采用不同模板的幻灯片，当将幻灯片从一个演示文稿粘贴到另一个演示文稿时，将会出现＿＿＿＿＿＿。

A. 粘贴幻灯片，并随机套用其中一个演示文稿的模板

B. 粘贴幻灯片，并自动套用目标演示文稿的模板

C. 粘贴幻灯片出错，显示为不能兼容

D. 粘贴幻灯片，并自动套用原有演示文稿的模板

9. PowerPoint 演示文稿中提供了四种不同类型的动画效果，下列＿＿＿＿＿＿不属于其中。

A. "进入"效果　　　B. 动作按钮　　　C. "退出"效果　　　D. 动作路径

10. PowerPoint 中设置幻灯片放映时换页效果为"溶解"，应使用＿＿＿＿＿＿。

A. 设置幻灯片放映　　B. 添加动画　　　C. 动作按钮　　　D. 幻灯片"切换"

11. PowerPoint 中若想插入 Flash 动画，需要先通过"自定义功能区"添加＿＿＿＿＿＿。

A. Flash 控件　　　B. 文本框　　　　C. 开发工具　　　　D. 加载项

12. PowerPoint 中设置幻灯片放映时，若指定播放其中某几张幻灯片，则应执行＿＿＿＿＿＿操作。

A. 幻灯片放映—自定义幻灯片放映　　　B. 幻灯片放映—排练计时

C. 幻灯片放映—录制旁白　　　　　　　D. 幻灯片放映—设置放映方式

13. 幻灯片的放映时，若要终止幻灯片的放映，可直接按＿＿＿＿＿＿键。

A. Ctrl＋F4　　　B. Ctrl＋C　　　　C. ESC　　　　　　D. End

14. 对于 PowerPoint 的幻灯片序列，插入节的操作是＿＿＿＿＿＿。

A. 开始—节　　　B. 插入—节　　　C. 文件—节　　　D. 设计—节

15. PowerPoint 2010 下保存的演示文稿默认扩展名是＿＿＿＿＿＿。

A. PPS　　　　　B. pptx　　　　　C. htm　　　　　D. ppt

16. PowerPoint 中，下列说法中错误的是＿＿＿＿＿＿。

A. 可以动态显示文本和对象

B. 图表中的元素不可以设置动画效果

C. 可以更改动画对象的出现顺序

D. 可以设置幻灯片切换效果

17. PowerPoint 中，有关选择幻灯片的说法中错误的是＿＿＿＿＿＿。

A. 阅读视图下，可选择多张幻灯片

B. 若选择多张不连续幻灯片，在幻灯片浏览视图下按 Ctrl 键并单击各张幻灯片

C. 若选择多张连续幻灯片，在幻灯片浏览视图下，按下 Shift 键并单击第 1 张与最后 1 张要选择的幻灯片

D. 浏览视图中单击幻灯片，可选择该幻灯片

18. 幻灯片中占位符的作用是＿＿＿＿＿＿。

A. 限制插入对象的数量　　　　　　　B. 表示图形大小

C. 为文本、图形预留位置　　　　　　D. 表示文本长度

19. 在 PowerPoint 中新插入的幻灯片会出现在_____位置。

A. 所选幻灯片的上方　　　　　　　　B. 所有幻灯片的最下方

C. 所有幻灯片的最上方　　　　　　　D. 所选幻灯片的下方

20. PowerPoint 文档保护方法包括_____。

A. 用密码进行加密　　　　　　　　　B. 其他选项都是

C. IRM 权限设置　　　　　　　　　　D. 转换文件类型

二、操作题

1. 请使用 PowerPoint 2010 打开演示文稿 810394.pptx，按要求完成下列各项操作并保存（注意：演示文稿中的各对象不能随意删除和添加，艺术字中没有指定的选项请勿设置）：

A. 删除第 1 张幻灯片中的批注

B. 在第 2 张幻灯片中增加艺术字，内容为"生存迁徙"，艺术字样式为第 1 行第 5 列（样式名称为：填充—青绿，强调文字颜色 3，轮廓—文本 2），为艺术字添加"转换"文本效果，将艺术字形状转换为"弯曲"类别下的"波形 1"

C. 为第 3 张幻灯片中包含"旅行，是人们出于"文本框的文字设置垂直对齐方式：中部对齐

D. 保存文件

2. 请使用 PowerPoint 2010 打开演示文稿 810395.pptx，按要求完成下列各项操作并保存（注意：演示文稿中的各对象不能随意删除和添加，没有要求操作的项目请不要更改）：

A. 设置幻灯片大小为全屏显示（16:10）

B. 为第 3 张幻灯片的含文字"加强法"的文本框对象设置自定义动画，添加进入动画，动画样式为：飞入，效果选项为："序列：作为一个对象"

C. 在第 3 张幻灯片后新建一张版式为"图片与标题"的幻灯片

D. 保存文件

3. 请使用 PowerPoint 2010 打开演示文稿 810396.pptx，按要求完成下列各项操作并保存（注意：演示文稿中的各对象不能随意删除和添加，没有要求操作的项目请不要更改）：

A. 为第 2 张幻灯片单独应用设计主题"技巧"

B. 对第 2 张幻灯片中文字"拍摄制作"的超链接位置进行修改，将其改为链接到本文档中的位置：最后一张幻灯片

C. 为所有幻灯片插入幻灯片编号，标题幻灯片中不显示

D. 为所有幻灯片添加切换效果，切换效果为细微型：覆盖，效果选项：自底部，带"抽气"声音

E. 保存文件

4. 请使用 PowerPoint 2010 打开演示文稿 810397.pptx，按要求完成下列各项操作并保存（注意：演示文稿中的各对象不能随意删除和添加，没有要求操作的项目请不要更改）：

A. 将第 2 张幻灯片中的主标题内容转为简体

B. 删除第 1 张幻灯片中的音频文件

C. 为第 3 张幻灯片中包含文字"勺子"的文本框内所有文字设置段落格式，段前间距：3 磅，行距：1.8 倍行距

D. 将第 4 张幻灯片中包含文字"三长两短"的文本框内的文本转换为 SmartArt 图形，图形布局为"列表"类型中的"基本列表"，并更改 SmartArt 样式颜色为"彩色"类型中的

"彩色—强调文字颜色 5 至 6"

　　E. 将幻灯片的放映类型设置为：观众自行浏览（窗口），放映选项设置为：循环放映，按 ESC 键终止

　　F. 保存文件

三、综合实践题

　　收集资料，制作一个有主题的多媒体演示文稿，要求如下：

　　1. PPT 中至少包含 15 个页面的幻灯片文件，注意风格的统一；

　　2. 内容主题：任意，可以是介绍自己、介绍学校、介绍产品、旅游分享、个人感想以及经验交流等；

　　3. 幻灯片结构要清楚，要有封面、目录、内容页及结束页等；

　　4. 幻灯片中应该包括有标题、文字和图片、图表、表格、SmartArt 图形等内容，不能全是图片；

　　5. PPT 需要有多媒体的元素，如背景音乐、视频、动画等文件；

　　6. 演示文稿中要有相应的动画设置和页面切换效果；

　　7. PPT 内容有交互形式，如超链接、动作设置或动作按钮；

　　8. 演示文稿可以设置自己独特的放映方式；

　　9. 每张幻灯片的右下角位置均显示自己的班级和姓名，但标题幻灯片中不显示；

　　10. 将幻灯片输出到 Word 中，制作讲义文件。

参 考 文 献

[1] 李可，王庆宇. 办公自动化技术（微课版）[M]. 北京：人民邮电出版社，2017.

[2] 郑勇. 计算机应用基础 [M]. 北京：清华大学出版社，2015.

[3] 崔雪炜，张彩霞. 计算机应用基础项目式教程（Windows 7 + Office 2010）（第 3 版）[M].
北京：人民邮电出版社，2017.

[4] 眭碧霞. 计算机应用基础任务化教程（Windows 7 + Office 2010）（第 2 版）[M]. 北京：
高等教育出版社，2015.

[5] 胡国生，吴俊君. 计算机应用基础项目驱动教程（Windows 7 + Office 2010）[M]. 重
庆：西南师范大学出版社，2014.

[6] 骆敏. 计算机应用基础 WINDOWS7 + OFFICE2010 [M]. 上海：上海交通大学出版社，
2013.

[7] 林涛. 计算机应用基础案例教程（WINDOWS7 + OFFICE2010）[M]. 北京：人民邮电
出版社，2014.